Verlag | ID: 128-50040-1010-1082

Dieses Buch wurde klimaneutral hergestellt. CO_2-Emissionen vermeiden,
reduzieren, kompensieren – nach diesem Grundsatz handelt der oekom verlag.
Unvermeidbare Emissionen kompensiert der Verlag durch Investitionen in ein
Gold-Standard-Projekt. Mehr Informationen finden Sie unter www.oekom.de.

Bibliografische Information der Deutschen Nationalbibliothek:
Die Deutsche Nationalbibliothek verzeichnet diese Publikation in der
Deutschen Nationalbibliografie; detaillierte bibliografische Daten sind
im Internet unter http://dnb.d-nb.de abrufbar.

© 2014 oekom, München
oekom verlag, Gesellschaft für ökologische Kommunikation mbH,
Waltherstraße 29, 80337 München

Satz und Layout: Reihs Satzstudio, Lohmar
Umschlagentwurf: Elisabeth Fürnstein, oekom verlag
Umschlagabbildungen: © freshidea – Fotolia.com; © Schwoab – Fotolia.com
Druck: AZ Druck und Datentechnik GmbH, Kempten

Dieses Buch wurde auf 100%igem Recyclingpapier gedruckt.

Alle Rechte vorbehalten
ISBN 978-3-86581-462-3

Inhaltsverzeichnis

1 Einleitung

»Bis vor kurzem mußten wir uns gegen die Natur behaupten.
Von nun an müssen wir uns gegen unsere eigene Natur behaupten.«

Dennis Gabor (1900–79)

Im Laufe der anhaltenden gesellschaftlichen Debatte um Umweltschutz, mit derzeit wichtigen Themen wie Klimawandel, Artenschwund und Ressourcenknappheit, gewinnt der Themenkomplex Landwirtschaft-Ernährung-Gesundheit zunehmend an Bedeutung. Verschiedene Faktoren, wie Produktions- und Verzehrsweisen, aber auch politisch-kulturelle Rahmensetzungen, entscheiden darüber, wie stark Umweltsysteme durch die Bereitstellung von Nahrungsmitteln beeinflusst werden.

Die adäquate Versorgung der Bevölkerung mit ausreichenden, gesunden und abwechslungsreichen Nahrungsmitteln ist eine der Hauptaufgaben des Agrar- und Ernährungssektors. Allerdings werden mit der zunehmenden Verbreitung westlicher Konsummuster[1] durch einen erhöhten Verzehr von tierischen Produkten, gesättigten Fettsäuren und einfachen Kohlenhydraten nicht nur erhöhte Gesundheits-, sondern auch Umweltrisiken diskutiert. Historisch betrachtet war mit Ausnahme der Unterbrechungen durch die beiden Weltkriege seit der letzten kartoffelfäulebedingten Hungersnot in den Jahren 1846/47 die Versorgung der Bevölkerung in Deutschland mit quantitativ ausreichenden Nahrungsmitteln gewährleistet (Teuteberg & Wiegelmann 1986). Im ganzen 19. Jahrhundert bildeten jedoch noch pflanzliche Nahrungsmittel »das eigentliche Rückgrat der Volksernährung.« Erst zu Beginn des 20. Jahrhunderts – die Autoren ermittelten das Jahr 1911 – »konnten sich die animalischen Nahrungsmittel endgültig den ersten Platz sichern« (ebd.).

Westliche Konsummuster, die zunehmend auch in Schwellen- und Entwicklungsländern Einzug erhalten, führen insgesamt zu einer quantitativ besseren Versorgung weiter Bevölkerungsgruppen. Jedoch steht die übermäßige Praxis westlicher Konsummuster auch im Zusammenhang mit Wohlstandserkrankungen wie Übergewicht, Gicht, Diabetes und Krebs (sog. *noncommunicable diseases*,

---

1 sog. *western dietary patterns* nach WCRF (2007), umgangssprachlich auch als *western style diet* bezeichnet

WCRF 2007). Daneben ist die Bereitstellung der Nahrungsmittel und Getränke an intensive agrar-industrielle Produktionsweisen gekoppelt, die in globale Warenströme und Wertschöpfungsketten eingegliedert sind. Allesamt Faktoren, die bezüglich ihrer agrar-ökologischen Tragfähigkeit und ihrer Auswirkungen auf umgebende Ökosysteme zu untersuchen und zu diskutieren sind.

Nicht-nachhaltige Verzehrs- und Produktionspraktiken verschärfen die Einflussnahme des Menschen auf globale und lokale Schutzgüter. Der internationale Handel mit Agrargütern und Nahrungsmitteln, in den Deutschland als weltweit zweitgrößter Importeur und drittgrößter Exporteur stark eingebunden ist (BMELV 2010), beeinflusst Ökosysteme global und führt zu Wirkungsverlagerungen in andere Erdteile. Neben der Beeinträchtigung von Ökosystemen und daran gekoppelten Leistungen (sog. *ecosystem services*) wird gleichzeitig deren natürliche Regenerationskraft und Anpassungsfähigkeit geschmälert (MEA 2005). Nach der Definition der Brundtlandschen Bedürfnisgerechtigkeit jetziger und zukünftiger Generationen (WCED 1987) werden damit ökologische, soziale und gesundheitliche Folgekosten nicht nur ins Ausland (intra-generationell), sondern auch in die Zukunft externalisiert (inter-generationell). Westliche Konsummuster belasten somit nicht nur die Gesundheit und Gesundheitssysteme in Industrie- und Schwellenländern, sondern führen auch zu Externalisierungen von Umweltkosten, sie sich nachteilig auf andere Menschen im Ausland und auf zukünftige Generationen auswirken. Als Antwort darauf wurden bereits verschiedene politische Zielvorgaben gesetzt. So fordert eine Hauptmaßnahme des Abschlusscommuniques der Rio 20+ Konferenz die »Förderung nachhaltiger Verbrauchs- und Produktionsmuster« (UN 2012). Auf europäischer Ebene sollen bis »spätestens 2020 Anreize für gesündere und nachhaltigere Erzeugungs- und Verbrauchsstrukturen weit verbreitet sein und zu einer Reduzierung des Ressourceninputs in die Lebensmittelkette um 20 Prozent geführt haben. Die Entsorgung von genusstauglichen Lebensmittelabfällen in der EU sollte halbiert worden sein« (EU-Kom 2011).

Vor diesem Hintergrund werden in vorliegendem Buch Ansatzpunkte im Bereich Landwirtschaft-Ernährung-Gesundheit für eine nachhaltigere Entwicklung identifiziert und auf Basis repräsentativer Verzehrs- und Umweltdaten in Deutschland Umweltschutzpotentiale quantifiziert.

1.1   Umweltbilanzierung von Nahrungsmitteln und Verzehrsweisen

Erste Arbeiten, in welchen die Umwelteffekte von Nahrungsmitteln und Verzehrsweisen untersucht wurden, gehen bis in die 1970er Jahre zurück (Pimentel et al.
1973, Leach 1975, Slesser et al. 1977, Cremer & Oltersdorf 1979). In Folge der
Ölkrise Anfang der 1970er Jahre und der 1972 im Auftrag des *Club of Rome* ver-
öffentlichten Studie ›Grenzen des Wachstums‹ (Meadows et al. 1972) fanden in
Bezug auf Nahrungsmittel dabei vor allem Berechnungen hinsichtlich der Knappheit fossiler Energieträger, landwirtschaftlich nutzbarer Flächen und abiotischer
Ressourcen (Mineralien zur Düngemittelherstellung etc.) statt. Methodisch ba-
sierten die von Leach (1975) und Slesser et al. (1977) gemachten Berechnungen
zur Nahrungsmittelproduktion auf den aus den Wirtschaftswissenschaften be-
kannten Input-Output-Analysen (Leontief 1970, 1986). Slesser et al. (1977) untersuchten zudem die Energieintensitäten unterschiedlicher Verzehrsweisen.

Im Zuge der Diskussion des anthropogenen Einflusses auf den Treibhauseffekt,
die sich verstärkt nach der Veröffentlichung des Berichtes ›Unsere gemeinsame
Zukunft‹ der Brundtland-Kommission für Umwelt und Entwicklung, des sog.
Brundtland-Berichts, entwickelt hat (WCED 1987), rückte die Einflussanalyse
und -bewertung von Produkten, Prozessen und Systemen hinsichtlich deren kli-
matischen Folgen vermehrt in den Fokus (Meier & Schlich 1996). Energiebilanzen als Vorstufe zur Abschätzung der Klimarelevanz unterschiedlicher Boden-
nutzungssysteme der Landbewirtschaftung wurden von Haas & Köpcke (1994)
im Rahmen der Enquete-Kommission ›Schutz der Erdatmosphäre‹ vorgelegt. In
dieser Kommission wurde von Kramer et al. (1994) zudem die Klimarelevanz
des Ernährungssektors beschrieben. Dabei wurde in einer Grobanalyse anhand
der Indikatoren CO_2-Äquivalente und Primärenergieeinsatz der Gesamteinfluss
der Ernährung in der Bundesrepublik Deutschland (ohne neue Bundesländer,
Basisjahr 1991) abgeschätzt.

Taylor (2000) bilanzierte auf Basis der Nationalen Verzehrsstudie I und der
Gießener Vollwert-Ernährungsstudie den Einfluss unterschiedlicher Ernährungsweisen[2] sowie unterschiedlicher Produktionsverfahren (konventionell, ökologisch). Zur Bilanzierung der Umweltindikatoren Primärenergieeinsatz, Treibhaus-
gas- und Versauerungspotential wurden hierzu Ökobilanzergebnisse verwendet,
die mit der Software GEMIS modelliert wurden. Jungbluth (2000) gab neben
einem ausführlichen Methodenvergleich einen umfassenden Überblick über

---

2   Taylor (2000) unterschied dabei zwischen Mischkost, vegetarischer und nicht-vegetarischer Vollwertkost

die bis dahin ökobilanziell erfassten Nahrungsmittel nach Produktionsweisen
(konventionell, integriert, ökologisch). Im Kontext einer Tagebuchstudie für den
Einkauf von Fleisch und Gemüse (Studienpopulation n = 134) in der Schweiz
untersuchte dieser die ökologischen Einsparpotentiale unterschiedlicher Handlungsoptionen. Die Bewertungsmethoden *Eco-indicator 95* und die der *Umwelt-
belastungspunkte* vergleichend, wurde ein breites Set an Wirkungskategorien[3]
analysiert. Zudem wurde in der Arbeit ein Konzept für eine Ökobilanz mit einem
modularen Ansatz ausgearbeitet, welches auch ansatzweise im Rahmen dieser
Arbeit verwendet werden soll.

Weitere Arbeiten, die sich mit den Umweltwirkungen verschiedener Handlungsoptionen und Verzehrsweisen im deutschsprachigen Raum auseinander-
setzen, sind die von Seemüller (2000), Wiegmann et al. (2005) und Woitowitz
(2007). Seemüller (2000) untersuchte in seiner Arbeit den Einfluss veränderter
Verzehrsmuster im Hinblick unterschiedlicher Landbewirtschaftungssysteme
(konventionell, ökologisch). Er kommt u. a. zu dem Ergebnis, dass bei einer Reduktion des Anteils »tierischer« Kalorien von 39 auf 24 Prozent im Bundesdurchschnitt, die landwirtschaftliche Nutzfläche Deutschlands ausreichen würde,
die Versorgung zu 100 Prozent mit Lebensmitteln aus ökologischem Anbau
sicherzustellen. Der Anteil »tierischer« Kalorien von 24 Prozent entspräche dabei
dem Verhältnis in der italienischen Durchschnittskost, sprich einer mediterranen Kost (ebd.). Im Rahmen des Gemeinschaftsprojekts ›Ernährungswende‹
untersuchten Wiegmann et al. (2005) unterschiedliche Ernährungsstile stoff-
stromanalytisch. Mittels der Bilanzierungssoftware GEMIS wurden die Umweltwirkungskategorien Treibhausgas- und Versauerungspotential szenarienhaft
untersucht und den Bereichen Innerhaus- und Außerhausverzehr zugeordnet.
Woitowitz (2007) stellt in seiner Untersuchung die Frage, welchen Einfluss ein
verminderter Fleischkonsum bzw. ein verminderter Konsum tierischer Produkte
auf ausgewählte Nachhaltigkeitsindikatoren[4] hat. Bei der Reduzierung orien-
tierte er sich dabei an den Empfehlungen der Deutschen Gesellschaft für Ernährung (ebd., DGE 2006).

Auf Basis agrarstatistischer Input-Output-Tabellen beschreiben Schmidt &
Osterburg (2009) im sog. Berichtsmodul ›Landwirtschaft und Umwelt‹ der Umweltökonomischen Gesamtrechnungen die Effekte der deutschen Landwirtschaft

---

3   Jungbluth (2000) untersuchte folgende Indikatoren: Treibhausgaspotential, Kanzerogenität, Pestizide, Schwer-
    metalle, Wintersmog, Energieressourcen, Überdüngung, Ozonabbau, Photosmog, Versauerung, Radioaktivität

4   Woitowitz (2007) untersuchte die Indikatoren Primärenergieverbrauch, Treibhausgaspotential, Arbeitskräfte-
    einsatz, Flächeninanspruchnahme

mittels ökologischer, ökonomischer und sozialer Indikatoren. Im Gegensatz zu früheren gesamtsektoralen Arbeiten (Haas & Köpcke 1994, Kramer et al. 1994) wurde dabei im Zeitverlauf zwischen 46 verschiedenen Agrarproduktgruppen und 17 Indikatoren unterschieden. In Kapitel 2.1.8 (S. 26 ff.) wird auf die Arbeit von Schmidt & Osterburg (2009) detaillierter eingegangen.

Carlsson-Kanyama (1998) analysierte in einer Ökobilanz den Einfluss unterschiedlicher Menükomponenten auf Treibhausgasemissionen in Schweden. Neben dem überproportionalen Einfluss tierischer Komponenten, unterstreicht die Autorin, dass Effizienzfortschritte im technischen Bereich (bspw. im Transportwesen durch niedrigere Kraftstoffverbräuche pro LKW) dazu tendieren, durch einen Mehrkonsum untergraben bzw. sogar überkompensiert zu werden (ebd.). In einer weiteren Arbeit untersuchten Carlsson-Kanyama & Gonzales (2009) das Verhältnis der zur Verfügung gestellten Eiweiße und entsprechender Treibhausgasemissionen. Gerbens-Leenes (2006) ermittelte neben dem Energie- und Flächenbedarf den Wasserbedarf der Durchschnittskost in den Niederlanden. Zudem verglich sie ihre Ergebnisse mit anderen europäischen Verzehrsmustern sowie offiziellen Ernährungsempfehlungen in den Niederlanden. Weidema et al. (2008) untersuchten auf Basis nationaler Input-Output-Tabellen und sog. NAMEA[5]-Matrizen den Einfluss des Verbrauchs von Fleisch- und Milchprodukten innerhalb der EU-27. Von den 15 untersuchten Umweltwirkungskategorien war der Einfluss der Ernährung auf folgende Kategorien am größten: Ökotoxizität, Eutrophierung, Flächenbedarf und Versauerung. Stehfest et al. (2009) untersuchten mit der Modellierungssoftware IMAGE[6] den Einfluss eines verminderten Verzehrs tierischer Produkte auf globaler Ebene in Bezug auf Treibhausgasemissionen und Flächenbedarf. In einer ähnlichen Arbeit berechneten Popp et al. (2010) die Kosten verschiedener Umweltschutzstrategien im Ernährungsbereich. Demnach sind Verzehrs-, und damit Nachfrageänderungen deutlich günstiger als produktions- und verfahrenstechnische Lösungen (Effizienzansatz), um Klimaschutzziele zu erreichen.

Leip et al. (2010) ermittelten mit einem *top-down* Ansatz produktspezifische Treibhausgas-, Ammoniak- und NO$_x$-Emissionen im Tierhaltungssektor innerhalb der Mitgliedstaaten der EU-27. Als Bilanzierungsmodell fungierte dabei CAPRI[7]. Neben klassischen landwirtschaftlichen und verarbeitungsspezifischen Emissio-

---

5 *National accounting matrices with environmental accounts*

6 *Integrated Model to Assess the Global Environment*

7 *Common Agricultural Policy Regionalised Impact Modelling System*

nen wurden dabei Emissionen aus direkten Landnutzungsänderungen und Landnutzung in verschiedenen Szenarien kalkuliert. Muñoz et al. (2010) erstellten auf Basis verschiedener Produkt-Ökobilanzen die Umweltbilanz der spanischen Durchschnittskost. Im Rahmen des kompletten Lebenszyklus der untersuchten Nahrungsmittel wurde in dieser Arbeit besonderer Wert auf die Abfallphase (inkl. Abwasser- und Klärschlammbehandlung) gelegt. Tukker et al. (2011) untersuchten, ein breiteres Spektrum an Umwelteinflüssen abdeckend, die Einflüsse verschiedener Verzehrsweisen und möglicher Rebound-Effekte innerhalb der EU-27. Basierend auf europaweit konsistenten Input-Output-Tabellen und der Bilanzierungssoftware CAPRI wurden folgende Umweltwirkungen betrachtet: abiotischer Ressourcenverbrauch, Treibhauseffekt, Ozonschichtzerstörung, Humantoxizität, Ökotoxizität, Entstehung bodennahen Ozons, Versauerung und Eutrophierung.

Zusammenfassend lässt sich feststellen, dass sich die Umweltbewertung des Agrar- und Ernährungssektors innerhalb der letzten Jahrzehnte stark professionalisiert und diversifiziert hat, teilweise auch institutionalisiert wurde. Für viele große Unternehmen in der Landwirtschafts- und Ernährungsbranche ist die regelmäßige Erstellung von Nachhaltigkeitsberichten (inkl. Ökobilanzen) im Rahmen von unternehmerischer Gesellschaftsverantwortung (*corporate social responsibility*, CSR) Standard. Im Zuge besserer und umfassenderer Umweltdaten werden Versuche unternommen, neben klassischen Umweltindikatoren wie Energieverbrauch und Schadgasemissionen, weitere aus Umweltsicht hoch brisante Themen wie Biodiversitäts-, Waldverlust und Wasserknappheit in Bewertungssysteme zu integrieren.

Darüber hinaus sind v.a. Unternehmen interessiert, ökonomische Belange in die Ausrichtung ihres Umweltengagements zu integrieren. Methoden wie das *Life Cycle Costing* (LCC) oder der Ökoeffizienzanalyse (Saling et al. 2002) sind daraus hervorgegangen. Ein weiteres Ziel in Richtung einer umfassenden quantifizierbaren Nachhaltigkeitsanalyse wird durch die Integration gesellschaftlicher bzw. sozialer Auswirkungen in den Kriterienkatalog erreicht. Ein wichtiger Grundstein im Hinblick auf ein international standardisiertes Bewertungsverfahren wurde hierbei durch die SETAC/UNEP *Life Cycle Initiative* gelegt (SETAC/UNEP 2009).

1.2 Zielpfade ökologischer Nachhaltigkeit im Agrar- und Ernährungssektor

Bedeutsam im Hinblick auf Lösungsansätze von Nachhaltigkeitsproblemen im Agrar- und Ernährungsbereich ist die Unterscheidung der Untersuchungsperspektiven: Umweltbewertung auf Produktions- oder auf Nachfrageseite. Produktions- bzw. Produktanalysen zielen in der Regel darauf ab, Herstellungsverfahren ökonomisch und ökologisch zu optimieren, um durch ein günstigeres Input-Output-Verhältnis mehr Nutzen und geringere Kosten zu generieren (Effizienzansatz). Innerhalb des produktionsspezifischen Untersuchungsrahmens ist diese technische Herangehensweise legitim, greift jedoch im Hinblick einer Gesamtbewertung der gesellschaftlichen Nachfrage nach mannigfaltigen Produkten und Dienstleistungen zu kurz. Technische Fortschritte allein (z. B. verbesserte Fütterungsstrategien, kraftstoffsparende Traktoren oder effizientere Kaffeemaschinen) führen in der Regel durch effizientere Technologien und ein effizienteres Design zu geringeren Stückkosten und damit geringeren Verkaufspreisen an den Endkonsumenten. Bis zu einem gewissen Punkt der Sättigung können diese verringerten Preise eine stärkere Nachfrage induzieren, was ein Rebound-Dilemma[8] verursacht: Umweltgewinne durch eine effizientere und damit kostengünstigere Produktion der Güter werden so durch eine verstärkte Nachfrage konterkariert, was im Endeffekt zu einer Nettobelastung der Umwelt führen kann (Druckman et al. 2011, Weizsäcker et al. 2010).

Um dieses Problem zu lösen, wurde in der transdisziplinären Forschungsdisziplin der ›Industriellen Ökologie‹[9] die Strategietriade von Effizienz, Suffizienz und Konsistenz entwickelt (Huber 2000). Huber argumentiert, dass ein »wirklich nachhaltiger Entwicklungspfad« nur dann eingeschlagen werden kann, wenn sich die Resultate aus Effizienzsteigerungen widerspruchsfrei (d. h. konsistent) mit globalen Umweltzielen vereinbaren lassen. Vor dem Hintergrund der Anfälligkeit von Effizienzgewinnen für Rebound-Effekte kann dies jedoch nur gelingen, wenn sie durch Suffizienzmaßnahmen flankiert werden. Damit sind steuerungspolitische Maßnahmen gemeint, die einem Mehrkonsum entgegenwirken.

---

8 in der Literatur auch beschrieben als ›Jevons Paradox‹ oder ›Khazzom-Brooks-Postulat‹ (vgl. Hertwich 2005, Weizsäcker et al. 2010, Santarius 2012)

9 vgl. Socolow et al. (1994), Graedel (1994), Ayres & Ayres (1996)

Was bedeutet das für den Agrar- und Ernährungsbereich?

Um einen »wirklich nachhaltigen Entwicklungspfad« (Huber 2000) im Bereich
Landwirtschaft-Ernährung einzuschlagen, sind Effizienzsteigerungen im Agrar-
und Ernährungssektor (in der Produktion, Verarbeitung, Distribution, im Inner-
und Außerhausverzehr etc.) notwendig, aber nicht hinreichend. Suffizienz spielt
in der Vermeidung von Nahrungsmittelverlusten in der Wertschöpfungskette und
in der Vermeidung von Nahrungsmittelabfällen im Haushalt eine Rolle, kann
jedoch bezogen auf den eigentlichen Verzehr gesamtgesellschaftlich keine Option
sein. Denn Ernährung dient nicht nur der ausreichenden, sondern der optimalen
Versorgung des menschlichen Stoffwechsels mit Makro- und Mikronährstoffen.
In Anbetracht der Tatsache, dass der Begriff der Suffizienz nicht nur mit einer
Verhinderung von Mehrkonsum, sondern auch mit Konsumverzicht bzw. Absti-
nenz verbunden wird, ist eine vollständige Übertragung der drei Kriterien Effizienz, Suffizienz und Konsistenz auf den Agrar-Ernährungsbereich nicht befrie-
digend. Hinzu kommt, dass sich der Mensch als Omnivor (Allesesser) aus einer
Vielfalt an Nahrungsmitteln optimal ernähren kann, und infolge – bis zu einem
gewissen Grad – Nahrungsmittel durch andere ersetzen vermag, ohne gesundheitlichen Schaden zu nehmen. Um einen »wirklich nachhaltigen Entwicklungspfad« (ebd.) im Bereich der Ernährung einzuschlagen, erscheint es deshalb notwendig, das Merkmal der Suffizienz zu spezifizieren und das Kriterium der
Substitution neu einzuführen. Angepasst an das Agrar- und Ernährungssystem
lassen sich die drei modifizierten Kriterien der Effizienz, Suffizienz und der Substitution unter dem Dach der Konsistenz mit folgenden Kernfragen umschreiben:

1) Effizienz (Wirkungsgrad): Wie effizient können Nahrungsmittel produziert,
    verarbeitet, distribuiert sowie zubereitet und entsorgt werden?
2a) Suffizienz in Bezug auf Nahrungsmittelverluste/-abfälle: Inwieweit können
    entlang der Wertschöpfungskette und im Haushalt Nahrungsmittelverluste
    reduziert werden?
2b) Suffizienz in Bezug auf Verzehr: Inwieweit können Personengruppen mit
    einer positiven Energie- und Nährstoffbilanz (Übergewichtige, Adipöse) ihre
    Nahrungsaufnahme reduzieren?
3) Substitution: Bis zu welchem Grad können ressourcenintensiv produzierte
    Nahrungsmittel im Haushalt durch den Verbraucher (Verzehrsweise), aber
    auch in der Ernährungswirtschaft, durch umweltfreundlichere, jedoch phy-
    siologisch gleichrangige, ersetzt werden?

Da die Prozesse der Produktion und des Verbrauchs über die bereitgestellten Produkte unweigerlich miteinander verzahnt sind, sind produktions- sowie verbrauchsseitige Maßnahmen mit dem Ziel einer geringeren Umweltbelastung zu einem gewissen Grad innerhalb aller genannten Strategien denkbar. Allerdings entscheidet über deren Erfolg, wie stark Umweltschutzmaßnahmen in beide Bereiche eingebettet und aufeinander abgestimmt sind. Beispielsweise müssen einerseits effizientere Kühlgeräte entwickelt und produziert werden. Auf der anderen Seite bedarf es informierter Verbraucher, die es sich auch leisten können, diese Produkte nachzufragen. Dieses Beispiel ließe sich auch auf umweltfreundlichere Nahrungsmittel übertragen. Um optimal zu funktionieren, also um konsistent zu sein, muss Umweltschutz immer gleichermaßen aus Produktions- und Verbrauchersicht gedacht werden. Ansonsten verpuffen Potentiale oder werden durch Rebound-Effekte zunichte gemacht.

Hinsichtlich der Wirksamkeit bzw. Konsistenz der drei genannten Ansätze zeigen Arbeiten von Osterburg et al. (2009) und Stehfest et al. (2009), dass effizienzsteigernde Maßnahmen nicht überschätzt, und Maßnahmen im Bereich der Substitution/Suffizienz nicht unterschätzt werden sollten. Ohne Berücksichtigung des schmälernden Einflusses von Rebound-Effekten beziffern McMichael et al. (2007) und Weidema et al. (2008) die maximalen Reduktionspotentiale durch technologische Effizienzgewinne auf unter 20 Prozent. Hierbei schließen die Autoren Maßnahmen im Bereich der Müllvermeidung bereits mit ein. Popp et al. (2010) konstatieren, dass Verzehrs- und damit Nachfrageänderungen einflussreicher und deutlich günstiger sein können, um positive Umwelteffekte im Bereich der Ernährung zu erreichen.

1.3 Ernährungsrelevante Umweltwirkungskategorien

Neben den in der Literaturübersicht genannten Umweltwirkungskategorien sind weitere Umwelteffekte im Bereich der Ernährung bedeutsam. Die Tab. 1 gibt einen Überblick über die wichtigsten Umweltindikatoren und deren Wirkungskategorien, die in der Quantifizierung von Umwelteffekten im Bereich Landwirtschaft-Ernährung eine Rolle spielen. Dabei werden die Indikatoren in Input- und Output-Indikatoren untergliedert. Während Output-Indikatoren Aufschluss über die Freisetzungen *(releases)* von Schadstoffen in unterschiedliche Umweltmedien geben, informieren Input-Indikatoren über die stattgefundene Ressourcennutzung *(resource use)*. Im Rahmen vorliegender Arbeit wurden die in Tab. 1 fett markierten Indikatoren untersucht (siehe dazu vertiefend Kapitel 2.4, S. 37 ff.).

Tab. 1. *Umweltindikatoren im Bereich Landwirtschaft-Ernährung nach Klöpffer & Grahl (2009), Weidema et al. (2008), Tukker et al. (2006), Jungbluth (2000)*

	Umweltindikatoren[10] (auf Sachbilanzebene)	Wirkungskategorien (auf Wirkungsbilanzebene)	
		midpoint-Kategorie	*endpoint (damage)-Kategorie*
Output-Indikatoren	PO_4^{3-}-Äquivalente (**P**, CSB, N , **NH_3/NH_4^+** u.a.)	Eutrophierungspotential Wasser	Qualität von Ökosystemen
	PO_4^{3-}-Äquivalente (**NH_3**, NO_x)	Eutrophierungspotential Boden	
	PSM-, Schwermetall-Äquivalente	Flora- und Faunatoxizität	
	CO_2-Äquivalente (**CO_2**, **CH_4**, **N_2O**, SF_6, FKW, HFKW)	Treibhausgaspotential, Klimaänderung[11]	
	Prozentualer Artenrückgang	Bio- und Agrodiversität	
	SO_2-Äquivalente (NO_x, SO_2, H_2S, HCl, HF, **NH_3**)	Versauerungspotential	
	C_2H_4-Äquivalente	Smog-/Ozonbildungspotential (troposphärisch)	
	CFC 11-Äquivalente	Ozonzerstörungspotential (stratosphärisch)	
	Geruchsschwellenwerte[12] (**NH_3**, H_2S)	Geruchsbelastung	Menschliche Gesundheit[13]
	Schalldruck in Dezibel	Lärm	
	PSM-, Schwermetall-, Radionuklid- Äquivalente	Humantoxizität	
Input-Indikatoren	**Energieverbrauch**	Verbrauch nicht-/erneuerbarer Energie	Biotische und abiotische Ressourcennutzung
	Flächenbedarf	Landnutzung, Flächendruck auf Ökosysteme	
	Wasserbedarf (direkt, virtuell)	Wassernutzung, Nutzungs- konkurrenz, Knappheit	
	Antimon-(Sb)-Äquivalente (Cd, Pb, Hg, Cu, Sn, Zn)	Abbau von Mineralien (ADP[14]), MIPS[15]	
	N, **P**, K, Ca-Verbrauch	Abbau von Mineralien, Nährstoffeffizienzen	

10 Eine vollständige Liste der Umweltindikatoren und entsprechender Wirkungspotentiale in CML (2010)
11 nach ISO 14040/14044 (2006) eine midpoint-Kategorie
12 bspw. OTV *Odour threshold values* nach Guinée (2002)
13 bspw. in DALY *Disability-adjusted lost life years* nach WHO (2006)
14 ADP = *Abiotic Depletion Potential*
15 MIPS = Materialintensität pro Serviceeinheit nach Schmidt-Bleek & Bierter (1998)

Innerhalb der Wirkungsabschätzung wird zwischen sog. *midpoint-* und *endpoint-*Kategorien unterschieden, wobei letztere sich aus ersten zusammensetzen. Werden alle *endpoint-*Kategorien zu einem Einzelwert aggregiert, spricht man von sog. Einpunkt- bzw. Ökopunktverfahren (Klöpffer & Grahl 2009). Diese wurden entwickelt, um die komplexen Wirkungsweisen verschiedener Umweltwirkungskategorien anschaulich zusammenzufassen und in einem Wert darzustellen. Allerdings ist mit einer zunehmenden Aggregation von Einzelwerten auch eine zunehmende Intransparenz verbunden, was die Interpretation erschwert. Zudem werden bei Einpunktverfahren unterschiedliche Gewichtungen der Wirkungskategorien unterstellt, was für die Interpretation des Endwertes entsprechende Vorkenntnisse voraussetzt.

2 Methoden- und Datenauswahl

»Wo damals die Grenzen der Wissenschaft waren,
da ist jetzt die Mitte.«

Georg Christoph Lichtenberg (1742–99)

Die Komplexität der Umweltwirkungen landwirtschafts- und ernährungsbezogener Aktivitäten sowie die Vielfalt möglicher Zielstellungen und Betrachtungsweisen führte innerhalb der letzten Jahrzehnte zur Entwicklung verschiedener Bewertungskonzepte, die sich in Teilbereichen überschneiden oder ergänzen können (Tab. 2). Aufgrund der Vielfalt der in diesem Bereich entwickelten Konzepte und Modelle können an dieser Stelle nur ausgewählte und für diese Arbeit bedeutsame Konzepte vorgestellt werden. Einen breiteren Überblick geben dazu Grießhammer et al. (2007), Bockstaller et al. (2006), Osterburg et al. (2009), Meinhold (2010) und Klöpffer & Grahl (2009). Die in der Tabelle fett markierten Konzepte finden im Rahmen dieser Arbeit Anwendung.

Tab. 2. *Umwelt- und Nachhaltigkeitsbewertungskonzepte im Bereich Landwirtschaft-Ernährung*

Fokus	Sachbilanzebene	Wirkungsbilanzebene
Produktspezifischer Fokus (bottom-up)	**Ökobilanz (LCA) nach ISO 14040/14044 (2006)** CO_2-Fußabdruck nach ISO 14067 (2011) Ökoeffizienzanalyse Produkt-Nachhaltigkeitsanalyse (PROSA, SEEBALANCE® u. a. m.) Stoffstromanalyse[16] (Energie-, Material- und Wasserbilanz)	
Betriebs- wirtschaftlicher Fokus (bottom-up)	Betriebliche Umweltmanagementsysteme im Bereich Landwirtschaft (REPRO[17], KSNL[18], SALCA[19], INDIGO®[20] u. a. m.) Öko-Audit (EMAS) nach ISO 14001 (2004) Stoffstromanalyse (Energie-, Material- und Wasserbilanz)	
Volkswirtschaftlicher/ sektoraler Fokus (top-down)	**Umweltspezifische Input-Output-Analysen (EE-IOA)[21]** **im Bereich Landwirtschaft / Ernährung** **(UGR[22], EIPRO[23], EXIOBASE[24] u. a. m.)** Nachhaltigkeitsanalyse (SIA) Stoffstromanalyse (Energie-, Material- und Wasserbilanz)	

---

16 Stoffstrom- bzw. Stoffflussanalysen werden auch bezeichnet als *Material flow analysis* (MFA)

17 vgl. Hülsbergen (2003)

18 Kriteriensystem Nachhaltige Landwirtschaft (KSNL), vgl. Eckert et al. (1999), Breitschuh et al. (2001), KTBL (2008)

19 *Swiss agricultural life cycle assessment* (SALCA), vgl. Bockstaller et al. (2006)

20 *Indicateurs de diagnostic global á la parcelle* (INDIGO), vgl. Bockstaller et al. (2006)

21 *Environmental-extended input-output analysis* (EE-IOA)

22 Berichtsmodul Landwirtschaft und Umwelt der Umweltökonomischen Gesamtrechnungen (Schmidt & Oster-burg 2010)

23 *Environmental impact of products* (EIPRO), vgl. Tukker et al. (2006)

24 *Environmental accounting framework using externality data and input-output tools data base* (EXIOBASE), vgl. Koning et al. (2008)

2.1 Methodenüberblick

2.1.1 Ökobilanz nach ISO 14040/14044

Mit der international etablierten und ISO-normierten Methode der Ökobilanz
(*Life cycle assessment*, LCA) können Produkte und Dienstleistungen in Bezug
auf ihre Umwelteffekte untersucht werden. In Deutschland gelten folgende Ausgaben: DIN EN ISO 14040:2009 (regelt Grundsätze und Rahmenbedingungen)
und DIN EN ISO 14044:2006 (regelt Anforderungen und Anleitungen). Bedingt
durch den universellen Charakter der ISO-Norm 14040/14044 werden sekto-
ren- bzw. produktspezifische Angaben darin nicht gemacht. Detailliertere Vorgaben, speziell für Nahrungsmittel, werden durch sog. Produktkategorieregeln
(*Product category rules*, PCR) gegeben, die in Einklang mit der ISO-Norm 14025
für Umweltdeklarationen (*Environmental product declarations*, EPD) zu erstellen sind (ISO 14025 2006). Zum Zeitpunkt des Verfassens dieser Arbeit lagen in
der Datenbank des internationalen EPD®-Systems 26 Produktkategorieregeln für
Nahrungsmittel und Getränke vor[25].

2.1.2 CO₂-Fußabdruck nach ISO 14067

CO_2-Fußabdruckberechnungen können als spezifischer Teil einer Ökobilanz
(LCA) gesehen werden. Im Zuge einer zunehmenden Relevanz treibhausgasspe-
zifischer Berechnungen wurden unterschiedliche Methoden und Berechnungs-
modelle entwickelt, deren Ergebnisse nur schwer untereinander vergleichbar sind.
Durch Normierung der Grundsätze, Rahmenbedingungen und Anforderungen
versucht die ISO-Norm 14067 (2011) eine Vereinheitlichung und damit eine Vergleichbarkeit der Berechnungen zu erreichen. Zum Zeitpunkt des Verfassens dieser Arbeit befand sich diese ISO-Norm noch in der Entwicklungsphase. Mit der
Fertigstellung ist 2013 zu rechnen[26].

2.1.3 Ökoeffizienzanalyse

Im Gegensatz zur Ökobilanz, die ausschließlich ökologische Aspekte in Betracht
zieht, werden in einer Ökoeffizienzanalyse zusätzlich ökonomische Parameter im
Sinne der Lebenszykluskostenrechnung (*Life cycle costing*, LCC) untersucht (Grießhammer et al. 2007). Ökoeffizienz wird demnach definiert als Umweltbelastung
pro Geldwert des untersuchten Produktes oder der untersuchten Dienstleistung.

---

25 www.environdec.com

26 www.iso.org

2.1.4 Produkt-Nachhaltigkeitsanalyse

Zusätzlich zu ökologischen und ökonomischen Aspekten, die mit Ökobilanzen und Ökoeffizienzanalysen abgebildet werden können, untersuchen Produkt-Nachhaltigkeitsanalysen auch die Einflüsse auf gesellschaftliche Determinanten. Ausgehend von der bereits 1987 entwickelten Produktlinienanalyse (Öko-Institut 1987), die international keine breite Anwendung fand, wurde die Methode PROSA *(Product Sustainability Assessment)* entwickelt (Grießhammer et al. 2007). Während dabei im Bereich ökologischer und ökonomischer Bilanzierungen auf bereits etablierte Methoden (bspw. Ökobilanz) zurück gegriffen wurde, mussten andere Module (bspw. die Sozialbilanz, die Nutzenanalyse) neu entwickelt bzw. um Nachhaltigkeitselemente ergänzt werden (Altner et al. 2007). Eine andere Methode, die ökologische, ökonomische und soziale Aspekte gleichermaßen versucht zu berücksichtigen, ist die von der BASF entwickelte Methode SEEBALANCE® (Kircherer 2005).

2.1.5 Betriebliche Umweltmanagementsysteme im Bereich Landwirtschaft

Die Vielfalt standortgegebener Voraussetzungen landwirtschaftlicher Betriebe haben im Bereich der Produktionsbewertung zur Entwicklung einer Vielzahl von Bewertungsmodellen und -ansätzen geführt, die aufgrund ihrer Fülle jedoch im Rahmen dieser Arbeit nicht in Gänze beschrieben werden können. Erwähnt sei an dieser Stelle das Modell REPRO, entwickelt an der Martin-Luther-Universität Halle-Wittenberg, welches zur Erstellung des DLG-Nachhaltigkeitszertifikats[27] verwendet wird (Hülsbergen 2003, Christen et al. 2009). An der Thüringer Landesanstalt für Landwirtschaft (TLL) wurden die Bewertungsmodelle USL (Umweltsicherungssystem Landwirtschaft) und KSNL (Kriteriensystem Nachhaltige Landwirtschaft) entwickelt, welche zur Betriebszertifizierung eingesetzt werden können. Neben ökologischen Aspekten beinhaltet die Vergabe des DLG- und des KSNL-Zertifikats zudem ökonomische und soziale Kriterien (Christen et al. 2009, KTBL 2008). SALCA *(Swiss agricultural life cycle assessment)* ist eine Ökobilanzmethode, welche von Agroscope FAL Reckenholz (Zürich) entwickelt wurde. Sie dient der Analyse und Optimierung der Umweltwirkungen der landwirtschaftlichen Produktion. Die Methode wird vorwiegend in der agrarökologischen Forschung eingesetzt, dient aber ebenfalls, als Basis des betrieblichen Umweltmanagements, der Errechnung von Agrar-Umweltindikatoren im land-

---

27 www.nachhaltige-landwirtschaft.org (DLG-Portal zum Nachhaltigkeitszertifikat)

wirtschaftlichen Sektor und der Ermittlung von Ökoinventaren im Rahmen der
Integrierten Produktpolitik der Schweiz (Bockstaller et al. 2006). In Frankreich
wurde die Methode INDIGO® von der Arbeitsgruppe ›Nachhaltige Landwirtschaft‹ des INRA *(Institut national de la recherche agronomique)* entwickelt (ebd.).

2.1.6 Öko-Audit (EMAS) nach ISO 14001

Das *Eco-Management and audit-sheme* (EMAS) zertifiziert auf Basis der ISO-
Norm 14001 (2004) Betriebe, Institutionen und andere Körperschaften in Europa,
die die ökologischen Kriterien des Audits erfüllen. Grundlage der Zertifizierung
ist ein kontinuierlicher Optimierungsprozess hinsichtlich der Umweltverträglich-
keit gemäß dem Grundsatz: planen, ausführen, kontrollieren, optimieren *(plan,
do, check, act)*. Im Gegensatz zu den zuvor genannten Managementsystemen im
Bereich Landwirtschaft sind EMAS-Zertifizierungen für alle Akteure im Bereich
Landwirtschaft-Ernährung möglich, d.h. für Produzenten, Verarbeiter, Groß-
und Einzelhandel sowie Einrichtungen der Gastronomie. Tab. 3 gibt einen Überblick über die im Jahr 2011 EMAS-zertifizierten Unternehmen in der Agrar- und
Ernährungswirtschaft.

Tab. 3. *EMAS-Zertifzierungen in der deutschen Agrar- und Ernährungswirtschaft*[28]
(Stand: 12/2011)

Wirtschaftszweig	Anzahl
Landwirtschaft & Jagd	21
Herstellung von Nahrungs- & Futtermitteln	48
Herstellung von Getränken	26
Großhandel	17
Einzelhandel	8
Gastronomie	26

Stoffstrom- bzw. *Stoffflussanalysen* können als wesentlicher Teil aller genannten
Untersuchungskonzepte gesehen werden, da jede quantitative Umweltbewertung
und Wirkungsabschätzung auf real existierenden Stoffflüssen, die in der Sachbilanz erhoben werden, aufbauen muss. Daher können Stoffstromanalysen auch
im Hinblick aller genannten Fokusse (vgl. Tab. 2, S. 20) vorkommen. Je nach Unter-

28 www.emas.de

suchungsdesign werden verschiedene Stoffe bzw. Materialien untersucht, die hinsichtlich ihrer physikalischen, biologischen (bspw. biotisch/abiotisch) oder energetischen (bspw. fossil/erneuerbar) Eigenschaften weiter unterschieden werden können.

2.1.7 Umweltspezifische Input-Output-Analysen im Bereich Landwirtschaft/Ernährung

Input-Output-Analysen nehmen ihren Ursprung in der von dem Nobelpreisträger Wassily Leontief entwickelten Methode der sektorenspezifischen Beschreibung der Gesamtwirtschaft mittels sog. Input-Output-Matrizen (Leontief 1970, 1986). Dabei werden die Verhältnisse realwirtschaftlicher Input- und Outputflüsse genutzt, um mittels technischer Koeffizienten bzw. Faktoren die Umwelteffekte pro Sektor oder pro Produkteinheit zu ermitteln (ebd.). Die Zuordnung (Allokation) der Umwelteffekte auf die entsprechende Produkteinheit kann dabei auf Basis der Masse (physisch), des Wertes (monetär) sowie auf Basis des Energiegehaltes (energetisch) oder bestimmter Inhaltsstoffe (bspw. des N-Gehaltes) erfolgen. Während die energetische Allokation vor allem in der Umweltbewertung von Agrarkraftstoffen[29] angewendet wird, findet die Allokation nach Masse, nach Geldwert oder nach bestimmten Inhaltsstoffen vornehmlich im Bereich der Nahrungs- und Futtermittel Anwendung. Ausgehend von Leontiefs Vorarbeiten im Bereich umweltspezifischer Input-Output-Analysen wurde Ende der 1980er Jahre von UNstats, der Statistikabteilung der Vereinten Nationen, die Entwicklung eines internationalen Systems der umweltökonomischen Gesamtrechnungen (*System of environmental and economic accounting*, SEEA) initiiert. Durch die Integration ökologischer Indikatoren in die nationalen Offizialstatistiken sollte so die Grundlage für die Berechnung eines Ökosozialproduktes gelegt werden, welches den Wohlstandsindikator des Bruttosozialproduktes ablösen sollte. Der letzte Abschlussbericht des BMU-Beirates für Umweltökonomische Gesamtrechnungen schreibt dazu (Beirat UGR 2002):

> *»[Es] ist nicht zu übersehen, dass für die monetäre Bewertung der Ressourcenströme, der Umweltbelastungen und des Naturvermögens zwar zahlreiche Lösungen im Detail in Frage kommen. Im Endeffekt aber bleibt die Erkenntnis haften, dass es dafür – zumindest aus der Sicht der neoklassischen Wertlehre auf der Basis von individuellen Präferenzen – ein in sich geschlossenes und umsetzbares Bewer-*

---

29 vgl. Biokraftstoff-Nachhaltigkeitsverordnung (BMELV 2009a)

tungskonzept nicht gibt. Dieser Sachstand ist einerseits zwar enttäuschend; er begründet nicht zuletzt den Tatbestand, dass ein ›Ökosozialprodukt‹ auf der Basis des Wertmaßstabes der individuellen Präferenzen nicht ermittelt werden kann.«

Dennoch werden die Umweltökonomischen Gesamtrechnungen als adäquates Mittel angesehen, um ökologisch relevante Daten in die amtliche Statistik zu integrieren, um letztendlich sorgsam mit dem Naturvermögen umzugehen (ebd.). Auf internationaler Ebene befindet sich die Fortentwicklung der Umweltökonomischen Gesamtrechnungen zum Zeitpunkt des Verfassens dieser Arbeit in einem dritten Revisionsprozess (nach Revisionen in den Jahren 1993 und 2003). Mit einem Abschluss wird frühestens 2013 gerechnet[30]. Auf europäischer Ebene hat das europäische Parlament mit der Verordnung (EU) Nr. 691/2011 über eine verpflichtende stärkere Einbindung der Umweltökonomischen Gesamtrechnungen in die nationalen Statistiken entschieden. Mit einer Übergangsfrist von zwei Jahren ist mit der Rechtsgültigkeit dieser Verordnung ab 2013 zu rechnen (EP 2011).

Um den Umsetzungsprozess Umweltökonomischer Gesamtrechnungen auf europäischer Ebene stärker voranzutreiben, und zudem ein breiteres Set an Umweltindikatoren abzubilden, werden von der Generaldirektion Umwelt *(DG Environment)* die Politikstrategien *Sustainable Consumption and Production* (SCP) und die *Integrated Product Policy* (IPP) verfolgt. Um Entscheidungen in diesen Politikfeldern zu unterstützen, wurden hierzu im 6. und 7. Forschungsrahmenprogramm die Datenbanken EIPRO[31] und EXIOBASE[32] aufgebaut. In EIPRO wurden die Umweltwirkungen verschiedener Konsumfelder auf Basis von 478 Produktgruppen innerhalb der EU-25 untersucht. Bezüglich der Datenherkunft wurde einerseits auf Input-Output basierte Offizialstatistiken, andererseits auf Ökobilanzergebnisse aus *bottom-up* Untersuchungen zurückgegriffen (IO-LCA). Wichtig hinsichtlich der Unterschiedlichkeit zur EXIOBASE-Datenbank ist, dass in EIPRO ausschließlich europäische Durchschnittswerte zur Berechnung der Produktbelastungen berechnet wurden. Diese sind konsistent zur amtlichen Statistik von Eurostat, erlauben jedoch keine Aussagen über die Unterschiedlichkeit der Produktionsbedingungen in den einzelnen EU-Mitgliedstaaten (Tukker et al. 2006).

---

30 http://unstats.un.org/unsd/envaccounting/seea.asp

31 EIPRO = Environmental Impacts of Products

32 EXIOBASE = Environmental accounting framework using externality data and input-output tools data base

Durch einen multi-regionalen Ansatz wurde stattdessen in der Datenbank EXIOBASE versucht, diese Datenlücke zu schließen (Mongelli et al. 2011, Koning et al. 2008). Neben der EU-27 sind in der Datenbank die Produktions- und Verbrauchsstatistiken anhand von 129 Industriesektoren weltweit erfasst. An diese Sektoren wiederum sind entsprechende Ressourcenverbräuche und Emissionen gekoppelt. In der Datenbank werden 80 Ressourceninputs und 30 Emissionsarten unterschieden (ebd.).

2.1.8 Umweltökonomische Gesamtrechnungen (UGR)

In Deutschland werden die Umweltökonomischen Gesamtrechnungen auf Basis umweltspezifischer Input-Output-Analysen vom Statistischen Bundesamt zusammengestellt. Derzeit gibt es vier Berichtsmodule (Destatis 2011):

- Private Haushalte und Umwelt
- Verkehr und Umweltauswirkungen
- **Landwirtschaft und Umwelt**
- Waldgesamtrechnung.

Nahezu konsistent in die amtliche Statistik eingebettet, sind diese für weitergehende Berechnungen geeignet. Bezogen auf den deutschen Agrarsektor liefert das Berichtsmodul ›Landwirtschaft und Umwelt‹ innerhalb der Umweltökonomischen Gesamtrechnungen (Schmidt & Osterburg 2009, 2010) konsistente sektorale und rohproduktspezifische Daten. Durch die Untergliederung des Berichtsmoduls in seinerseits 46 Unterkategorien bzw. Produktionsverfahren sind so repräsentative umweltbezogene Aussagen hinsichtlich der produzierten Agrargüter möglich (ebd.).

Die Tab. 7 gibt einen Überblick über die im Berichtsmodul ›Landwirtschaft und Umwelt‹ erfassten Indikatoren – untergliedert nach den Nachhaltigkeitsdimensionen ökologisch, ökonomisch und sozial. Die in der Tabelle fett markierten ökologischen Indikatoren wurden im Rahmen dieser Arbeit untersucht.

Als Vorzug der Daten aus dem Berichtsmodul ›Landwirtschaft und Umwelt‹ ist zudem die Darstellung der Ergebnisse in Zeitreihen zu nennen. So können Veränderungen landwirtschaftlicher Umwelteinflüsse seit 1991 deutlich gemacht werden. Nachteilig erweist sich, dass im Vergleich zu klassischen Ökobilanzinventardaten das Set der untersuchten Umweltindikatoren deutlich schmaler ist. Zudem werden Umwelteffekte aus landwirtschaftlichen Vorleistungen nicht direkt berücksichtigt. Daher sind Unterschätzungen tatsächlicher Umweltwirkungen wahrscheinlich, wenn ausschließlich Daten aus dem Berichtsmodul verwendet

Tab. 4. Indikatoren im UGR Berichtsmodul ›Landwirtschaft und Umwelt‹ nach Nachhaltigkeits-dimensionen, nach Schmidt & Osterburg (2010)

ökologisch	ökonomisch	sozial
CO_2-Emissionen	Bruttowertschöpfung	Arbeitskräfteeinsatz
CH_4-Emissionen	Nettowertschöpfung	
N_2O-Emissionen	Produktionswerte	
NH_3-Emissionen	Subventionen	
NMVOC-Emissionen	Steuern	
NO-Emissionen	Vorleistungen (monetär)	
N-, P-, K-, Ca-Einsatz		
Flächenbedarf		
Energieverbrauch		
Wasserbedarf (blau)		
Risiko der PSM-Anwendung		
Flächennutzungsintensität[33]		

werden, um produktspezifische Umweltprofile zu erstellen. Hinzu kommt, dass in die Berechnung der Emissionen aus der Tierhaltung nur innerdeutsche Emissionen eingehen, da nur die innerdeutsche Produktion im System abgebildet wird. Somit werden alle Importe und Exporte (bspw. von Futtermitteln) und daran geknüpfte Emissionen im System nicht erfasst. Dies führt bei importierten Agrargütern, die hinsichtlich ihrer Umweltwirkungen intensiver im Ausland produziert wurden, auf Produktions- und Nachfrageebene zu Unterschätzungen der Umweltwirkungen.

Aus volkswirtschaftlicher/sektoraler Sicht ist von Bedeutung, dass bei den UGR das Augenmerk der Umweltbewertung entweder auf die Produktion oder den Verbrauch (bzw. die Nachfrage) der betreffenden Güter gelegt werden kann (Destatis 2011). Im Vergleich der beiden Ansätze sind verbrauchsspezifische Bilanzierungen aufwendiger, da neben der eigentlichen Produktion im Inland, Importe, Exporte und Lagerungsverluste sowie daran gekoppelte Umwelteffekte in die Berechnungen mit einfließen müssen. Da im Kern dieser Arbeit die Umweltbilanzierung des Verzehrs von Nahrungsmitteln steht, musste der verbrauchsspezifische Ansatz zur Anwendung kommen.

---

33 aggregiert aus Erosionsrisiko, Bodenschadverdichtung, Risiko der PSM-Anwendung, Düngemitteleinsatz

2.2   Gewählte Methode: Input-Output Ökobilanz (IO-LCA)

Im Kontext des Forschungsziels, den Nahrungsmittelverzehr in Deutschland pro-
duktgruppen- und bevölkerungsspezifisch unter ökologischen Gesichtspunkten
auszuwerten, erschien die Kombination der Methode Ökobilanz mit dem Ansatz der Umweltökonomischen Gesamtrechnungen am vorteilhaftesten. Dabei
wurden die methodischen Vorteile der Ökobilanz (international anerkannte und
standardisierte Vorgaben hinsichtlich der Durchführung) mit den statistischen
Vorteilen der Umweltökonomischen Gesamtrechnungen (Repräsentativität, ein-
deutiger zeitlicher und räumlicher Bezug, Konsistenz) kombiniert. Diese Methode lässt sich als IO-LCA (Input-Output LCA) oder Hybrid-LCA bezeichnen.
Suh (2003) beschreibt sie folgendermaßen.

IO-LCA nach Suh (2003)	Eine klassische Ökobilanz (LCA) liefert auf Basis einer Funktionellen Einheit sehr spezifische und detaillierte Ergebnisse, ist jedoch unvollständig im Hinblick auf Systemgrenzen. Stattdessen sind Input-Output-Analysen (IOA) repräsentativer und hinsichtlich ihrer Systemgrenzen umfassender, erreichen jedoch in der Breite der zu beschreibenden Umwelteffekte eine geringere Spezifität. Versuche, die Vorteile beider Ansätze zu vereinen, gehen zurück bis in die 1970er Jahre.

Abb. 1. Input-Output Ökobilanz nach Suh (2003)

Da zum Zeitpunkt der für diese Arbeit notwendigen Berechnungen keine belast-
baren Input-Output-Daten auf europäischer bzw. internationaler Ebene zur Verfügung standen, wurden zur Bilanzierung der Umwelteffekte durch Nahrungs-
mittelimporte weitestgehend klassische LCA-Daten genutzt, die hinsichtlich der
Systemgrenzen an diese Arbeit angepasst wurden, um so deren Vergleichbarkeit
zu ermöglichen. Methodisch orientiert sich dabei das Vorgehen in der Arbeit an
der ISO-Normenserie 14040/14044 (2006) zu Ökobilanzen. Folgende Arbeits-
schritte werden demnach vorgegeben:

1) Festlegung des **Ziels**, der **Systemgrenzen** und der **funktionellen Einheit**
   (Goal and Scope Definition, Functional Unit)
2) **Sachbilanzierung:** Input-Output-Flüsse entlang des Lebensweges *(Life Cycle
   Inventory*, LCI)

3) **Wirkungsabschätzung:** Klassifizierung der Sachbilanzdaten zu Wirkungskategorien, Bewertung der Umweltwirkungen, transparente Modellierung und Allokation der Wirkungskategorien nach Inventarisierung (*Life Cycle Impact Assessment*, LCIA)

4) **Auswertung, kritische Prüfung:** Vergleich und Interpretation der Ergebnisse auf Grundlage der Sachbilanz und Wirkungsabschätzung unter Berücksichtigung der Zieldefiniton, Sensitivitätsanalysen kritischer Ergebnisse, Expertenbegutachtung.

Zielsetzung

Hauptziel der Arbeit war es, die Umweltwirkungen des Nahrungsmittelverzehrs in Deutschland nach soziodemographischen Merkmalen auf Basis konsistenter Umwelt- und Ernährungsdaten zu beschreiben. Untersucht wurde dies anhand von 24 Produktgruppen, vier soziodemographischen Faktoren und sechs Umweltindikatoren. Daraus leiteten sich vier Zielfelder und daran gekoppelte Forschungsfragen ab:

▶ *1) Absolute Umwelteffekte von Nahrungsmitteln und Getränken*
Welche Umweltwirkungen waren mit der Produktion und dem Verbrauch von Nahrungsmitteln und Getränken im Jahr 2006 in Deutschland verbunden? Wie sind diese Umweltwirkungen gesamtgesellschaftlich einzuordnen?

▶ *2) Soziodemographischer Vergleich*
Inwieweit beeinflussten soziodemographische Merkmale Verzehrsunterschiede und daran gekoppelte Umweltwirkungen? Welches soziodemographische Merkmal hat den größten Einfluss auf ernährungsbedingte Umwelteffekte?

▶ *3) Vergleich mit Verzehrsempfehlungen und Ernährungsweisen sowie ein rückblickender Vergleich (1961–2007) mit Fokus auf der Nationalen Verzehrsstudie I (1985–89)*
Zu welchen ökologischen Veränderungen würde eine stärkere Ausrichtung der Essgewohnheiten an Ernährungsempfehlungen (DGE, UGB) und Ernährungsweisen (ovo-lacto-vegetarisch, vegan) führen? Wie hat die Durchschnittskost innerhalb der letzten Jahrzehnte die Umwelt beeinflusst? Welche Trends sind erkennbar?

▶ *4) Potentiale, Handlungsoptionen*
Wo besteht Handlungsbedarf? Welche Handlungsempfehlungen können für Entscheidungsträger in Politik, Agrar- und Ernährungswirtschaft und Ernährungsberatung sowie Verbraucherinnen und Verbraucher formuliert werden?

Systemgrenzen: cradle-to-store

Entlang der Wertschöpfungskette von Nahrungs- und Futtermitteln sowie Getränken wurden in der Arbeit folgende Phasen in ihren Umweltwirkungen untersucht: Produktion (inkl. Vorprozessen und Emissionen aus dLUC, LU), Verarbeitung, Handel & Transport sowie Verpackung (vgl. Tab. 5). Die Systemgrenzen sind
somit definiert von *cradle-to-store* (von der Wiege bis zum Verkauf). Im Falle der
Außerhaus-Verpflegung (Individual- und Gemeinschaftsgastronomie) bezieht
sich die Systemgrenze *store* auf den Verkauf an die gastronomische Einrichtung
(und nicht an den Endverbraucher).

Nicht enthalten in der Untersuchung sind die Umweltwirkungen der Haushaltsphase (Einkaufsfahrten, Lagerung, Zubereitung) sowie der Entsorgungsphase
(der Abwässer und der Nahrungsmittelabfälle), da soziodemographische Faktoren, die man zur Auswertung dieser Phasen benötigt hätte, nicht in der Nationalen Verzehrsstudie II (MRI 2008) erhoben wurden.

Tab. 5. Untersuchte Phasen im Untersuchungsrahmen dieser Arbeit

Phase (Modul)		Bilanzierungsansatz	Datenquellen
1)	Landwirtschaftliche Produktion inklusive Vorkette	*top-down*	EE-IOA
	◆ direkte Landnutzungsänderungen (dLUC) und Landnutzung (LU)	*top-down, bottom-up*	EE-IOA, LCA
	◆ Vorleistungen (Düngemittel-, PSM-, Gebäude- & Maschinenproduktion, Futtermitteltransporte, Dienstleistungen)	*top-down*	EE-IOA
	◆ Landwirtschaft direkt	*top-down*	EE-IOA
2)	Verarbeitung (Ernährungsgewerbe)	*top-down*	EE-IOA, LCA
3)	Handel, Transport	*bottom-up*	LCA
4)	Verpackung	*bottom-up*	LCA

EE-IOA: *Environmental-extend input-output analysis* (umweltspezifische Input-Output Analysen,
z. B. Umweltökonomische Gesamtrechnungen)

LCA: *Life cycle assessment* (Ökobilanz)

Wie in der Tabelle ersichtlich wurde hinsichtlich der Datenherkunft weitestgehend versucht, auf Daten aus konsistenten und repräsentativen *top-down* Untersuchungen (EE-IOA/UGR) zurückzugreifen. Diese Daten wurden für die Prozesse
Handel/Transport (inkl. Importe) und Verpackung um klassische Ökobilanzdaten *(bottom-up)* ergänzt.

Funktionelle Einheit

Die funktionelle Einheit bezieht sich in dieser Arbeit auf 1 Kilogramm verbrauchtes Nahrungsmittel bzw. Getränk.

Attributive vs. folgeorientierte Ökobilanz

In der wissenschaftlichen Literatur wird zwischen einem beschreibenden bzw. attributiven *(attributional)* und einen folgeorientierten Ansatz *(consequential)* in der Ökobilanzerstellung unterschieden (Ekvall & Weidema 2004, Schmidt 2008, Thomassen et al. 2008, Earles & Halog 2011). Ziel des folgeorientierten Ansatzes ist es, durch Systemerweiterung und damit Allokationsvermeidung indirekte Auswirkungen einer potentiellen Veränderung in einem komplexen Markt besser abbilden zu können. Diese Methode ist geeignet für prospektive Untersuchungen (ex-ante). Im Gegensatz dazu hat die ältere Methode der attributiven Ökobilanz einen eher beschreibenden Charakter, der für rückblickende Untersuchungen (ex-post) geeignet ist. Da es das primäre Ziel dieser Arbeit war, die Umweltwirkungen des Verzehrs im Jahr 2006 zu beleuchten, wurde ein attributiver Ansatz gewählt.

2.3   Datenauswahl Ernährung

Im Kern des Forschungsvorhabens stand die ökobilanzielle Auswertung des Nahrungsmittelverzehrs in Deutschland auf Basis der Nationalen Verzehrsstudie II (NVS II). Frühere Arbeiten (Taylor 2000, Hoffmann 2002, Wiegmann et al. 2005, Woïtowitz 2007), die sich ähnlichen Fragestellungen widmeten, stützten sich auf Ernährungsdaten aus der Nationalen Verzehrsstudie I (Kübler et al. 1995), aus Einkommens- und Verbrauchsstichproben (Destatis, mehrere Jahrgänge) oder auf Daten aus eigenen Befragungen. Während sich die Arbeiten von Taylor (2000) und Hoffmann (2002) auf den Nahrungsmittel- und Getränkeverzehr beziehen, der im Rahmen der Nationalen Verzehrsstudie I (NVS I) Ende der 1980er Jahre ausschließlich in den alten Bundesländern erhoben wurde, konnte im Rahmen dieser Arbeit erstmals eine ökobilanzielle Auswertung der Nationalen Verzehrsstudie II erfolgen. Diese wurde in den Jahren 2005/2006 im gesamten Bundesgebiet unter ca. 19.000 Teilnehmern im Alter von 14 bis 80 Jahren erhoben (MRI 2008). Bezüglich der Genauigkeit und der Repräsentativität stellen die Verzehrsstudien eine wichtige Datengrundlage dar, die im Rahmen von *scientific-use-files* für weitere wissenschaftliche Arbeiten genutzt werden können. Beim Vergleich beider Studien fällt auf, dass die untersuchte Alterspanne von 14 bis 80 Jahren in der NVS II im Gegensatz zu 4 bis 94 Jahren in der NVS I enger ausfällt. In Folge sank die Repräsentativität von 96 Prozent der Gesamtbevölkerung in der NVS I auf 83 Prozent in der NVS II (Tab. 6). Im Gegensatz zur NVS I und der daran gekoppelten VERA[34]-Untersuchung wurden in der NVS II keine Blut- und Urinentnahmen zu klinisch-biochemischen Analysen durchgeführt.

Tab. 6. *Vergleich der Nationalen Verzehrsstudien*

	Nationale Verzehrsstudie I + VERA	Nationale Verzehrsstudie II
Beauftragte Institution	GfK Nürnberg[35]	MRI (ehemals BfEL) – Max Rubner-Institut
Datenerhebung durch	GfK Nürnberg	TNS-Healthcare München[36]
Erhebungszeitraum	10/1985 – 01/1989	11/2005 – 12/2006
Erhebungsort	Alte Bundesländer	Gesamtes Bundesgebiet
Stichprobenumfang *darin*	24.632 deutschsprachige Personen 11.141 persönliche Strukturinterviews 2.064 klinisch-biochemische Untersuchungen von Blut- & Urinproben (VERA)	19.329 deutschsprachige Personen 15.371 Dietary History Interviews 1.021 Wiegeprotokolle
Methoden	◆ 7-Tage Verzehrs- und Tätigkeitsprotokoll ◆ Persönliches Strukturinterview (eines zufällig gewählten Haushalts-mitgliedes ab dem 14. Lebensjahr) ◆ Blut- und Urinprobenuntersuchung (VERA)	◆ Eingangsinterview (CAPI[37]) ◆ Dietary History Interview Anthropometrische Messungen ◆ Fragebogen (Hintergrundwissen) ◆ Wiegeprotokoll 2× 4 Tage einer Unterstichprobe (n = 1.021) ◆ 24-Stunden-Recall (CATI[38]) 2×
Untersuchte Nahrungsmittel-gruppen (-subgruppen)	24 (90)	16 (58)
Untersuchte Variablen	680	ca. 650
Untersuchte Alterspanne	4 – 94	14 – 80
repräsentativ für:	59,2 Millionen Personen	68,4 Millionen Personen
in % zur Gesamtpopulation	*95,9 %*	*83,1 %*

---

34 VERA: **V**erbundstudie **E**rnährungserhebung und **R**isikofaktoren-**A**nalytik
35 GfK: Gesellschaft für Konsumforschung
36 TNS: Taylor Nelson Sofres (Marktforschungsinstitut)
37 CAPI: *Computer assisted personal interview*
38 CATI: *Computer assisted telephone interview*

	Nationale Verzehrsstudie I + VERA	Nationale Verzehrsstudie II
Altersgruppen	4 – 6	
	7 – 9	
	10 – 12	
	13 – 14	
	15 – 18	14 – 18
	19 – 24 VERA	19 – 24
	25 – 50 VERA	25 – 34
	51 – 64 VERA	35 – 50
	64 – 94	51 – 64
		65 – 80
Kosten	NVSI: 5.138.334 DM	NVSII: 6.547.433,80 €[39]
	VERA: 10.415.045 DM	
Anreize zur Studienteilnahme (Incentives)	Teilnahme NVSI: Präsent oder 25,– DM, ggf. Ausfertigung eines individuellen »Ernährungspasses«, der über Ernährungsstatus informiert	ggf. Fahrtkostenzuschuss
	Teilnahme VERA: 35,– DM	
Quellen	FDG (1992), Kübler et al. (1995)	MRI (2008)

Da zum Zeitpunkt des Verfassens dieser Arbeit die Nationale Verzehrsstudie II noch nicht vollständig ausgewertet vorlag, musste hinsichtlich der Produktgruppen ›Gerichte auf Basis von …‹ ein gesondertes Zuordnungsverfahren entwickelt werden, um diese Gruppen dennoch auswerten zu können. In den Ergebnisberichten der Nationalen Verzehrsstudie II (MRI 2008, MRI 2008a) stellen ›Gerichte auf Basis von …‹ heterogene Produktgruppen dar, die sich aus mehreren Einzelkomponenten zusammensetzen. Zum Zeitpunkt des Verfassens dieser Arbeit stand die Zuordnung dieser Einzelkomponenten in die eigentliche Hauptgruppe mittels einer Rezeptdatenbank noch aus. ›Gerichte auf Basis von …‹ lagen bei folgenden Produktgruppen vor: Milch/-erzeugnisse, Eiprodukte, Fische/ Krustentiere, Getreideerzeugnisse, Gemüse und Kartoffeln. Bei ›Gerichten auf Basis von Fleisch‹ konnte auf exakte Daten zurückgegriffen werden, die als *scientific-use-file* nach Tierarten aufgeschlüsselt vorlagen. Obwohl jede Einzelzutat der entsprechenden Gruppe zugeordnet hätte werden müssen, wurde die gesamte Gruppe der Hauptzutat nach zugeteilt. Die Gruppe ›Gerichte auf Basis von Milch‹

---

39 laut Anfrage der Bundestagsfraktion Bündnis 90 / Die Grünen beim BMELV (Referat 115) im März 2010

wurde zu jeweils einem Drittel auf die drei Milchproduktgruppen ›Milch/-ge-
tränke‹, ›Milcherzeugnisse‹ und ›Käse und Quark‹ nach Masse zugeordnet. Daraus resultierende Ungenauigkeiten konnten teilweise durch die im Folgenden
vorgestellte Methode der notwendigen Umrechnung der Verzehrs- in Verbrauchsmengen minimiert werden.

Da von ökologischer Relevanz nicht nur die Mengen sind, die tatsächlich verzehrt werden, sondern letztendlich die Mengen, die insgesamt zur Verfügung stehen bzw. produziert wurden, muss der Umweltbewertung des Nahrungsmittel-
verzehrs der *Verbrauch*, die *Versorgung* und entsprechende *Produktionsmengen*
zu Grunde gelegt werden. Hinsichtlich der Umrechnung des Verzehrs in entsprechende Verbrauchs- und Produktionsmengen wurde im Gegensatz zu zurückliegenden Arbeiten hierbei nicht auf ökonometrisch ermittelte Werte[40] zurückgegriffen, sondern das Jahr 2006 betreffende Agrar- und Ernährungsstatistiken zu
Rate gezogen (BMELV StatJB 2009). Somit konnte eine konsistente Einbettung
der Umrechnung in die Offizialstatistik erfolgen (Tab. 7). Dadurch konnten nicht
direkt zugeordnete Einzelzutaten innerhalb der ›Gerichte auf Basis von …‹ im
Rahmen der Arbeit indirekt ernährungsökologisch berücksichtigt werden, da
durch den Abgleich mit der amtlichen Statistik eingesetzte Rohstoffe bei den direkt betrachteten Gruppen zu entsprechend niedrigeren Umrechnungsfaktoren
und damit erhöhten Differenzen zwischen Verzehr und Verbrauch/Versorgung
führten (vgl. dazu vertiefend Kap. 3.2.1, S. 96).

Tab. 7. Wichtige Begriffe in Agrar-, Ernährungs- und Verzehrsstatistiken

Begriff	Beschreibung
Erzeugung (production)	Entsprechende Daten beschreiben die Mengen an Agrargütern, die land- oder fischereiwirtschaft-lich erzeugt bzw. angelandet wurden. In Deutschland werden diese Daten in den Statistischen Jahrbüchern über Ernährung, Landwirtschaft und Forsten des BMELV aus meldepflichtigen landes-statistischen Daten zusammengestellt (BMELV StatJB, verschiedene Jahrgänge).
Versorgung* (supply)	Werden Produktionsdaten um Handelssalden (Importe, Exporte), Lagerveränderungen sowie um die Abgänge für den nicht-menschlichen Verzehr in den Industrie- und Energiesektor erweitert, resultieren daraus die statistisch zur Verfügung stehenden Versorgungsmengen zur menschlichen Ernährung im Inland. Diese Werte sind international und im Zeitverlauf gut vergleichbar und werden von der FAO zur Erstellung der *food balance sheets (FBS)* herangezogen. In Deutschland werden diese Informationen in den Statistischen Jahrbüchern über Ernährung, Landwirtschaft und Forsten des BMELV zusammengestellt (BMELV StatJB, verschiedene Jahrgänge). Entsprechende Mengen sind in dieser Arbeit von ernährungsökologischer Relevanz.

---

40 Taylor (2000) und Hoffmann (2002) greifen auf Umrechnungsfaktoren von Zacharias (1992), Kok et al. (1993) und Gedrich (1997) zurück.

Begriff	Beschreibung
Verbrauch* *(consumption)*	Werden ausgehend von der Versorgung Nachernte- und Marktverluste abgezogen, resultiert daraus der Verbrauch an Nahrungsmitteln und Getränken zur menschlichen Ernährung im Inland. Verbrauchsdaten werden einerseits in den Statistischen Jahrbüchern des BMELV und andererseits in den Einkommens- und Verbrauchsstichproben (EVS) des Statistischen Bundesamtes zur Verfügung gestellt (Destatis, verschiedene Jahrgänge). Bedingt durch unterschiedliche Erfassungsweisen sind entsprechende Verbrauchsmengen nicht voll identisch.

Die Mengen, die nicht der menschlichen Ernährung dienen (bspw. industriell hergestelltes Futter für Heimtiere) werden in der Regel aus den Versorgungs- und Verbrauchsdaten rausgerechnet. Allerdings kann nicht ausgeschlossen werden, dass für die menschliche Ernährung erfasste Verbrauchsmengen im Haushalt individuell an Haustiere verfüttert werden. |
| **Verzehr**** *(intake)* | Verzehrsdaten spiegeln die Mengen wider, die tatsächlich verzehrt wurden. Dabei treten in der Regel Mengenveränderungen bedingt durch Zubereitungsverfahren auf (Quellen, Braten, Eindicken etc.) sowie fallen vermeidbare und nicht-vermeidbare Abfälle an. Zudem muss berücksichtigt werden, dass in Verzehrserhebungen auch Nahrungsmittel erfasst werden, die in amtlichen Agrar- und Ernährungsstatistiken unberücksichtigt bleiben (bspw. Obst/Gemüse aus Haus- und Schrebergärten, Obst/Kräuter/Pilze von Gemeinflächen (Wiesen, Wälder). |

* Auf Basis des Statistischen Jahrbuchs (BMELV, verschiedene Jahrgänge) ist eine Differenzierung von Versorgung und Verbrauch bei folgenden Agrargütern möglich: Eier, Getreide, Gemüse, Hülsenfrüchte, Obst, Schalenobst, Kartoffeln. Bei verarbeiteten Produkten (Milchprodukte, Fleischprodukte, pflanzl. Öle und Fette, Zucker, Getränke) sind die Angaben zu Versorgung und Verbrauch identisch, da keine Angaben zu Nachernte- und Marktverlusten eingerechnet bzw. erhoben werden.

** Die Verzehrsabschätzung von Fleischprodukten im Statistischen Jahrbuch (BMELV, verschiedene Jahrgänge), die seit Ende der 1980er Jahre vom Bundesmarktverband für Vieh und Fleisch vorgenommen wird, unterscheidet sich deutlich von den Verzehrsmengen, die in der NVS II (MRI 2008a) erhoben wurden.

Mit Hilfe der amtlichen Verbrauchs- bzw. Versorgungsdaten konnte der Verzehr nicht nur konsistent auf umweltrelevante Mengen hochgerechnet werden, sondern auch Nahrungsverluste und -abfälle konsistent und produktspezifisch abgebildet werden.

So wurde beim Vergleich der Umwelteffekte der Ernährung im Jahr 2006 mit der Ernährung in den Jahren 1985–89 ein verändertes Aufkommen von Nahrungsmittelverlusten *(food losses)* und Nahrungsmittelabfällen *(food wastage)* berücksichtigt (siehe Kap. 3.7, S. 168 ff.). Während Verluste in der Erzeugung und Verarbeitung als Nachernte- und Marktverluste auftreten, fallen Nahrungsmittelabfälle im Lebensmittelhandel, in der Außerhaus-Verpflegung und im Haushalt an. Weitere Details zu dieser Methode (Definitionen, Algorithmen, Formeln) finden sich in Meier & Christen (2013).

2.3.9 Ausgewählte Produktgruppen

Bei der Auswahl der untersuchten Nahrungsmittel und Getränke wurde sich an der Unterteilung in der Nationalen Verzehrsstudie II (NVS II) orientiert. Untersucht wurden demnach 24 Produktgruppen, die ca. 99 Prozent der in der Studie erfassten Nahrungsmittel und Getränke mengenmäßig abdecken (Tab. 8). Aufgrund keiner zufriedenstellenden Möglichkeit einer stringenten Zuordnung der

Tab. 8. *Einteilung der untersuchten Produktgruppen*

Produkt-kategorie	Untersuchte Produktgruppen	bestehend aus
tierische Produkte		
Milch-produkte	Butter	Süßrahm-, Sauerrahmbutter
	Käse, Quark	Hart, Schnitt- und Weichkäse, Pasta-filata etc.
	Milcherzeugnisse	Joghurt/Kefir, saure Sahne, Kondensmilch etc.
	Milch, -getränke	Vollmilch, Halbfettmilch, Magermilch etc.
Fleisch- und Wurst-produkte	Rind-, Kalbfleisch	
	Schweinefleisch	Schweine-, Ferkelfleisch
	Geflügelfleisch	Hähnchen-, Putenfleisch
	sonst. Fleisch	Schaf, Ziege, Kaninchen, Wild etc.
	Eiprodukte	Eier, Eiersalat etc.
	Fische, Krustentiere	Fische, Krusten- und Schalentiere (Shrimps etc.)
pflanzliche Produkte		
	Getreideprodukte	Brot, Dauer-/Backwaren, Teigwaren, Müsli etc.
	Gemüse	Gemüse, Gemüseerzeugnisse, Pilze, Hülsenfrüchte
	Obst	Obst, Obsterzeugnisse, Trockenobst
	Nüsse, Samen	Nussmuße, Nüsse & Samen pur
	Kartoffelprodukte	Kartoffeln, Batate, Tobinambur
	pflanzliche Öle, Fette	Margarine, Speiseöle
	Zucker, Süßwaren	Süßigkeiten (inkl. Schokolade), Speiseeis[41], Zucker
Getränke	Mineralwasser	Flaschenwasser (kein Leitungswasser)
	Kaffee, Tee (schwarz, grün)	
	Früchte-, Kräutertee	
	Erfrischungsgetränke, Säfte	Säfte, Nektare, Fruchtsaftgetränke, Limonaden
	Bier	
	Wein, Schaumwein	Rotwein, Weißwein, Sekt etc.
	Spirituosen	Alkoholgehalt: 33 Vol%

41 Speiseeis enthält Milcherzeugnisse (zur genauen Produktzusammensetzung siehe Meier 2013)

einzelnen Komponenten in den sehr heterogenen Produktgruppen ›Suppen & Eintöpfe‹, ›Soßen & würzende Zutaten‹ sowie ›Knabberartikel‹ wurde diese Produktgruppen nur teilweise direkt ernährungsökologisch untersucht. Während ›Nüsse und Nussmischungen‹ innerhalb der ›Knabberartikel‹ der Produktgruppe ›Nüsse & Samen‹ zugeordnet werden konnten, wurden ›Sojaerzeugnisse‹ aus der Produktgruppe der ›sonstigen vegetarischen Produkte‹ der Produktgruppe ›Gemüse‹ zugeteilt. Die Produktgruppe der sonstigen alkoholischen Getränke (Alkopops, Cocktails etc.) wurde zur Hälfte den Spirituosen zugeordnet.

Bezogen auf die Gesamtmenge machten die nicht direkt allozierten Produkte folgende Anteile aus: 8,8 Prozent bezogen auf alle festen Nahrungsmittel (ohne Getränke), 0,03 Prozent bezogen auf alle Nahrungsmittel und Getränke. Obwohl nicht direkt zugeordnet, wurde dieser Rest dennoch im Rahmen der Arbeit ernährungsökologisch betrachtet, da durch den Abgleich mit den amtlichen Verbrauchszahlen eingesetzte Rohstoffe (bspw. Gemüse und Fleisch als Suppenbestandteile, Getreide und Kartoffeln als Grundlage für Soßen etc.) bei den direkt betrachteten Gruppen zu entsprechend niedrigeren Umrechnungsfaktoren und damit erhöhten Differenzen zwischen Verzehr und Verbrauch führten (siehe dazu vertiefend den entsprechenden Ergebnisteil in Kap. 3.2.1, S. 96 f., und die Diskussion in Kap. 4.2, S. 187 f.).

2.3.10   Ausgewählte soziodemographische Merkmale

Die Auswahl der soziodemographischen Merkmale Geschlecht, Altersgruppe, soziale Gruppe und Bundesländer erfolgte auf Basis der Nationalen Verzehrsstudie II (MRI 2008a). Im Falle von nationalen Hochrechnungen, die nach Geschlecht, Altersgruppen und Bundesländern durchgeführt worden sind, wurden statistische Daten zur jeweiligen Bevölkerungsgruppenstärke im Jahr 2006 zu Grunde gelegt (Destatis 2007a).

2.4   Datenauswahl Umwelt

Die EU-Kommission definiert im Fahrplan für ein ressourcenschonendes Europa für den Agrar- und Ernährungssektor folgendes Etappenziel (EU-Kom 2011):

»*Spätestens 2020 sind Anreize für gesündere und nachhaltigere Erzeugungs- und Verbrauchsstrukturen weit verbreitet und haben zu einer Reduzierung des Ressourceninputs in die Lebensmittelkette um 20 Prozent geführt. Die Entsorgung von genusstauglichen Lebensmittelabfällen in der EU sollte halbiert worden sein.*«

Tab. 9. EU-Maßnahmenkatalog im Bereich Landwirtschaft-Ernährung

Ressource	Maßnahmen
Fossile Brennstoffe	◆ **Verwendung fossiler Brennstoffe durch bessere Energieeffizienz in der Lebensmittelproduktion reduzieren** ◆ Nachteilige Auswirkungen der Substitution fossiler Brennstoffe durch Biokraftstoffe verhindern
Werkstoffe und Mineralien	◆ **Nutzung von Mineralien und Werkstoffen optimieren (z. B. Phosphor)** ◆ Verpackungen verbessern für bessere Haltbarkeit und Recyclingfähigkeit
Wasser	◆ **Wassernutzung in der Landwirtschaft optimieren** ◆ Hochwasser und Trockenheiten verhindern (durch Bekämpfung des Klimawandels) ◆ Verfügbarkeit von sauberem Wasser für hochwertige Erzeugnisse sicherstellen ◆ Belastung durch Düngemittel und Pestizide vermeiden
Luft	◆ **Treibhausgasemissionen reduzieren** ◆ SO_2- und NO_x-Emissionen reduzieren
Land	◆ **Landnutzung optimieren, um sie mit anderen Verwendungen in Einklang zu bringen** ◆ Erschlossenes fruchtbares Land für Landwirtschaft nutzen ◆ **Landnahme verringern (z. B. durch optimale Aufnahme tierischer Eiweiße)**
Böden	◆ **Bodenverlust umkehren** ◆ **Gehalt an organischen Stoffen in Böden wiederherstellen** ◆ Bodenschäden durch SO_2- und NO_x-Emissionen verhindern ◆ Belastung durch Düngemittel und Pestizide vermeiden
Ökosysteme: Biodiversität	◆ **Ökosysteme erhalten und wiederherstellen, um Bestäubung, Wasserrückhaltung usw. sicherzustellen** ◆ **Eutrophierung durch Düngemittel vermeiden** und Pestizideinsatz reduzieren ◆ Biodiversität durch gute landwirtschaftliche Praxis verbessern
Meeresressourcen	◆ Fischbestände auffüllen sowie Beifänge und Rückwürfe vermeiden ◆ Zerstörerische Fangpraktiken abschaffen ◆ Nachhaltige Aquakultur entwickeln ◆ **Verschmutzung von Küstengebieten durch Düngemittel reduzieren** ◆ Abfälle im Meer vermeiden
Abfall	◆ **Lebensmittelverschwendung verringern** ◆ Recyclingfähige/biologisch abbaubare Verpackungen verwenden ◆ Kompostierung biologischer Abfälle entwickeln
Politische Initiativen der EU	◆ GAP-Reform (2011) ◆ Vorschlag für eine Innovationspartnerschaft für landwirtschaftliche Produktivität und Nachhaltigkeit (2011) ◆ Grünbuch über Phosphor (2012) ◆ Mitteilung über nachhaltige Lebensmittel (2013)

Weiterhin führt die Kommission aus, dass die Wertschöpfungskette von Nahrungsmitteln und Getränken in der EU für 17 Prozent der direkten Treibhausgasemissionen und 28 Prozent des Verbrauchs materieller Ressourcen verantwortlich ist. Weiter heißt es (EU-Kom 2011), dass »*unsere Verbrauchsmuster globale
Auswirkungen haben, insbesondere in Zusammenhang mit dem Verzehr tierischer
Eiweiße. [...] Eine gemeinsame Anstrengung von Landwirten, der Nahrungsmittel-
industrie, Einzelhändlern sowie Verbraucherinnen und Verbrauchern in Form von
ressourcenschonenden Erzeugungsmethoden, der Auswahl nachhaltiger Lebensmittel
(im Einklang mit den WHO-Empfehlungen [...]) und weniger Lebensmittelabfällen
kann zu mehr Ressourceneffizienz und Ernährungssicherheit weltweit beitragen.*«
Für den Bereich Landwirtschaft-Ernährung schlägt die Kommission im o. g. Fahrplan die in Tab. 9 genannten Maßnahmen vor.

Die genannten Ziele dieser Arbeit, die absoluten ernährungsbedingten Umwelteffekte zu ermitteln sowie soziodemographisch und mit Ernährungsempfehlungen zu vergleichen, können im Kontext der in der Tabelle erwähnten Ressourcen und Maßnahmen gelesen werden. Konkrete Schnittmengen stellen alle
fett markierten Punkte dar. Ausgewählte Umweltindikatoren und damit untersuchte Umweltwirkungen werden im Folgenden vorgestellt.

2.4.1 Ausgewählte Umweltindikatoren

Die Auswahl der untersuchten Umweltindikatoren erfolgte aufgrund folgender
Kriterien: hohe Umweltrelevanz, Bilanzierbarkeit sowie eine gute Verfügbarkeit
weitgehend konsistenter, belastbarer und aktueller Daten. Im Lichte der drei
genannten Kriterien wurde eine umfassende Literatur- und Datenbankrecher-
che durchgeführt. Daraus resultierend wurden folgende Umweltindikatoren zur
Analyse im Rahmen dieser Arbeit ausgewählt:

- Treibhausgasemissionen (in CO_2-Äquivalenten $= CO_{2e}$)
- Ammoniakemissionen
- Flächenbedarf
- Wasserbedarf (blaues Wasser)
- Phosphorbedarf (in Reinnährstoff)
- kumulierter Primärenergieverbrauch (PEV).

2.5 Treibhausgasemissionen

> *»Der Klimawandel ist ein Humanexperiment mit globalem Ausmaß.*
> *Noch nie hat die Menschheit innerhalb von wenigen Jahrzehnten*
> *soviel Kohlenstoff in die Atmosphäre befördert, wie innerhalb von*
> *Millionen Jahren in der Erdkruste und der Vegetation gespeichert wurde.«*
>
> Toni Meier (1980)

Global hat der Sektor Landwirtschaft einen Anteil an den anthropogenen Treibhausgasemissionen in Höhe von 10 bis 12 Prozent (IPCC 2007). Im Rahmen der internationalen Klimaberichterstattung unter dem Kyotoprotokoll wird der Sektor Landwirtschaft in der Quellgruppe IV gefasst. Im Gegensatz zu anderen Sektoren (Energie, Industrie etc.) emittiert der landwirtschaftliche Sektor nicht maßgeblich CO_2, sondern die Treibhausgase Lachgas und Methan. Zudem gibt es weitere Treibhausgase, wie Schwefelhexaflourid und perflourierte Kohlenwasserstoffe, die sich für eine lange Verweilzeit in der Atmospähre auszeichnen, jedoch insgesamt von untergeordneter Bedeutung sind.

Der landwirtschaftliche Sektor ist direkt verantwortlich für 57 Prozent der weltweiten Lachgasemissionen (N_2O), 47 Prozent der Methan- (CH_4), sowie <1 Prozent der Kohlendioxidemissionen (CO_2). Aus methodologischen Gründen berücksichtigen diese Zahlen jedoch weder Emissionen aus Landnutzungsänderungen (LUC) und Landnutzung (LU) noch Emissionen aus fossilem Energieverbrauch in landwirtschaftlichen Betrieben oder Emissionen aus vor- und nachgelagerten Bereichen (Agrarchemie-, Ernährungsindustrie etc.) (Bodirsky et al. 2009). Diese Emissionen werden anderen Sektoren zugeordnet. Die direkten und indirekten Landnutzungsänderungen in Betracht ziehend errechneten Bellarby et al. (2008) einen Anteil der Landwirtschaft an den globalen Treibhausgasemissionen in Höhe von 17 bis 32 Prozent. Die große Schwankungsbreite resultiert aus den Unsicherheiten, die mit der Quantifizierung von Landnutzungsänderungen behaftet sind. Die FAO (2010) beziffert den Anteil der Agrar- und Ernährungswirtschaft (inkl. Vorkette) an den globalen Treibhausgasemissionen mit 33 Prozent.

Im Jahr 2006 wurden in Deutschland 974 Mio. t CO_2-Äquivalente (CO_{2e}) emittiert. 7,4 Prozent bzw. 71,7 Mio. t CO_{2e} entstammen dabei der Gruppe Landwirtschaft, Jagd und Fischerei (Destatis 2011, vgl. Abb. 2, S. 44). Betrachtet man allerdings die gesamte Prozesskette im Bereich Landwirtschaft-Ernährung (Tab. 10)

Tab. 10. Treibhausgasemissionen in der deutschen Agrar-, Ernährungswirtschaft und im Haushalt nach BMELV (2008a)

Emissionsquellen		CO_2	CH_4	N_2O	insgesamt
		in Mio. t CO_{2e}			
Vorleistungen aus der Landwirtschaft					**45,3**
Strom		3,0			3,0
Dünger		8,4		7,9	16,3
Futtermittel		13,0			13,0
Maschinen, Gebäude, andere Vorleistungen		13,0			13,0
Landwirtschaft					**111,6**
direkt	Verdauung		18,3		18,3
	Wirtschaftsdüngermanagement		5,0	3,0	8,0
	Landwirtschaftliche Böden		−0,6	37,8	37,2
indirekt	Landnutzung/Landnutzungsänderung: Ackerland	25,0			25,0
	Landnutzung/Landnutzungsänderung: Grünland	16,6			16,6
	darunter Emissionen aus Moornutzung	*36,9*		*5,1*	*42,0*
Direkter Energieverbrauch (Land- und Forstwirtschaft, Fischerei)		6,4	0,03	0,03	6,5
Herstellung von Nahrungs- und Futtermitteln, Getränken		**10,7**			**10,7**
Handel					**35,0**
Verpackung		13,4			13,4
Gütertransporte		10,1			10,1
Gebäudeunterhaltung/Lagerhaltung		11,5			11,5
Haushalt					**75,0**
Heizen von Küchen- und Essraum		24,0			24,0
Kühlgeräte		15,0			15,0
Gastgewerbe		10,0			10,0
Nahrungsmitteleinkauf		9,0			9,0
Erhitzen		8,0			8,0
Spülen		8,0			8,0
Essenfahren		1,0			1,0
SUMME[42]		**~ 200**	**~ 23**	**~ 55**	**~ 278**

42 Eine Aufsummierung der einzelnen Posten ist aufgrund unterschiedlicher Zeitbezüge unter rein wissenschaftlichen Kriterien nicht zulässig. Dennoch wurden gerundete Summen explorativ ermittelt, um einen besseren Überblick zu gewähren.

ergeben sich je nach Systemgrenzen und Bezugsjahr Anteile von 16 bis 22 Prozent (Kramer et al. 1994, Taylor 2000, Quack 2004, Wiegmann et al. 2005). Von Koerber & Kretschmer (2009) geben einen Mittelwert von 20 Prozent an. Im Klimabericht des BMELV (2008a) werden die entstehenden Treibhausgasemissionen entlang der Prozesskette angegeben (Tab. 10). Hinsichtlich der verursachten Treibhausemissionen fallen die einzelnen Bereiche innerhalb der Prozesskette unterschiedlich stark ins Gewicht. In der landwirtschaftlichen Vorkette (16 %) und während der landwirtschaftlichen Produktion (40 %) entstehen zusammen 56 Prozent der Emissionen. Der Bereich der Ernährungsindustrie und des -handwerks ist für 4 Prozent, der Handel (inkl. Verpackung, Gebäudeunter- und Lagerhaltung) von Nahrungsmitteln für 13 Prozent der Emissionen zu verantworten. In der Haushaltsphase von Nahrungsmitteln entstehen 27 Prozent der mit dem Verbrauch von Nahrungsmitteln verbundenen Treibhausgasemissionen, d. h. durch Einkaufsfahrten, Kühlung, Kochen, Spülen sowie Lagerung.

Auf Basis der Umweltökonomischen Gesamtrechnungen haben Osterburg et al. (2009) den Agrarsektor nach erzeugten Produktgruppen betrachtet (Bezugsjahr 1999). Demnach entfallen 75 Prozent der im Agrarsektor anfallenden Treibhausgasemissionen auf die Produktion tierischer Produkte, lediglich 25 Prozent entstehen bei der Produktion pflanzlicher Produkte. Innerhalb der Kategorie der tierischen Nahrungsmittel entfallen ca. ⅔ auf die Herstellung von Milch und Rindfleisch (Wiederkäuerprodukte) und ca. ⅓ der Emissionen entstehen während der Aufzucht von Schweinen und Geflügel.

Zielvorgaben zum Klimaschutz

Als Unterzeichner und Vertragsstaat des rechtsverbindlichen Kyotoprotokolls hat sich Deutschland neben anderen Industrienationen dazu verpflichtet, Treibhausgasemissionen bis Ende des Jahres 2012 um 21 Prozent im Vergleich zum Basisjahr 1990[43] zu reduzieren. Die Trendentwicklung der damit einhergehenden jährlichen Berichterstattung deutet darauf hin, dass Deutschland seiner Verpflichtung nachkommen wird (Abb. 2). Da die USA das Kyotoprotokoll nicht ratifiziert haben, sank die gemeinsame Reduktionsverpflichtung der Annex-I Anhang-B Staaten (d. h. der verpflichteten Industriestaaten) von 5,2 auf 4,2 Prozent (Olivier et al. 2011). Trotz unterschiedlichster Emissionsentwicklungen in den einzelnen Anhang-B Staaten, werden diese bis Ende 2012 insgesamt eine Reduktion um

---

43 Nicht auf 1990 bezieht sich das Basisjahr in folgenden Ländern: Bulgarien (1988), Ungarn (1985–87), Polen (1988), Rumänien (1989), Slovenien (1986), vgl. UNFCCC 2008

16 Prozent erreichen (ebd.). Global betrachtet werden jedoch diese Minderungen durch steigende Treibhausgasausstöße anderer Staaten überkompensiert. Während seit den 1990er Jahren der Anteil der sich unter dem Kyotoprotokoll verpflichteten Industriestaaten (Anhang-B) an den globalen Treibhausgasemissionen von ca. zwei Drittel auf unter 50 Prozent gefallen ist, sind die Gesamtemissionen weltweit von 1990 bis 2010 um 45 Prozent gestiegen (ebd.). Große Schwellenländer, wie Indien, China und Brasilien, sind zwar Unterzeichner des Kyotoprotokolls, allerdings als Anhang-A Staaten lediglich zur Berichterstattung, jedoch nicht zu Emissionsminderungen rechtsverbindlich verpflichtet. Rein formal läuft das Kyotoprotokoll Ende 2012 aus. Entscheidend für den Erfolg des Folgeabkommens, global zu Netto-Einsparungen der Treibhausgasemissionen beizutragen, sind demnach neben rechtsverbindlichen Minderungspflichten die Teilnahme und Ratifizierung möglichst *aller* Nationalstaaten. Inwieweit der Aktionsplan der 17. Vertragsstaatenkonferenz Ende 2011 in Durban erfolgbringend umgesetzt werden kann, um bis 2015 ein rechtsverbindliches Klimaabkommen auszuhandeln, das ab 2020 in Kraft treten soll, wird sich zeigen (IISD 2011).

Auf nationaler Ebene sieht das integrierte Energie- und Klimaprogramm der Bundesregierung (Meseberger Beschlüsse) aus dem Jahr 2007 vor, Treibhausgasemissionen in Deutschland bis 2020 um 40 Prozent, bezogen auf das Jahr 1990, zu reduzieren (BMU 2007). Dieses Ziel wurde von der Regierungskoalition der Legislaturperiode 2009–2013 bestätigt (Bundesregierung 2009). Langfristig streben die Industrieländer der G8 an, ihre Treibhausgasemissionen um 80 Prozent bis 2050, bezogen auf das Basisjahr 1990, zu reduzieren (G8 2008). Nicht nur auf supranationaler, sondern auch auf nationaler Ebene soll das langfristige 80-%-Reduktionsziel bis 2050 durch die Bundesregierung verpflichtend verankert werden (UBA 2010a). Für Deutschland würde sich damit eine Obergrenze der jährlichen zulässigen Emissionen von 250 Mio. t CO_{2e} für das Jahr 2050 ergeben. Bezogen auf das Jahr 2008 ergäbe sich bis 2050 eine jährliche Gesamtreduktion um 74 Prozent bzw. 679 Mio. t CO_{2e} (Abb. 2).

Derartige Reduktionsziele sind ohne Emissionseinsparungen im Bereich Landwirtschaft-Ernährung nur schwer erreichbar, da sich dieser Bereich laut BMELV (2008a) bereits für ca. 280 Mio. t CO_{2e} verantwortlich zeichnet (vgl. Tab. 10). Konkrete Emissionsminderungsziele für den Agrar- und Ernährungssektor existieren jedoch derzeit auf nationaler Ebene nicht.

Auf EU-Ebene existiert jedoch ein entsprechendes Ziel für den Agrarsektor. Die EU-Kommission gibt eine Emissionsminderung der Nicht-CO_2-Treibhausgase (CH_4, N_2O) aus dem EU-Agrarsektor bis 2050 gegenüber 1990 von 42 bis

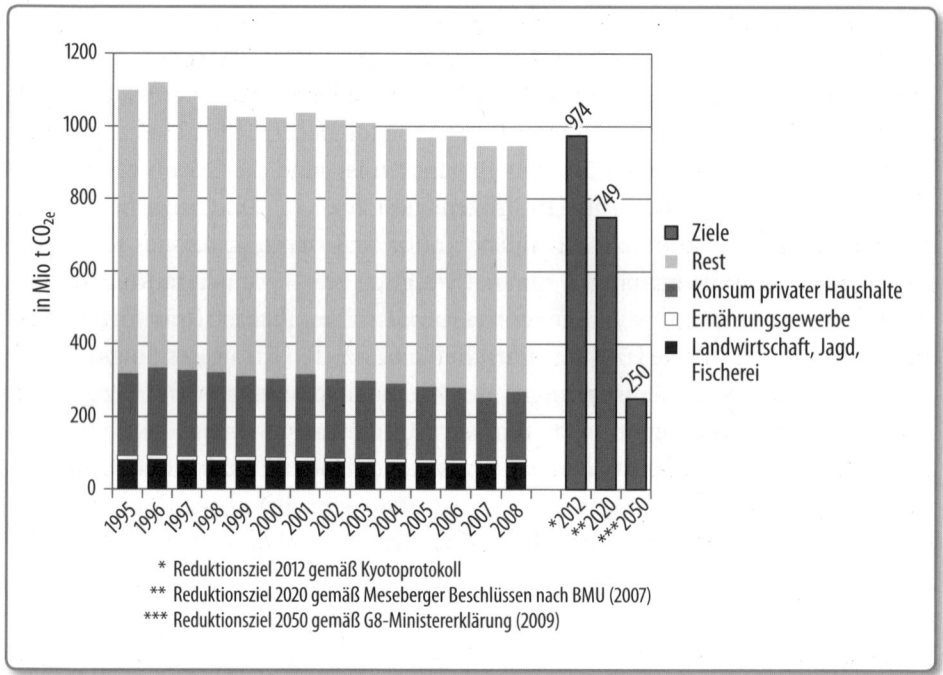

Abb. 2. *Treibhausgasemissionen und Reduktionsziele in Deutschland[44] nach Destatis (2011) und UBA (2010)*

49 Prozent vor (EU-Kom 2011). Derartige Rückgänge sind ausschließlich durch effizienzsteigernde Maßnahmen nicht zu realisieren. Auch Verbände und Nicht-regierungsorganisationen haben sich zum Klimaschutz im Agrarsektor positioniert. In einem Strategiepapier zum Klimaschutz hat der Deutsche Bauernverband die Ziele formuliert, die Emissionen von Lachgas und Methan bis 2020 um insgesamt 25 Prozent und bis 2030 um 30 Prozent gegenüber 1990 zu senken (DBV 2010). Die Klima-Allianz, ein Bündnis von Umweltverbänden, Entwicklungs-organisationen, Kirchen und Gewerkschaften, fordert die Festschreibung eines verbindlichen Aktionsprogramms für den Agrarsektor (Klima-Allianz 2010). Der Naturschutzbund Deutschland (NABU) fordert eine Reduzierung der Treibhausgase aus der deutschen Landwirtschaft von 40 Prozent bis 2020 gegenüber 1990, entsprechend dem Reduktionsziel der Bundesregierung für energiebedingte Treibhausgasemissionen (NABU 2010; Bundesregierung 2009).

---

44 gemäß CRF unter UNFCCC: Treibhausgase ohne Emissionen aus LULUCF

Maßnahmen zum Klimaschutz können unter den beiden Strategien **Vermeidung** *(mitigation)* und **Anpassung** *(adaption)* subsumiert werden. Im Klimaschutzbericht des BMELV (2008a) werden unter dem Punkt Vermeidung folgende Maßnahmen des Bundes genannt (S. 20):

- Schutz von Dauergrünland vor Umbruch und Umwandlung in Ackerland
- Renaturierung und Vernässung von Niedermooren
- Maßnahmen in der landwirtschaftlichen Produktion (biologisch-technische Optimierungen)
- Reduzierung von CH_4-Emissionen (aus Wirtschaftsdüngerlagerung)
- Reduzierung von N_2O-Emissionen (aus Düngung)
- Energieeinsparung
- Forschung
- Förderung der Nutzung von nachwachsenden Rohstoffen und Bioenergie.

Obwohl in dem Bericht (S. 19) »*der Zusammensetzung des Speiseplans*« das größte Einsparpotential zugebilligt wird, taucht eine entsprechende Maßnahme, dieses Potential auch zu nutzen, nicht auf. Ähnlich verhält es sich mit dem relevanten Punkt der Nahrungsmittelabfälle. Zwar wird in dem Bericht an den Verbraucher appelliert, Lebensmittelverderb zu vermeiden. Allerdings wird es versäumt, die Potentiale aus der Vermeidung von Nahrungsmittelverlusten im Haushalt und in der Agrar-/Ernährungsindustrie konkret mit Maßnahmen des Bundes zu flankieren.

Als wichtiger Punkt wird im Bereich der Forschung die Weiterentwicklung quantitativer Bewertungsmethoden wie Ökobilanzen auf System-, Betriebs- und Produktebene genannt. Vor allem im Bereich der Emissionen aus Boden- und Landnutzung sowie aus Landnutzungswandel sieht der Klimaschutzbericht noch großen Forschungsbedarf. Durch den Einbezug klimarelevanter Emissionen aus direkten Landnutzungsänderungen (dLUC) und Landnutzung (LU) trägt diese Arbeit zum Schließen dieser Forschungslücke bei.

Wie in Kapitel 1.2 (S. 13) dargelegt, können im Agrar- und Ernährungsbereich drei Strategien bzw. Ansätze zur Erreichung ökologisch-konsistenter Nachhaltigkeit unterschieden werden (Effizienz, Suffizienz, Substitution). In der Gesamtschau lässt sich feststellen, dass der Bericht, trotz Benennung des Verbrauchers als wichtigen steuernden Akteur, im Kontext dieser Strategiemöglichkeiten zu kurz greift, da Lösungspotentiale entweder im Bereich der Effizienz (technische Lösungen, Optimierungen etc.) oder im Bereich der Forschung gesucht werden. Bei letzterem entscheidet letztendlich der Forschungsgegenstand, welche Ansätze bedient werden. Explizite Maßnahmen des Bundes im Hinblick auf Konsistenz, Suffizienz oder Substitution werden nicht genannt.

Treibhausgasfaktoren
In vorliegender Arbeit werden die Treibhausgasemissionen in einem Wirkhorizont von 100 Jahren nach IPCC (2006) berechnet. Demnach haben die betrachteten klimawirksamen Gase folgende Äquivalenzfaktoren: $N_2O = 298$, $CH_4 = 25$, $CO_2 = 1$. Die Angabe erfolgt in CO_2-Äquivalenten (CO_{2e}).

2.6 Ammoniakemissionen

Erhöhte Ammoniakemissionswerte werden neben Nitrat-Auswaschungen und N_2O-Emissionen durch unausgeglichene Stickstoffsalden bzw. Stickstoff-Überschüsse bedingt. Mit Unterzeichnung des Göteborg-Protokolls 1999 und der NEC-Richtlinie 2001/81/EG hat sich Deutschland verpflichtet, ab 2010 die Höchstgrenze für die Emissionen von Ammoniak von 550.000 t jährlich nicht zu überschreiten (EUP & EUR 2001). Bedeutsam in diesem Zusammenhang ist zudem die IPPC-Richtlinie 2008/1/EG (EUP & EUR 2008), die einzuhaltende Standards beim Neubau von großen Mastanlagen[45], Schlachthöfen und weiterverarbeitenden Betrieben der Ernährungswirtschaft definiert. Kurioserweise bleiben große Milchviehanlagen von der Richtlinie unberührt. Einen Überblick über die Entwicklung der nationalen Ammoniakemissionen gibt Abb. 3.

Trotz der Nähe zum Zielwert für das Jahr 2010 ist seit 2006 ein leichter, jedoch konstanter Anstieg der nationalen NH_3-Emissionen festzustellen. Damit wird es unwahrscheinlicher, dass der Zielwert erreicht wird. Bedingt durch den Zeitverzug der Berichterstattung lagen zum Zeitpunkt des Verfassens dieser Arbeit noch keine Zahlen für das Jahr 2010 vor. Osterburg et al. (2010) gehen davon aus, dass ohne zusätzliche Maßnahmen im Agrarsektor dieser Höchstwert nicht dauerhaft unterschritten werden kann.

Ausgeglichene Nährstoffsalden und damit einhergehende hohe Nährstoffeffizienzen sind für die ökologische und ökonomische Tragfähigkeit von landwirtschaftlichen Betrieben von hoher Bedeutung. Neben Phosphor und Kalium ist Stickstoff hierbei als Düngemittel, aber auch als Umweltkontaminant von Relevanz. Hohes Gülleaufkommen führt vor allem in Regionen mit flächenintensiver

---

45 die IPPC-Richtlinie gilt ab 40.000 Stellplätzen bei Geflügel, ab 2.000 Stellplätzen bei Mastschweinen (>30 kg) und ab 750 Plätzen bei Sauen, vgl. EUP & EUR (2008)

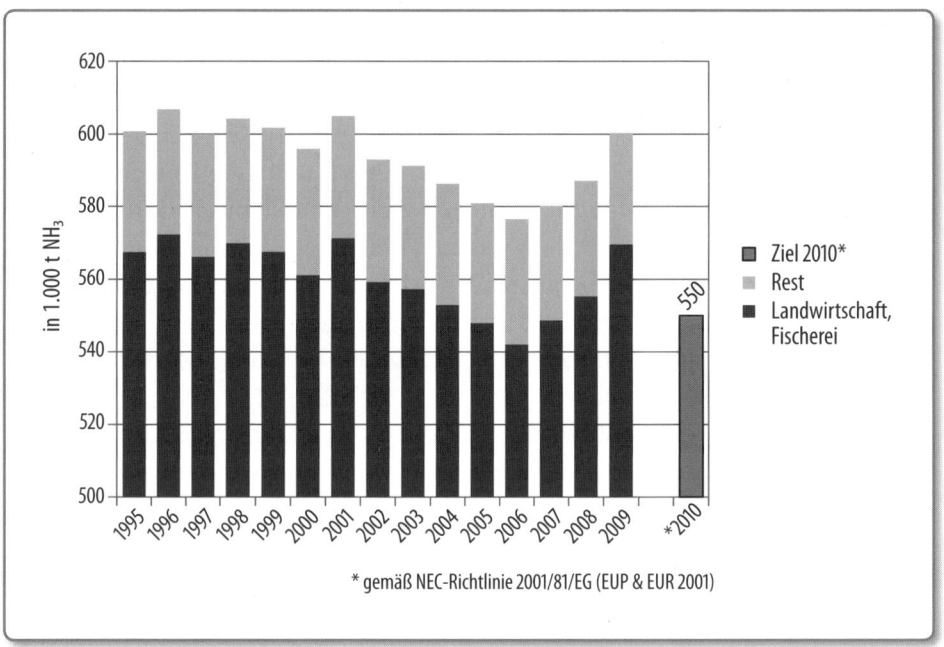

Abb. 3. *Nationale Ammoniakemissionen nach Destatis (2012a)*

Viehhaltung zu überdurchschnittlich hohen Stickstoffsalden und damit zu erhöhten Ammoniakemissionen. Im Übermaß in die Umwelt eingetragener **Stickstoff** führt zu weitreichenden Problemen (UBA 2009a, Ravishankara et al. 2009):

- Verunreinigung des Grundwassers und damit einhergehenden Gesundheitsgefahren für den Menschen/Säuglinge (Zyanose, Methämoglobinämie)
- Eutrophierung und Versauerung terrestrischer und aquatischer Ökosysteme
- Entstehung des Treibhausgases N_2O
- Schädigung der stratosphärischen Ozonschicht
- Entstehung von bodennahem Ozon und Feinstaub und damit einhergehenden Ernteverlusten und Gesundheitsgefahren
- Verringerung der Artenvielfalt in nährstoffarmen Biotopen
- Verwitterung von Materialien und Kulturgütern.

Aufgrund dieser zentralen Stellung im Belastungs- und Wirkungsgefüge der Umweltmedien und Biotoptypen wird dieser Indikator als Schlüsselindikator in der nationalen Nachhaltigkeitsstrategie der Bundesregierung verwendet. Bis 1900 lag die durchschnittliche landwirtschaftliche Stickstoff-Düngung in Deutschland

bei unter 20 kg pro Hektar und Jahr (BMELF 1956). Bis Ende der 1980er Jahre
stiegen die eingesetzten Stickstoff-Mengen im Zuge der Intensivierung der Landwirtschaft auf durchschnittlich 220 kg pro Hektar und Jahr (Bach et al. 1997). Sie
erreichten in Sonderkulturen und Gebieten der Intensivtierhaltung Werte von
über 300 kg pro Hektar und Jahr allein durch den Einsatz von Handelsdüngern
(SRU 1985). Obwohl der **Stickstoffüberschuss** im bundesdeutschen Durchschnitt
einhergehend mit rückläufigen Viehbestandszahlen in den neuen Bundesländern
nach der Wiedervereinigung im gleitenden 3-Jahresmittel von 130 kg im Jahr 1991
auf 95 kg pro Hektar im Jahr 2009 abfiel, wurde die Zielmarke von 80 kg pro
Hektar und Jahr im Jahr 2010 nicht erreicht. Für 2010 wurde ein vorläufiger Wert
von 96 kg pro Hektar dokumentiert (Destatis 2012d).

Ammoniak im Speziellen wird für eine Reihe von ungünstigen Auswirkungen
auf die Umwelt und die menschliche Gesundheit verantwortlich gemacht (Heyes
et al. 2011, Amann et al. 2011):

- Gesundheit: Beitrag zur Bildung von Feinstaub, Geruchsbelastung
- Umwelt: Beitrag zu Eutrophierung und Versauerung
- Klima: Beitrag zu kurzfristigen Treibhauseffekten.

Vor allem im Nahbereich von Mastanlagen und Güllebehältern wirkt austreten-
der Ammoniak eutrophierend und versauernd. Zudem trägt Ammoniak über die
Bildung von Aerosolen zum Treibhauseffekt bei. Im Gegensatz zu den langfristig
wirksamen Treibhausgasen (CO_2, CH_4, N_2O, H-FKW/HFCs, FKW/PFCs, SF6)
werden Ammoniak und andere kurzfristig klimawirksame Substanzen (Feinstaub, SO_2, NO_x, VOC, CO) nicht im Rahmen des Kyotoprotokolls erfasst (Heyes
et al. 2011). Eine latente Gesundheitsgefahr stellt Ammoniak über die Bildung
von Feinstaub dar. Dabei wird zwischen Partikelgrößen < 10 μm, < 2,5 μm und
< 0,1 μm unterschieden. Neben Atemwegserkrankungen (Asthma, Lungenkrebs)
wirkt Feinstaub allergiefördernd. Für Deutschland im Jahr 2000 geben Amann
et al. (2011) eine Verkürzung der statistisch durchschnittlichen Lebenszeit durch
Ammoniakemissionen um 9,8 Monate an.

Bedingt durch das Auslaufen des Göteborg-Protokolls im Jahr 2010 wurden
verschiedene Maßnahmen und Szenarien diskutiert, um die nachteiligen Effekte
von grenzüberschreitender Luftverschmutzung weiter zu reduzieren. Je nach poli-
tischem Willen und technischem Innovationspotential wird für 2020 in Deutschland eine durchschnittliche Lebenszeitverkürzung von 3,9 bis 4,8 Monaten erwartet (ebd.). Der entsprechende Korridor bei Ammoniakemissionen liegt dabei
für das Jahr 2020 zwischen 371.000 t und 568.000 t. Zur Zielerreichung werden

in Amann et al. (2011) lediglich technische Lösungen genannt. Zu den wichtigsten Maßnahmen im Bereich Landwirtschaft zählen: Vermeidung von Überdüngung sowie Optimierung des Güllemanagements und der Gülleausbringung. Das Potential verbrauchsseitiger Einflussfaktoren, z. B. eine veränderte Zusammensetzung des Speiseplans oder die Vermeidung von Nahrungsverlusten, wurde im Rahmen dieser Arbeit untersucht.

2.7 Flächenbedarf

> *Wir treten in das Anthropozän ein, ein neues geologisches Zeitalter,*
> *in dem unsere Aktivitäten die Kapazitäten des Erdsystems untergraben,*
> *sich selbst zu regulieren.*
>
> Will Steffen (1947)

Mit ca. 170.000 km² bzw. 48 Prozent der Landesfläche stellt die Landwirtschaft den größten Flächennutzer in Deutschland dar (BMELV StatJB 2009). Davon wurden im Jahr 2007 ca. 119.000 km² für den Ackerbau, 49.000 km² als Grünland und 2.000 km² für Dauerkulturen genutzt (ebd.). Innerhalb der ackerbaulichen Nutzung wurden ca. 20.000 km² zum Anbau von nachwachsenden Rohstoffen, v. a. zur Herstellung von Rapsöl und anderen Energieträgern, verwendet (ebd.). Bedingt durch den Import landwirtschaftlicher Güter und Nahrungsmittel werden zudem Flächen im Ausland benötigt, um die Nachfrage in Deutschland zu bedienen. Anderseits werden durch den Export landwirtschaftlicher Produkte Flächen in Deutschland durch ausländischen Konsum beansprucht. Bedingt durch die starke Einbindung Deutschlands in den Weltagrarhandel ist der Umfang des im Ausland verursachten Flächenbedarfs und daran geknüpfter Umwelteffekte von großer Relevanz. Im Jahr 2006 stellte Deutschland den weltweit zweitgrößten Agrarimporteur sowie den viertgrößten Exporteur agrar- und ernährungswirtschaftlicher Güter dar (BMELV StatJB 2009). Die letzten verfügbaren Daten für das Jahr 2009 platzieren Deutschland beim Import weiterhin auf Platz zwei, beim Export jedoch auf Platz drei der führenden Staaten im agrar- und ernährungswirtschaftlichen Export (BMELV StatJB 2011). Im Fokus agrarökologischer Arbeiten stand dabei die Quantifizierung dieses sog. **virtuellen Landhandels** sowie der sich daraus ergebende Nettoflächensaldo. Das Konzept des virtuellen Landhandels wurde in Anlehnung an das Konzept des virtuellen Wassers (Allan 1993) entwickelt. Darauf wird vertieft im nächsten Abschnitt eingegangen. Witzke et al. (2011) berechneten für den Import landwirtschaftlicher

Produkte nach Deutschland einen Flächenbedarf im Ausland von ca. 68.800 km²
im Durchschnitt der Jahre 2008–2010 – vornehmlich für die Produktion von Futtermitteln (Soja in Südamerika). Für die EU-27 ermittelten sie eine Fläche von
ca. 288.000 km² (ebd.). Steger (2005), der eine ähnliche Arbeit für die EU-15 in
der Zeit von 1990 bis 2000 durchführte, errechnete einen Nettoflächensaldo von
250.000 bis 330.000 km² pro Jahr.

Die Notwendigkeit, den ernährungsbedingten Flächenbedarf zu betrachten,
ergibt sich einerseits aus der Tatsache, dass Fläche global begrenzt ist, sowie andererseits daraus, dass von der Art der Fläche sowie der Flächenbewirtschaftung
Ökosystemdienstleistungen abhängen. Der zunehmende Anbau von nachwachsenden Rohstoffen sowie die Zunahme von Siedlungs- und Verkehrsflächen (77 ha
pro Tag im Jahr 2010) haben dazu geführt, dass der Druck auf Flächen zur Nah-
rungs- und Futtermittelproduktion in Deutschland stetig zunimmt (Destatis
2012). Die Nutzungskonkurrenz um landwirtschaftliche Böden wird zudem durch
den erforderlichen Ausbau der erneuerbaren Energien (Windparks, Photovoltaik-
anlagen) sowie durch notwendige Aufforstungsmaßnahmen verschärft. Das Bundesamt für Bauwesen und Raumordnung (BBSR 2011) ermittelte für den Zeitraum 2005–2008 eine Abnahme der landwirtschaftlichen Fläche um 115 ha pro
Tag, währenddessen Siedlungs- und Verkehrsflächen um 104 ha pro Tag und
Wald um 50 ha pro Tag zunahmen. Bereits im Jahr 2002 wurde in der nationalen
Nachhaltigkeitsstrategie »Perspektiven für Deutschland« von der Bundesregierung das Ziel verankert, die Neuinanspruchnahme von Siedlungs- und Verkehrsfläche auf 30 ha pro Tag im Jahr 2020 zu begrenzen (Bundesregierung 2002).
Hinzu kommt, dass Ertragssteigerungen bei wichtigen Kulturarten, die die Nutzungskonkurrenz teilweise entkrampfen könnten, innerhalb der letzten Jahre in
Deutschland (und anderen Industrieländern) lediglich moderat oder eher rückläu-
fig waren (BMELV StatJB 2011). Auf globaler Ebene führen Faktoren wie Bevöl-
kerungswachstum, Veränderungen der Verzehrsmuster im Zuge von Wohlstand
und Verstädterung sowie der zunehmende Anbau nachwachsender Rohstoffe
(v. a. Agrartreibstoffe) zu einer erhöhten Nutzungskonkurrenz um die knappe
Ressource Boden.

Neben dem Flächenbedarf für Importe konnten im Rahmen dieser Arbeit
auch der Flächenbedarf für Agrarexporte aus Deutschland ermittelt werden. Hinsichtlich der Flächenart wurde dabei zwischen Ackerfläche, Grünland und Dauerkulturen unterschieden. Zudem konnten im Rahmen der ökobilanziellen Untersuchung die Flächen zur Produktion der Verpackungsmaterialien untersucht
werden.

2.8 Wasserbedarf

> *»Erst als sie versiegte, merkte man,*
> *dass es eine Quelle gewesen war.«*
> Erwin Chargaff (1905–2002)

Bedingt durch die direkte Abhängigkeit allen Lebens von einer ausreichenden Versorgung mit sauberem Wasser, kommt der quantitativen und qualitativen Bewertung von Wasser in Umwelt, Politik und Wirtschaft eine große Bedeutung zu. Verfügbarkeitsprobleme sind derzeit in Deutschland, bedingt durch günstige Witterungsbedingungen, eher selten (BMU 2010); im Gegensatz zu großen ariden und semiariden Gebieten in Asien, Afrika und Amerika, in denen eher die Umschreibung ›Wasser – das blaue Gold des 21. Jahrhunderts‹ zutrifft.

Dennoch ist als Folge des Klimawandels auch in Deutschland mit veränderten Niederschlagsmustern zu rechnen. Neben einer Verschiebung der Sommerniederschläge in die Wintermonate sollen Starkregenereignisse in Anzahl und Intensität zunehmen. Während Regenfälle im Westen wahrscheinlicher werden, werden im östlichen Teil Deutschlands eher Niederschlagsabnahmen erwartet. Auf globaler Ebene werden für aride und semiaride Gebiete noch weitaus ungünstigere

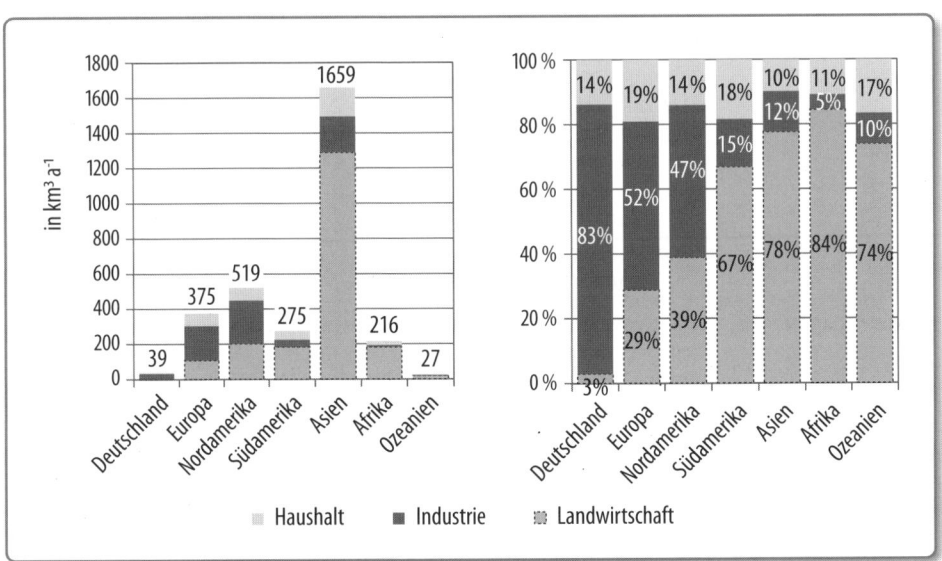

Abb. 4. *Wasserentnahme nach Sektoren und Regionen im Durchschnitt der Jahre 1998–2002 nach FAO Aquastat (2012)*

Szenarien diskutiert (ebd.). Dennoch sollte die gute Versorgungslage in Mittel-
europa nicht darüber hinweg täuschen, dass global die Knappheit der Ressource
Wasser bereits heute zu zahlreichen Konflikten beiträgt. Neben der Bedeutung
als essentielles Nahrungsmittel stellt Wasser einen Hauptinputfaktor in der Landwirtschaft, der Industrie und im Haushalt dar, mit weltweit unterschiedlichen
Anteilen.

Während in Afrika, Asien und Südamerika bis zu 84 Prozent der Wasserentnahme für landwirtschaftliche Zwecke gebraucht wird (Bewässerung, Reinigung,
Tränken der Tiere etc.), werden nur relativ kleine Anteile von der Industrie beansprucht (bis 15 %). Im Gegensatz dazu wird im industriell geprägten Deutschland

Tab. 11. *Überblick über Wasserbewertungskonzepte*

Bewertungskonzept	Beschreibung
Wasserentnahme *(water withdrawal)*	Beschreibt die Entnahme von Grund- und Oberflächenwasser aus dem natürlichen Wasserkreislauf. Das Konzept der Wasserentnahme wird in der Offizialstatistik verwendet und liegt Abb. 4 zu Grunde.
Virtuelles Wasser	Basiert auf den Arbeiten von Allan (1993, 1994). Virtuelles Wasser setzt sich zusammen aus: • blauem Wasser (Grund- und Oberflächenwasser) • grünem Wasser (Niederschlag).
Wasserfußabdruck	Geht aufbauend auf Allan (1993, 1994) auf die Arbeiten von Hoekstra et al. (2011, 2006) zurück. Zusätzlich zum blauen und grünen Wasser, setzt sich der Wasserfußabdruck aus sog. grauem Wasser zusammen. Graues Wasser wird definiert als die Menge Wasser, die benötigt wird, um Schadstoffe im Abwasser wieder auf ihre natürliche Konzentration in der Umwelt zu verdünnen. Damit schließt das Konzept auch eine qualitative Komponente mit ein. Der Wasserfußabdruck setzt sich zusammen aus: • blauem Wasser (Grund- und Oberflächenwasser) • grünem Wasser (Niederschlag) • grauem Wasser
Wasserstress-Index (WSI)	Im Gegensatz zur rein quantitativen Wasserversorgung (bspw. zur Produktion eines Produktes bzw. einer Dienstleistung), setzt der Wasserstress-Index (WSI) den lokalen Wasserbedarf ins Verhältnis zur lokalen Verfügbarkeit bzw. Knappheit von Wasser. So ist bspw. die Produktion von Agrartreibstoffen in vielen Regionen möglich, allerdings übt deren Anbau unterschiedlichen Druck auf lokale Wasservorräte aus, was andere Wassernutzer benachteiligt. Diesem Zusammenhang wird im WSI Rechnung getragen (vgl. Brown & Matlock 2011, Pfister et al. 2009). Der WSI setzt sich somit zusammen aus: • Verhältnis der lokalen Wasserverfügbarkeit und des lokalen Wasserbedarfs • Wasserverfügbarkeit (blaues + grünes Wasser)

ein Großteil (83 %) des aus dem natürlichen Kreislauf entnommenen Wassers für industrielle Zwecke genutzt und nur ein sehr geringer Teil (3 %) in der Landwirtschaft verbraucht (Abb. 4).

Wasserbewertungskonzepte

Im Rahmen der agrar- und ernährungsökologischen Wasserbewertung haben sich vier unterschiedliche Konzepte etabliert. Diese werden in Tab. 11 kurz vorgestellt. Der in dieser Arbeit untersuchte Wasserindikator wird hieraus abgeleitet.

Zudem wird auf Verbraucherebene zwischen direktem und indirektem Wasserverbrauch unterschieden. ›Direkt‹ meint dabei das Wasser, was tatsächlich im Haushalt aus dem Wasserhahn kommt bzw. im Nahrungsmittel enthalten ist. Die Bezeichnung ›indirektes‹ Wasser zielt auf die Wassermenge ab, die während des Herstellungsprozesses von Konsumgütern benötigt wurde (Hoekstra et al. 2011). Im Gegensatz zum direkten Wasser macht indirektes Wasser bzw. Prozesswasser den Großteil des Wasserverbrauchs aus Verbrauchersicht aus. Mit dem Ziel einer stärkeren internationalen Vereinheitlichung der Wasserbewertung in Ökobilanzen befindet sich derzeit die ISO-Norm 14046 (2011) in Entwicklung.

Untersuchter Indikator: Wasserbedarf (blaues Wasser)

Im Rahmen der amtlichen Statistik und des UGR-Berichtsmoduls ›Landwirtschaft und Umwelt‹ (Destatis 2010, Schmidt & Osterburg 2010) findet ausschließlich das Konzept der Wasserentnahme *(water withdrawal)* Anwendung. Da sich dieses auf die Entnahme von Grund- und Oberflächenwasser bezieht, ist es mit dem Ansatz des ›blauen Wassers‹ vergleichbar. Der produktspezifische Bedarf an blauem Wasser wurde für die inländische Produktion aus dem UGR-Berichtsmodul ›Landwirtschaft und Umwelt‹ (Schmidt & Osterburg 2010) ermittelt. Zur Quantifizierung des blauen Wasserbedarfs der Importe wurde auf die länder- und produktspezifische Datenbank von Mekonnen & Hoekstra (2010) zurückgegriffen, die blaues, grünes und graues Wasser unterscheidet. Während sich die Angaben von Mekonnen & Hoekstra (2010) auf einen Referenzzeitraum von 1996 bis 2005 beziehen, gelten die von Schmidt & Osterburg (2010) für das Jahr 2003. Aus fachlich-methodischer Sicht wäre die Untersuchung des Einflusses der Ernährung auf den Wasserstress-Index am vielversprechendsten, weil damit Knappheitsprobleme am realistischsten dargestellt werden könnten. Da hierzu produkt- und ortsspezifische Daten zum Zeitpunkt des Verfassens der Arbeit nicht in der nötigen Breite zur Verfügung standen, wurde der Bedarf an blauem Wasser untersucht. Im Vergleich zu den verbleibenden Indikatoren (Wasserfußabdruck, virtuelles Waasser) ist der Indikator der Wasserentnahme *(water withdrawal)* noch am ehesten geeignet, Knappheits- bzw. Verfügbarkeitsprobleme abzubilden. Dies resultiert aus dem Umstand, dass Bewässerungsanlagen in der Regel erst dann kostenintensiv installiert werden, wenn die Niederschläge (d. h. grünes Wasser) nicht ausreichen, um Agrargüter zu produzieren.

2.9   Phosphorbedarf

>*Wir können Kohle durch Kernkraft ersetzen,*
Holz durch Kunststoffe, Fleisch durch Hefe, Freundlichkeit durch Isolation –
aber für Phosphor gibt es keinen Ersatz.«

Isaac Asimov (1920–1992)

Phosphor als essentieller Nährstoff für Pflanze, Tier und Mensch ist in seinem Vorkommen im Erdmantel als Ressource endlich und global relativ ungleichmäßig verteilt. Die weltweite Fördermenge an Phosphatgestein lag im Jahr 2010 bei 176 Mio. t (2006: 142 Mio. t) mit einem Phosphorreingehalt von ca. 15 Prozent (USGS mehrere Jahrgänge, Cordell et al. 2009). Hauptförderländer sind Marokko, China, die USA und Russland (USGS mehrere Jahrgänge). Der gewonnene Phosphor wird zu ca. 80 Prozent in der Düngemittelindustrie und zu 5 Prozent zur Herstellung von Futtermitteln benötigt. Die verbleibenden 15 Prozent werden für industrielle Zwecke gebraucht (Lamprecht et al. 2011). Deutschland verfügt über keine nennenswerten Phosphatlagerstätten und ist damit auf Importe angewiesen. Durch die Ausbringung von Wirtschaftsdünger (Gülle, Mist) sowie den Einsatz von Knochenmehlen und Klärschlämmen konnte in der Landwirtschaft ein Phosphorkreislauf aufgebaut werden, der zu einer erhöhten Ressourceneffizienz bei Phosphor beitrug. Jedoch führten gestiegene hygienische Anforderungen an Klärschlämme und Knochenmehle, bedingt durch unerwünschte Rückstände und die Konsequenzen aus der BSE-Krise 2001, teilweise zu einer Durchbrechung des Phosphorkreislaufs, einem Rückgang in der Ressourceneffizienz und damit zur Verschärfung der geopolitischen Frage um Phosphor (Lamprecht et al. 2011). Klärschlämme und Knochenmehle werden zunehmend in Verbrennungsanlagen thermisch entsorgt (BMELV StatJB 2011). Ein Umstand, der vor allem bei Phosphatdüngern innerhalb der letzten Jahre zu überdurchschnittlichen Preissteigerungen geführt hat. Abb. 5 gibt einen Überblick über die Preisentwicklung bei wichtigen Düngemitteln in Deutschland. Die deutlichsten Preissteigerungen

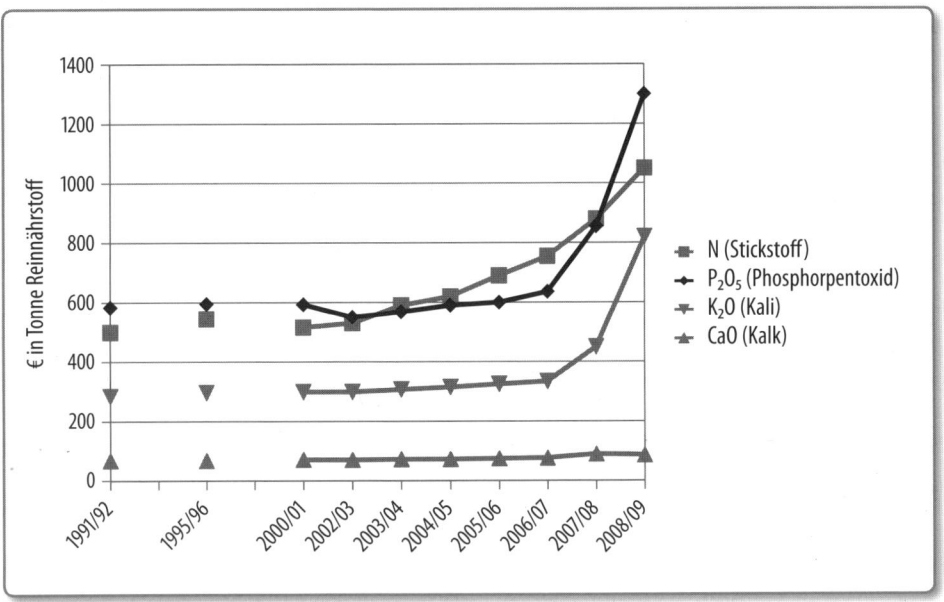

Abb. 5. *Durchschnittliche Einkaufspreise der Landwirtschaft für Düngemittel (in Reinnährstoff) nach BMELV StatJB (mehrere Jahrgänge)*

sind bei Phosphor zu verzeichnen, mit einem Anstieg von über 100 Prozent im Vergleich zum Niveau der 1990er Jahre. Der Anstieg ist jedoch nicht nur vom Vorkommen des Rohstoffs abhängig, sondern wird auch von steigenden Energiepreisen, Transportkosten und wirtschaftspolitischen Entscheidungen (bspw. Exportzölle) beeinflusst.

Für wie viele Jahre reichen die weltweiten Phosphatreserven?
Lange Zeit ging man davon aus, dass unter gleichbleibendem Verbrauch die Phosphatreserven für über 100 Jahre reichen könnten (USGS 1996–2010). Cordell et al. (2009) kamen jedoch zu dem Ergebnis, dass die Reserven bereits in 50 bis 100 Jahren erschöpft sein könnten, insofern globale Trends, wie Bevölkerungszuwachs, veränderte Verzehrsmuster und erhöhte hygienische Anforderungen, betrachtet werden. Zudem wären maximale Fördermengen und der damit verbundene *phosphorous peak* bereits im Jahre 2035 zu erwarten. Im Gegensatz dazu geht das Internationale *Fertilizer Development Centre* (Van Kauwenbergh 2010) von einer Reichweite von 300 bis 400 Jahren aus. Bedingt durch Neubewertungen bekannter Phosphatstätten in Marokko/Westsahara und neu entdeckter Vorkommen im Atlantik und Pazifik geht auch aus einer jüngeren USGS-Erhebung hervor, dass

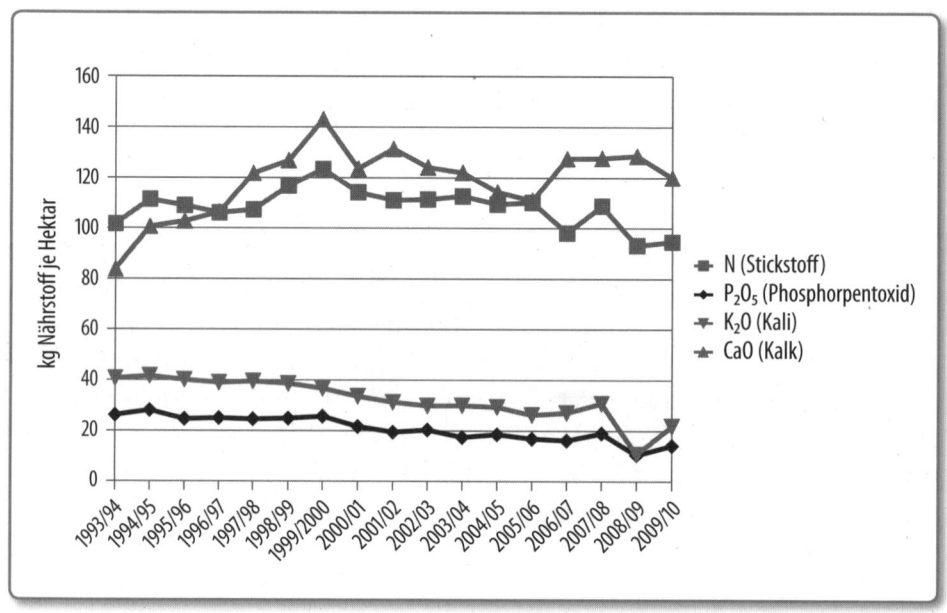

Abb. 6. *Einsatz von Handelsdünger in Deutschland in kg Reinnährstoff pro Hektar (ohne Brache) nach BMELV StatJB (mehrere Jahrgänge)*

die Phosphatreserven für über 300 Jahre reichen könnten (USGS 2011). Allerdings beruhen die Zahlen der USGS (2011), die teilweise von Van Kauwenbergh (2010) übernommen wurden, weiterhin auf der Annahme einer gleichbleibenden Phosphornachfrage. Zukünftig ist sehr wahrscheinlich damit zu rechnen, dass aufgrund erschwerter Förderbedingungen in schwierig zu erschließenden Gebieten (Tiefsee etc.) und niedrigeren Phosphatkonzentrationen in den Lagerstätten an Land die Produktionskosten weiter steigen werden.

Hinzu kommt das Risiko einer langfristigen Anreicherung von Uran und anderen Nukleotiden in Böden durch die erhöhten Gehalte dieser radioaktiven Substanzen in importierten Phosphatdüngern (Römer et al. 2010). Dabei ist die Höhe der Radioaktivität vom Fördergebiet abhängig.

Phosphor ist jedoch nicht nur unter Versorgungsgesichtspunkten, sondern auch aus agrarökologischer Perspektive interessant. Im Gegensatz zu Pflanzen sind Tiere (und auch der Mensch) in ihrer Verwertung des mit der Nahrung aufgenommenen Phosphors recht ineffizient. Über 70 Prozent des von Nutztieren aufgenommenen Phosphors gelangen über den Urin und Kot wieder in die Umwelt (Lamprecht et al. 2011). Während beim Einsatz von Phosphor in Handelsdüngern seit Jahren ein stetiger Rückgang auf unter 20 kg pro Hektar festzustellen ist (Abb. 6), führt das Ausbringen von Wirtschaftsdünger in tiermastintensiven Regionen und auf austragsgefährdeten Standorten regelmäßig zu Überschreitungen der zulässigen Phosphatkonzentrationen im Grundwasser.

So wurde die Güteklasse II und I (= guter und sehr guter ökologischer Zustand) der chemischen Gewässergüteklassifikation im Jahr 2005 für Gesamtphosphor lediglich an 27 Prozent von 151 LAWA-Messstellen[46] erreicht (UBA 2011). Die ökologische Güteklasse eines Wasserkörpers ergibt sich dabei aus dem Grad der Abweichung vom natürlichen Zustand des Gewässertyps hinsichtlich Vorkommen und Häufigkeit der lebensraumtypischen Arten. Inwieweit das Umweltziel der Wasserrahmenrichtlinie (EUP & EUR 2000) erreicht wird, bis 2015 in allen Oberflächen- und Grundgewässern mindestens einen guten ökologischen Zustand herzustellen, bleibt fraglich.

Während sich die Phosphoreinträge aus Industrie und kommunalen Klärwerken im Zeitraum von 1985 bis 2005 um 86 Prozent verringert haben, bedingt durch bessere Verfahren der Phosphorrückgewinnung (P-Elimination) und dem

Tab. 12. *Umwelteffekte hoher Phosphateinträge in Binnen- und Küstengewässer nach O'Sullivan & Reynolds (2005), Klapper (1992)*

	Umwelteffekte
Binnengewässer	Überversorgung des Phytoplanktons **(Eutrophierung)** führt während dessen Absterbens zu verstärkten anaeroben Prozessen. Überwiegen anaerobe gegenüber aeroben Prozessen, spricht man vom ›Umkippen‹ *(population turnover)* des Gewässers.
	Eutrophierung führt zur Entstehung und Emission von **Faulgasen** (Methan, Schwefelwasserstoff etc.).
	Eutrophierung führt zu einer Verschiebung der Artenzusammensetzung und zu Artenverlust **(Biodiversitätsverlust)**.
Küstengewässer	Überversorgung von Meeresalgen führt zu massiver Vermehrung **(Eutrophierung)** und sog. Algenblüte. Anlandungen der gebildeten Algenteppiche im Uferbereich möglich.
	Gesundheitsgefahr für Menschen und Tiere durch Bildung toxischer Substanzen im Algenteppich.
	Eutrophierung führt zur Entstehung und Emission von **Faulgasen** (Methan, Schwefelwasserstoff etc.).
	Eutrophierung führt zu einer Verschiebung der Artenzusammensetzung und Artenverlust **(Biodiversitätsverlust)**.

---

46 LAWA = Länderarbeitsgemeinschaft Wasser

Rückgang phosphathaltiger Waschmittel, konnte der Eintrag aus der Landwirtschaft um lediglich 1 Prozent reduziert werden (UBA 2011). Im Jahr 2005 wurden 23.000 t Phosphor in die deutschen Oberflächengewässer eingetragen, wobei 54 Prozent auf die Landwirtschaft zurückzuführen sind. Das UBA (2011) geht davon aus, dass neben der Fischerei die größten ökologischen Probleme in Nord- und Ostsee durch Eutrophierung verursacht werden.

Neben Nitrateinträgen sind die Risiken hoher Phosphatfrachten vielfältig. In Tab. 12 werden die wichtigsten Umwelteffekte, differenziert nach Binnen- und Küstengewässern, genannt.

2.10 Energieverbrauch

*»Wir müssen das Öl verlassen,
bevor es uns verlässt.«*
Fatih Birol, IEA (1958)

Als Folge der Ölkrise Anfang der 1970er Jahre entwickelte sich die Bewertung des Energieverbrauchs als ökonomischer und ökologischer Leitindikator, wobei die Untersuchung des Energieverbrauchs aus fossilen, d. h. nicht-erneuerbaren Quellen, im Vordergrund stand. Mit der aufkommenden Problematik des Klimawandels Mitte der 1980er Jahre kam der Quantifizierung der Energieverbräuche aus fossilen und erneuerbaren Quellen eine weitere Bedeutung zu. Während CO_2-Emissionen aus erneuerbaren Energien im globalen Kohlenstoffkreislauf durch Photosynthese immer wieder gebunden werden, führt die Verbrennung fossiler Energieträger zu einer Nettoanreicherung von CO_2 in der Atmosphäre. Die Freisetzung treibhausgasrelevanter CO_2-Emissionen und der Verbrauch fossiler Energie stehen in einem direkten Zusammenhang.

Im Jahr 2006 wurden in Deutschland 14.786 PJ[47] Primärenergie verbraucht, was bedingt durch Umwandlungsverluste, Leitungsverluste und nicht-energetischen Verbrauch in einem Endenergieverbrauch von 9.296 PJ resultierte (AG Energiebilanzen 2010). Bei 82,3 Millionen Einwohnern entsprach das einem Pro-Kopf-Verbrauch an Primärenergie von 180 GJ a^{-1} (= 49.900 kWh a^{-1}) bzw. 113 GJ a^{-1} (= 31.370 kWh a^{-1}) an Endenergie. Der Anteil erneuerbarer Energie[48] am Primär-

---

47 1 PJ (Petajoule) = 10^{15} J = 1 Billiarde J

48 Erneuerbare Energie aus Wind- und Wasserkraft, Photovoltaik sowie Biomasse

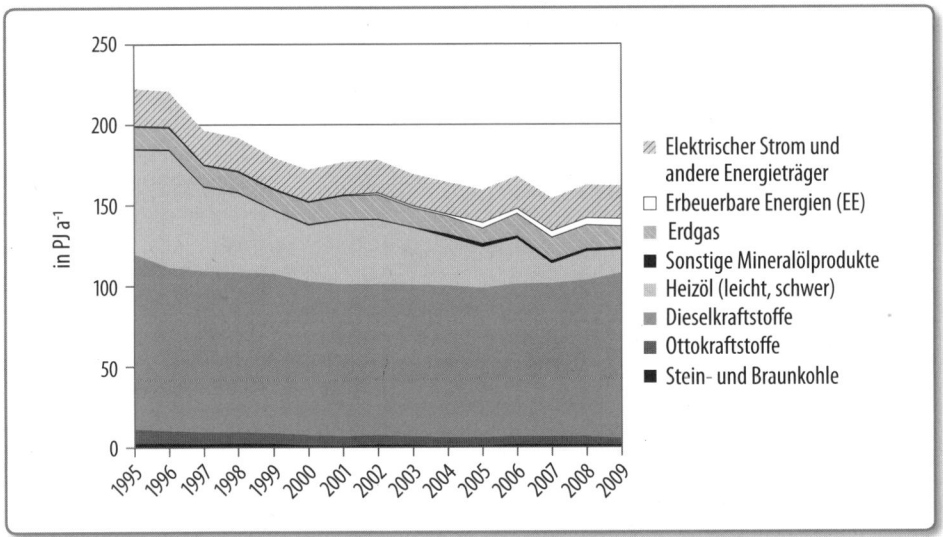

Abb. 7. *Primärenergieverbrauch in Landwirtschaft und Jagd nach Destatis (2011b)*

energieverbrauch stieg von 1,3 Prozent im Jahr 1990 auf 9,4 Prozent im Jahr 2010 an (BMU 2011). Im Referenzjahr 2006 lag der Anteil bei 6,3 Prozent (ebd.). Bezogen auf den Endenergieverbrauch stieg der Anteil von 1,9 Prozent im Jahr 1990 auf 11,3 Prozent im Jahr 2010 (2006: 8,0 %). Durch den Einsatz erneuerbarer Energien konnten im Jahr 2010 insgesamt 120 Mio. t Treibhausgasemissionen eingespart werden, wobei 75 Mio. t CO_{2e} im Stromsektor, 40 Mio. t CO_{2e} bei der Wärmeerzeugung und 5 Mio. t CO_{2e} im Verkehrssektor eingespart werden konnten (ebd.). Das Langfristziel auf nationaler Ebene sieht vor, bis 2050 den Anteil erneuerbarer Energie am Gesamtenergieverbrauch von 50 Prozent zu erreichen (Bundesregierung 2009a).

Im Produktionsbereich ›Landwirtschaft und Jagd‹ (Abb. 7) ist der Primärenergieverbrauch von 222 PJ im Jahr 1995 auf 162 PJ im Jahr 2009 zurückgegangen (minus 27 %), was vor allem auf den verminderten Einsatz von Heizöl zurückzuführen ist. Den größten Anteil am Primärenergieverbrauch stellt, über den betrachteten Zeitraum nahezu gleich bleibend, der Einsatz von Diesel dar (2009: 63 %). Der Anteil aus erneuerbaren Energien lag im Jahr 2009 bei 2,9 Prozent (Destatis 2011b).

Im Gegensatz zu ›Landwirtschaft und Jagd‹ sank der Primärenergieverbrauch im Ernährungsgewerbe nur geringfügig – um 4 Prozent von 228 PJ im Jahr 1995 auf 219 PJ im Jahr 2009 (Abb. 8). Innerhalb der Branche ist ein Rückgang im

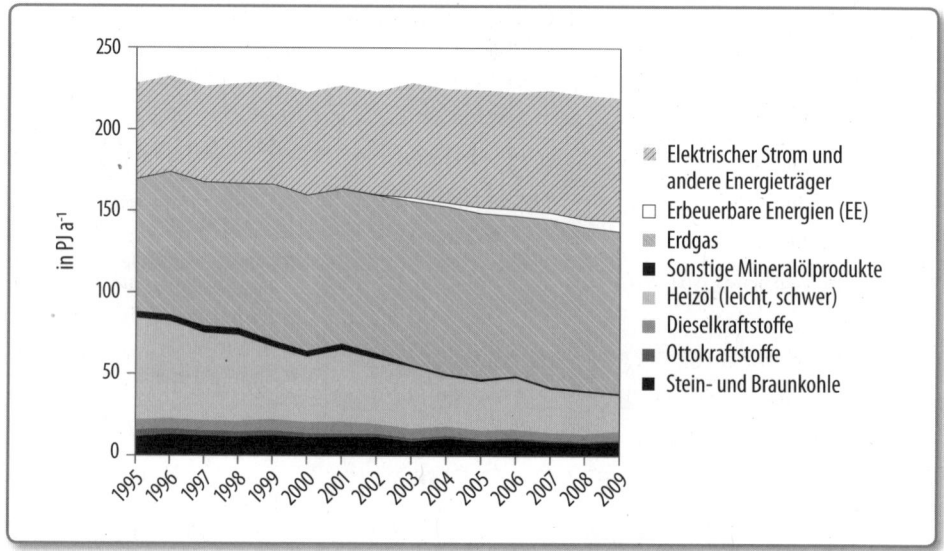

Abb. 8. *Primärenergieverbrauch im Ernährungsgewerbe (Herstellung von Nahrungs-, Futtermitteln und Getränken) nach Destatis (2011b)*

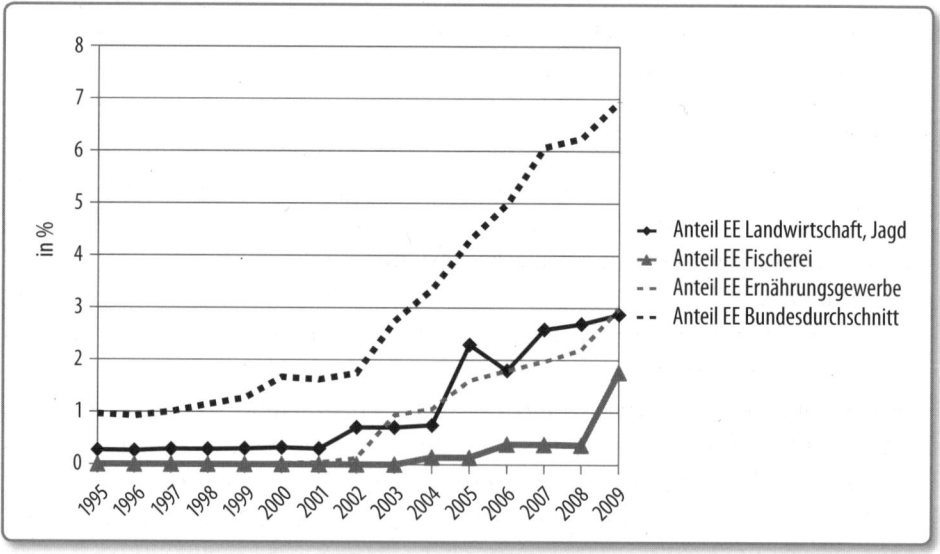

Abb. 9. *Anteil erneuerbarer Energien (EE) am Primärenergieverbrauch in Landwirtschaft & Jagd, Fischerei sowie im Ernährungsgewerbe im Vergleich zum Bundesdurchschnitt (in %) nach Destatis (2011b), UGR-Konzept*

Einsatz von Heizöl sowie eine Zunahme im Einsatz von Erdgas, Strom und erneuerbaren Energien festzustellen. Im Jahr 2009 lag der Anteil der erneuerbaren Energien bei 3,0 Prozent des Gesamtenergieverbrauchs.

Der Anteil erneuerbarer Energien in ›Landwirtschaft und Jagd‹ sowie im Ernährungsgewerbe konnte im Vergleich zum Bundesdurchschnitt mit den Ausbauraten der letzten Jahre nicht mithalten (Abb. 9). Obwohl von 2000 bis 2009 der Ausbau erneuerbarer Energien in ›Landwirtschaft und Jagd‹ sowie im Ernährungsgewerbe deutlich zugenommen hat, hinkt das Ausbauniveau dem Bundesdurchschnitt um ca. zehn Jahre hinterher. Demnach besteht beim Ausbau erneuerbarer Energien in der Land- und Ernährungswirtschaft deutlicher Aufholbedarf. In Abb. 9 ist zudem der Anteil erneuerbarer Energien im deutschen Fischereisektor dargestellt.

Bedingt durch unterschiedliche Erfassungskonzepte (UGR-Konzept, VGR-Konzept) sind die in Abb. 9 gemachten Angaben nicht mit den weiter oben genannten Zahlen zum Anteil erneuerbarer Energien am bundesweiten Primärenergieverbrauch vergleichbar (BMU 2011).

2.11 Nahrungsmittelverluste und -abfälle

Einen bisher wenig beachteten Hotspot im Bereich Landwirtschaft-Ernährung-Umwelt stellen die Nahrungsmittelverluste und -abfälle dar, die während der Erzeugung, der Verarbeitung und im Haushalt anfallen. Das Abfallaufkommen von Nahrungsmitteln im Haushalt wird in verschiedenen Studien mit bis zu 25 Prozent geschätzt (Jungbluth 2000, Quested & Johnsen 2009). Jüngste Untersuchungen von Kranert et al. (2012) geben ein aufschlussreicheres Bild für die Situation in deutschen Haushalten. Pro-Kopf und Jahr fallen demnach 81,8 kg Nahrungsmittel- und Getränkeabfälle an. Davon sind 53,1 kg pro Person und Jahr vermeidbar und teilweise vermeidbar.

Bezogen auf die Verbrauchsdaten im Jahr 2006, die dieser Arbeit zu Grunde liegen, ergeben sich somit vermeidbare bzw. teilweise vermeidbare Abfälle in Höhe von 0,8 Prozent bei den Getränken bis 13,5 Prozent beim Gemüse (Tab. 13). Eine dezidierte Umweltanalyse vermeidbarer Nahrungsmittelabfälle wurde darauf aufbauend jedoch nicht vorgenommen, da in Kranert et al. (2012) ein deutlich schmaleres Set an Produktgruppen untersucht wurde. Nach Osterburg et al. (2009) könnten 15 Prozent der ernährungsbedingten Treibhausgasemissionen eingespart werden, wenn der Anteil der weggeworfenen Nahrungsmittel von 25 auf 10 Prozent gesenkt würde.

Tab. 13. Nahrungsmittelabfälle in Haushalten nach Produktgruppen, eigene Berechnung
auf Basis von Kranert et al. (2012)

	Abfälle in Haushalten			Vermeidbare / teilweise vermeidbare Abfälle in Haushalten			Verbrauch / Versorgung 2006	Vermeidbarer / teilweise vermeidbarer Anteil
	in kg pro Person und Jahr							in %
	von	bis	MW*	von	bis	MW*		
Milchprodukte	7,4	9,6	8,5	3,7	4,8	4,3	134,4	3,2 %
Fleisch- und Fischprodukte	7,4	9,6	8,5	2,9	3,8	3,4	101,3	3,3 %
Backwaren	9,3	12,1	10,7	7,0	9,1	8,1	108,0	9,9 %
Teigwaren				2,3	3,0	2,7		
Gemüse	32,0	41,6	36,8	11,8	15,2	13,5	100,0	13,5 %
Obst				8,3	10,7	9,5	93,8	10,1 %
Speisereste (Selbstgekochtes, Fertiggerichte)	10,0	13,0	11,5	5,7	7,4	6,6		
Sonstiges	–	–	–	1,3	1,7	1,5		
Getränke**	5,0	6,5	5,8	3,2	4,2	3,7	445,0	0,8 %
Summe	71,1	92,4	81,8	46,2	59,9	53,1		

* Mittelwert: arithmetisches Mittel (eigene Berechnung)

** Getränke ohne Leitungswasser, Kaffee und Tee

3 Ergebnisse

3.1 Umwelteffekte nach Umweltindikatoren im Agrar- und Ernährungssektor

Ausgehend von den im letzten Kapitel vorgestellten Umweltwirkungen werden im Folgenden die Umweltprofile der untersuchten Nahrungsmittel und Getränke indikatorspezifisch vorgestellt. Neben der absoluten Darstellung auf Basis der funktionellen Einheit, die sich in dieser Arbeit auf ein Kilogramm verbrauchtes Nahrungsmittel bzw. Getränk bezieht, erfolgt die relative Darstellung der untersuchten Prozessabschnitte. Zudem erfolgt die Darstellung hochgerechnet auf den Gesamtverbrauch auf Bundesebene im Jahr 2006. Die Darstellung der Ergebnisse erfolgt gemäß der berücksichtigten Systemgrenzen *cradle-to-store*. Beim Flächenbedarf sowie beim Bedarf an blauem Wasser erfolgt zudem eine stoffstromanalytische Darstellung der Handelsströme. Dabei wurden in Anlehnung an eine Versorgungsbilanz die Bereiche Produktion, Importe, Exporte sowie Verbrauch im Industrie-/Energiesektor und in der Humanernährung indikatorspezifisch abgegrenzt. Neben einer besseren Darstellung verbrauchs- und produktionsbedingter Umweltwirkungen lassen sich damit auch Umwelteffekte aus Ein- und Ausfuhren sowie sich daraus ergebende Handelssalden abbilden (vgl. Meier 2013).

3.1.1 Treibhausgasemissionen

In Abb. 10 werden entsprechende Treibhausgasemissionen der untersuchten Nahrungsmittel und Getränke bezogen auf die funktionelle Einheit (Verbrauch von einem Kilogramm) gezeigt. Der in der Abbildung dargestellte gestrichelte Balken bezieht sich auf die Spanne der Treibhausgasemissionen aus direkten Landnutzungsänderungen (dLUC), die beim Anbau von Ölsaaten (vornehmlich Soja als Futtermittel) im Ausland entstehen.

Dabei steht das Maximalszenario für die Umwandlung von Flächen mit hohen C-Gehalten (tropischer Wald etc.). Das Minimalszenario steht für die Umwandlung von Flächen mit geringen C-Gehalten (Savannen, Grünland). Als Standard-Szenario wurde in dieser Arbeit mit einem mittleren Szenario gerechnet, welches als probates Mittel beider Extremszenarien betrachtet wurde.

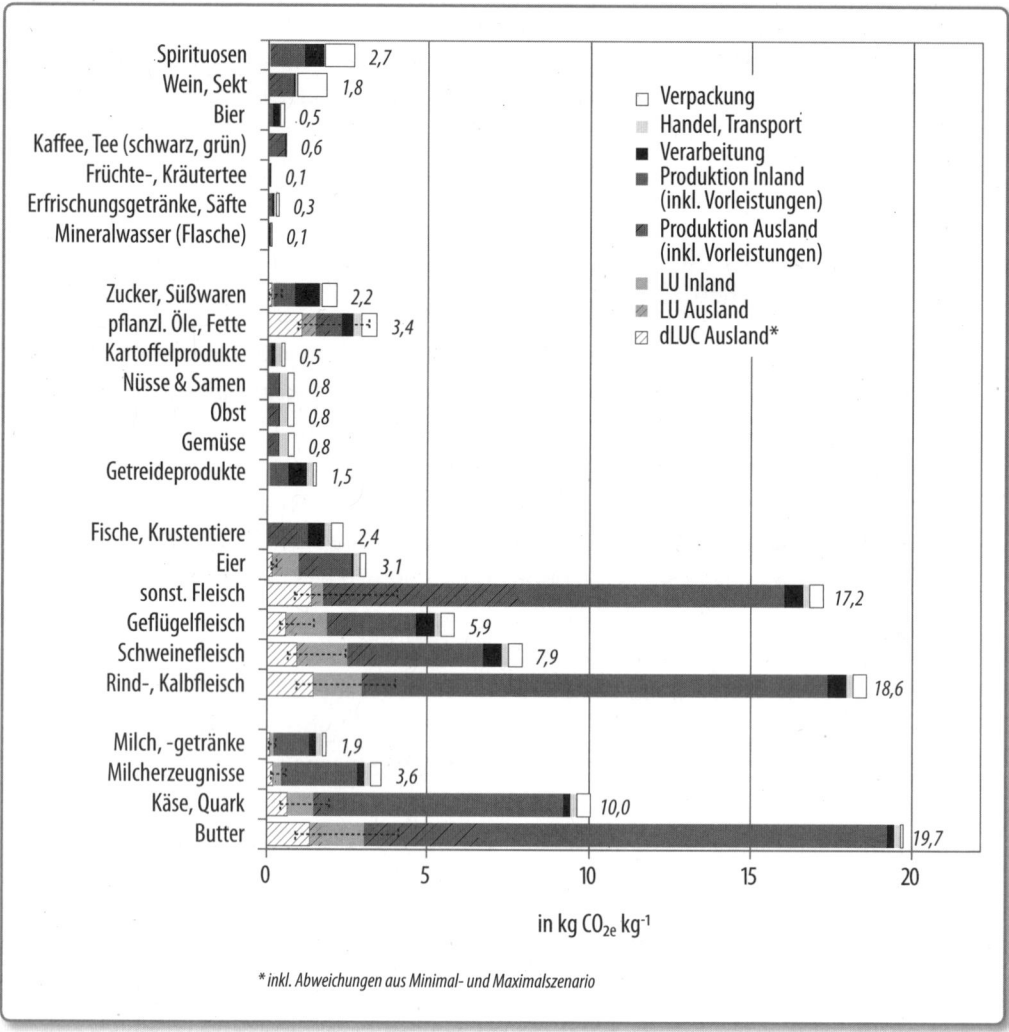

Abb. 10. CO_{2e}-Emissionen pro kg verbrauchten Produkts

Der Vergleich entsprechender Treibhausgasemissionen zeigt große Unterschiede zwischen den einzelnen Produktgruppen. Während die Bereitstellung tierischer Produkte generell höhere Emissionen pro Produkteinheit verursacht, weisen Butter und Rind-/Kalbfleisch innerhalb der tierischen Produkte die höchsten Emissionen auf. Im Bereich der pflanzlichen Nahrungsmittel und Getränke weisen Öle und Fette sowie Spirituosen die höchsten produktspezifischen Gesamtemissionen auf.

Die relative Darstellung in der Abb. 11 ermöglicht eine bessere Wirkungsab-schätzung der einzelnen Prozessabschnitte. Während innerhalb der tierischen Produkte Emissionen aus direkten Landnutzungsänderungen und Landnutzung (dLUC, LU) sowie der eigentlichen landwirtschaftlichen Produktionsphase domi-nieren, überwiegen bei pflanzlichen Produkten Emissionen, die bedingt durch Verarbeitung, Handel/Transport und Verpackung entstehen. Mit Ausnahme von

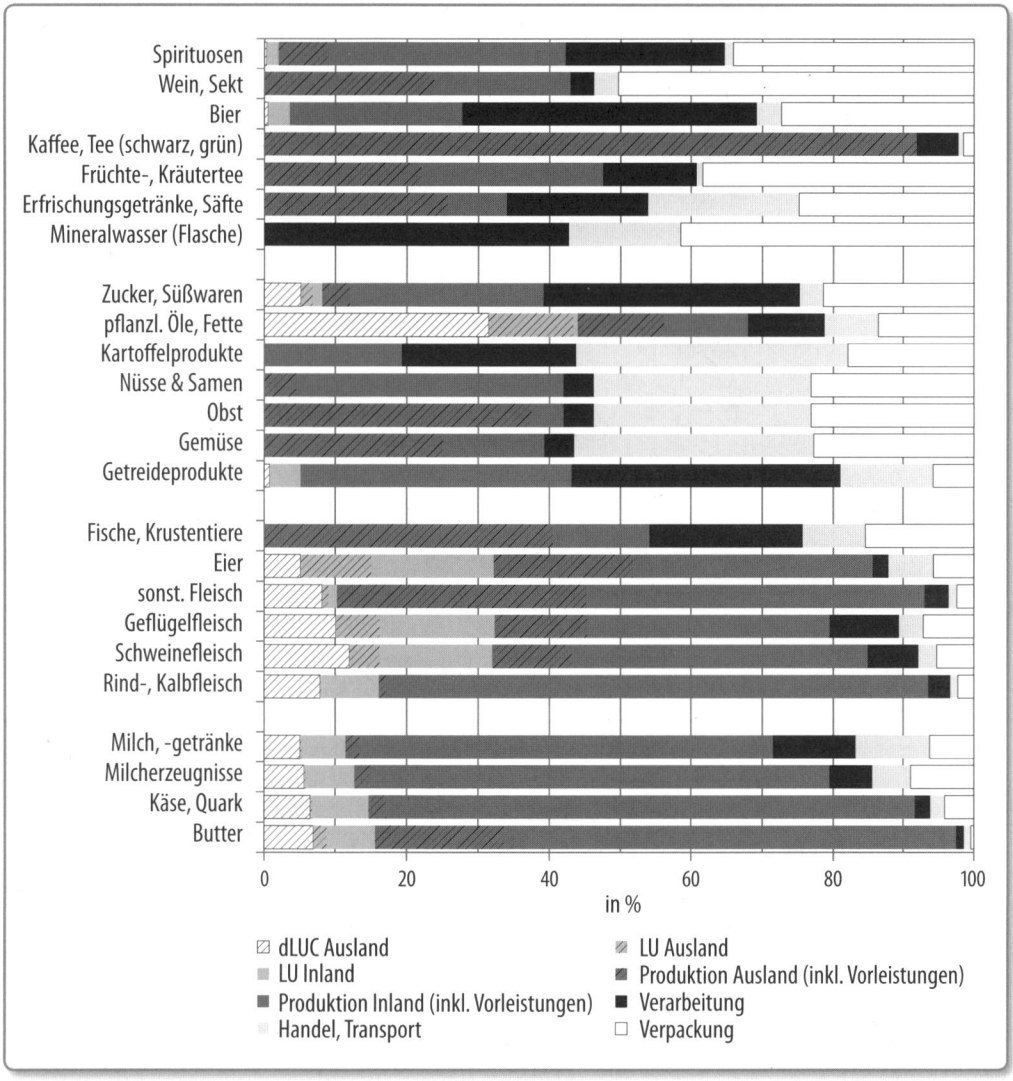

Abb. 11. CO_{2e}-Emissionen relativ (in %)

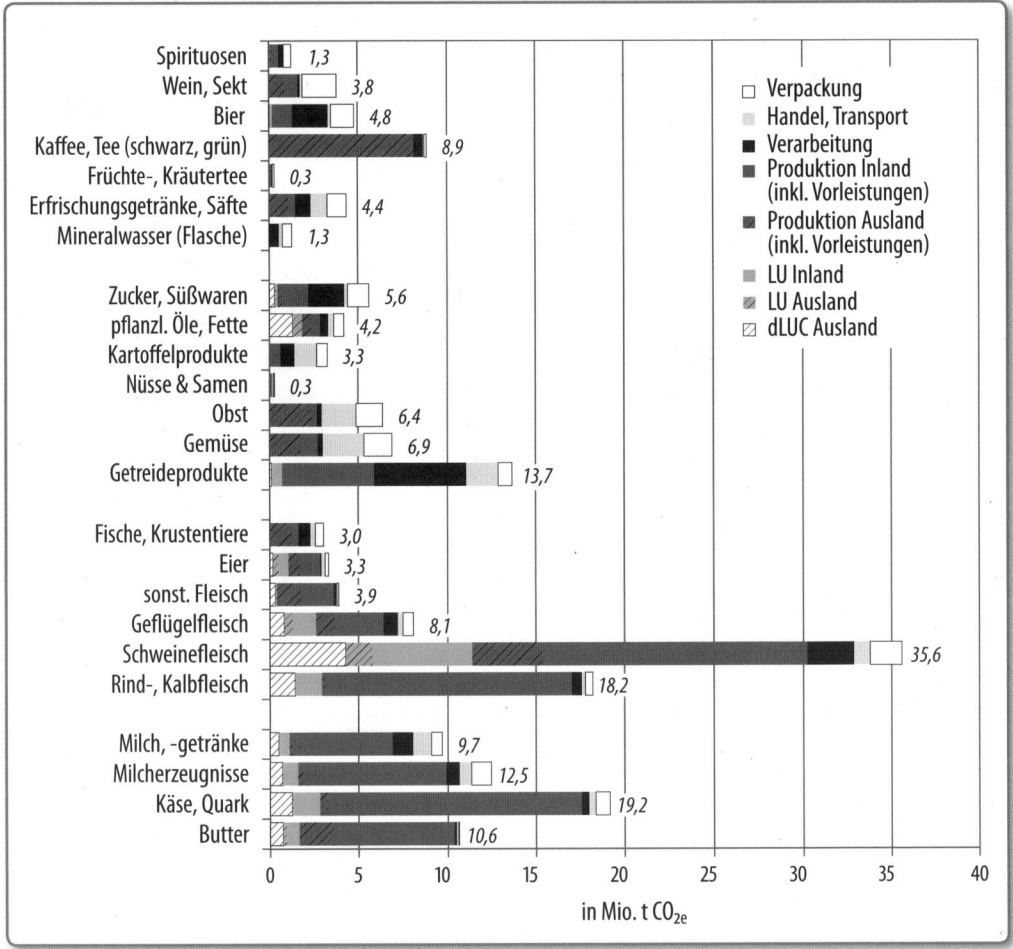

Abb. 12. CO_{2e}-Emissionen des Gesamtverbrauchs in Deutschland im Jahr 2006

Kaffee und Tee (schwarz, grün), stehen bei Getränken Emissionen aus der Verarbeitung und der Verpackung im Vordergrund. Dabei beziehen sich die untersuchten Umwelteffekte bei Kaffee und Tee auf die jeweils trinkfertige bzw. verzehrsfähige Form des Getränks, obwohl der Umweltbilanzierung das gehandelte Trockenprodukt zu Grunde liegt. Bedingt dadurch fallen Emissionen aus Handel/Transport und Verpackung relativ wenig ins Gewicht, während Emissionen aus der landwirtschaftlichen Produktion, welche die Verarbeitung der Rohware im Erzeugerland einschließt, dominieren. Insgesamt verursachte der Verbrauch der untersuchten Nahrungsmittel und Getränke im Jahr 2006 Treibhausgasemissionen in Höhe von 189 Mio. t CO_{2e}, die sich wie folgt auf die betrachteten Prozessabschnitten aufteilen:

- 57 % in der Landwirtschaft inkl. Vorleistungen (108,1 Mio. t CO_{2e})
- 15 % durch dLUC, LU (28,8 Mio. t CO_{2e})
- 11 % durch die Verarbeitung (20,7 Mio. t CO_{2e})
- 7 % durch Handel, Transport (13,6 Mio. t CO_{2e})
- 10 % durch Verpackung (17,9 Mio. t CO_{2e}).

Innerhalb der Landwirtschaft entfielen 20,8 Mio. t CO_{2e} auf Vorleistungen. Von den restlichen 87,3 Mio. t CO_{2e}, die direkt in landwirtschaftlichen Betrieben anfielen, wurden 59,0 Mio. t CO_{2e} im Inland und 28,3 Mio. t CO_{2e} im Ausland verursacht. Innerhalb der Emissionen aus direkten Landnutzungsänderungen und Landnutzung (dLUC, LU) sind 12,0 Mio. t CO_{2e} auf direkte Landnutzungsänderungen und 3,3 Mio. t CO_{2e} auf Landnutzung im Ausland sowie 13,6 Mio. t CO_{2e} auf Landnutzung im Inland zurückzuführen.

Hinsichtlich der untersuchten Nahrungsmittelgruppen zeigt die Auswertung, dass 66 Prozent der Treibhausgasemissionen durch den Verbrauch tierischer Produkte, 21 Prozent durch den Verbrauch pflanzlicher Produkte und 13 Prozent durch den Verbrauch von Getränken bedingt wurden.

Rückblickender Vergleich der Versorgung mit Fleischprodukten

Bedeutsam aus Perspektive des Handels ist die Tatsache, dass trotz geringfügiger Verbrauchssteigerungen innerhalb der letzten Jahre, die Erzeugungskapazitäten und damit die Fleischexporte stark ausgebaut worden sind, was auch zu einer Zunahme damit verbundener Treibhausgasemissionen geführt hat.

Ein Novum im Rückblick der letzten 50 Jahre ist, dass seit 2007 im Inland weniger Fleischprodukte verbraucht als produziert wurden, sich Deutschland also zu einem Nettofleischexporteur entwickelt hat (siehe Abb. 13). Der höchste Fleischverbrauch wurde im Jahr 1988 festgestellt. Damals lag der Gesamtverbrauch in beiden deutschen Republiken zusammen bei 7,8 Mio. t, was einem Pro-Kopf-Verbrauch von 99,9 kg pro Jahr entsprach. Die daran gekoppelten Umwelteffekte werden in Kapitel 3.6 (S. 162 ff.) näher beleuchtet.

Rückblickender Vergleich der Versorgung mit Milchprodukten

Beim rückblickenden Vergleich der Versorgung mit Milchprodukten zeigt sich, dass, bedingt durch die Einführung der Milchquotenregelung 1984, die jährliche Produktionsmenge innerhalb der letzten zwei Jahrzehnte nahezu konstant ge-

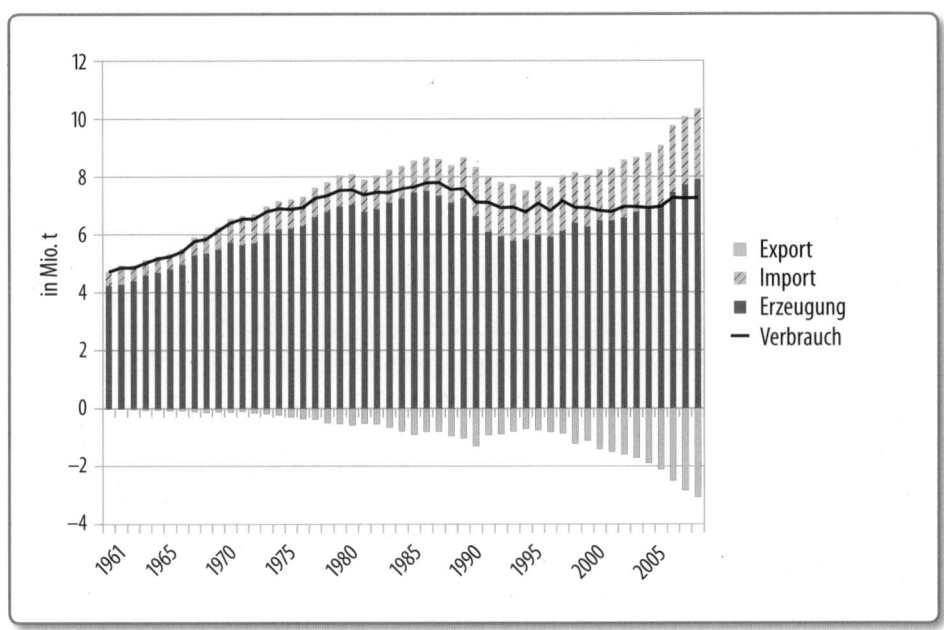

Abb. 13. *Deutsche Versorgungsbilanz Fleischprodukte 1961–2009 nach FAO Stat (2013)*

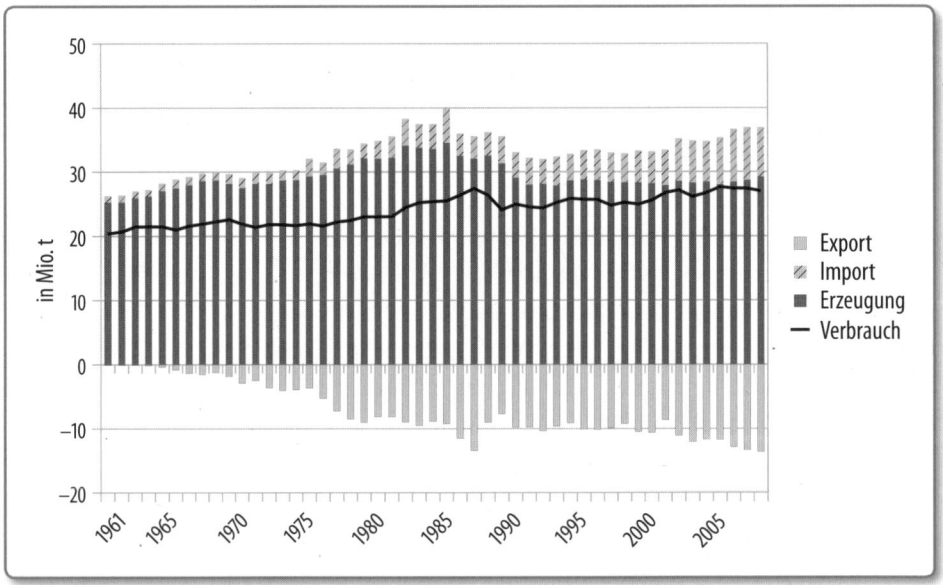

Abb. 14. *Deutsche Versorgungsbilanz Milchprodukte 1961–2009 (in Rohmilchäquivalenten) nach FAO Stat (2013)*

blieben ist (Abb. 14). Mäßige Verbrauchssteigerungen und steigende Importe (v. a. bei Butter und Käse) ermöglichten auch dem Molkereisektor moderat steigende Exporte (v. a. Käse und Milcherzeugnisse). Dabei wurde das bisher höchste Exportvolumen in Höhe von 13,5 Mio. t im Jahr 1988 erstmals im Jahr 2009 innerhalb der letzten 20 Jahre mit 13,7 Mio. t überschritten (FAO Stat 2013).

3.1.2 Ammoniakemissionen

Beim produktbezogenen Vergleich der Ammoniakemissionen zeigt sich ein ähnliches Verteilungsprofil wie bei den produktbezogenen Treibhausgasemissionen. Von den 24 untersuchten Produktgruppen weisen tierische Produkte im Allge-

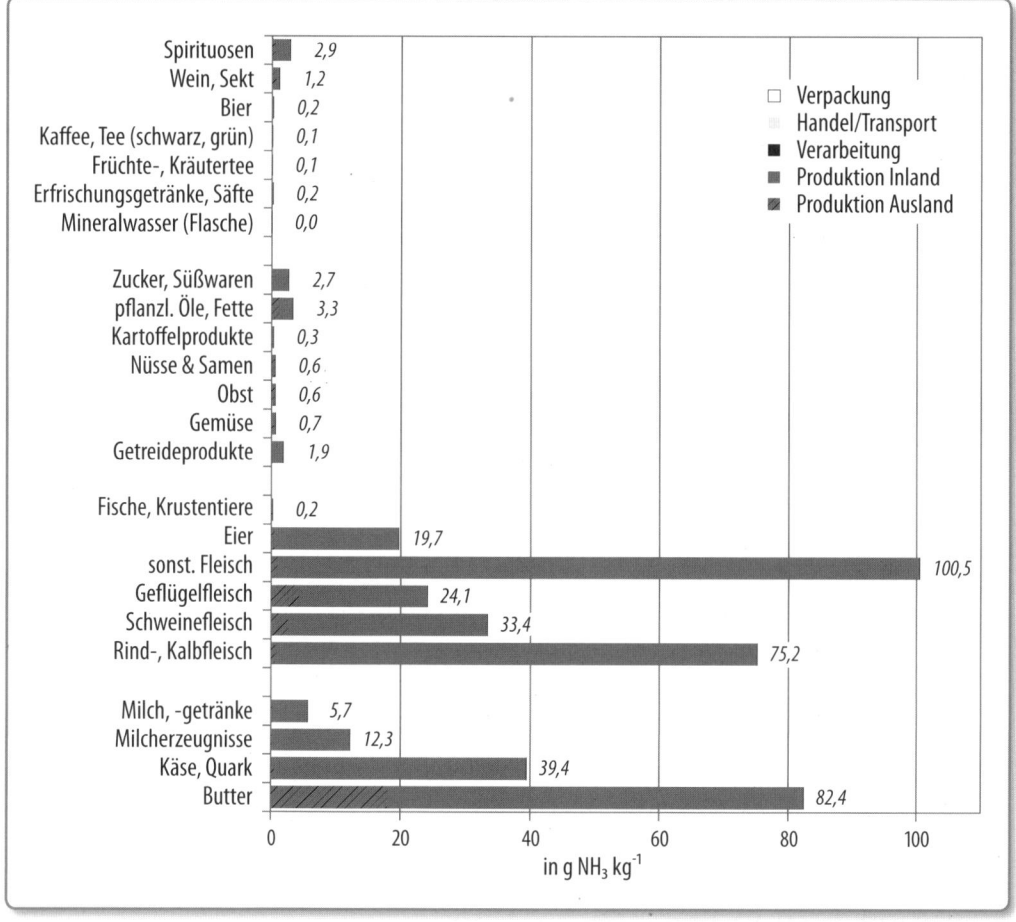

Abb. 15. Ammoniakemissionen in g NH_3 pro kg verbrauchten Produkts

meinen höhere Ammoniakemissionen auf, die mit der anfallenden Menge Wirtschaftsdünger (Gülle, Mist) korreliert. Innerhalb der tierischen Produktauswahl
weisen Butter und Fleisch von Wiederkäuern die höchsten produktspezifischen
Emissionen auf. Dabei ist die Produktgruppe ›sonstiges Fleisch‹, welches sich
zum Großteil aus dem Fleisch von Schafen und Ziegen zusammensetzt, mit den
höchsten produktbezogenen Ammoniakemissionen verbunden.

Im Bereich der pflanzlichen Nahrungsmittel führt die Produktion von Ölen
und Fetten sowie Spirituosen zu den höchsten Ammoniakemissionen (Abb. 15).
Der relative Vergleich der Ammoniakemissionen zeigt, dass nahezu alle Emissionen in der landwirtschaftlichen Produktion auftreten. Entsprechend des Selbstversorgungsgrades fallen diese im In- oder Ausland an.

Ammoniakemissionen des Gesamtverbrauchs im Jahr 2006

Die Verwendung weitgehend konsistenter sowie repräsentativer Verbrauchs- als
auch Umweltdaten erlaubte eine entsprechende Hochrechnung auf Bundesebene.
Wie die Abb. 16 zeigt, dominierte dabei die Produktgruppe Schweinefleisch, gefolgt von Käse/Quark und Rind-/Kalbfleisch. Innerhalb der pflanzlichen Produkte führte der Verbrauch von Getreideprodukten sowie von Zucker/Süßwaren
zu den höchsten Belastungen. Allerdings sei darauf verwiesen, dass durch die
Betrachtung von Speiseeis (bestehend aus Milcherzeugnissen) in dieser Gruppe
mit einem Anteil von 11 Prozent von einer leichten Überschätzung im Vergleich
zu rein pflanzlichen Süßwaren auszugehen ist (vgl. Meier 2013).

In Hinblick auf die untersuchten Produktgruppen teilen sich die Ammoniakemissionen wie folgt auf:

◆ 91 % durch die Versorgung mit tierischen Produkten (492 kt[49] NH₃),
  darin enthalten:
  ▷ 279 kt aus der Versorgung mit Fleischprodukten (51 %)
  ▷ 192 kt aus der Versorgung mit Milchprodukten (35 %)
  ▷ 21 kt aus der Versorgung mit Eiern (4 %)
◆ 9 % durch die Versorgung mit pflanzlichen Produkten (52 kt NH₃),
  darin enthalten:
  ▷ 41 kt aus der Versorgung mit pflanzlichen Nahrungsmitteln[50]
  ▷ 11 kt aus der Versorgung mit Getränken.

---

49 kt = Kilotonne = 1.000 t

50 Laut Einteilung der Produktgruppen enthalten ›Zucker, Süßwaren‹ Milcherzeugnisse in Höhe von 11 % (Meier
    2013)

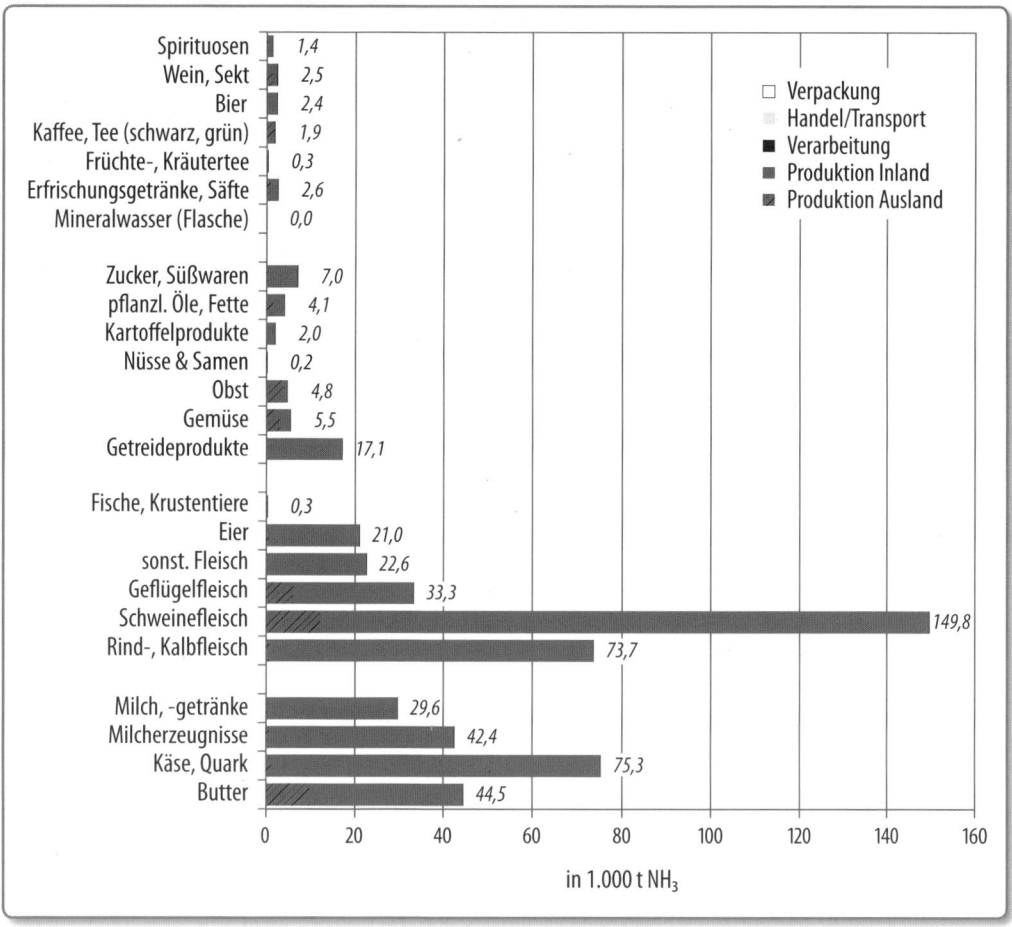

Abb. 16. Ammoniakemissionen des Gesamtverbrauchs in Deutschland im Jahr 2006 (in 1.000 t)

Insgesamt verursachte der Verbrauch der untersuchten Nahrungsmittel und Getränke im Jahr 2006 Ammoniakemissionen in Höhe von 544 kt NH_3, die zu 92 Prozent im Inland und zu 8 Prozent im Ausland verursacht wurden.

3.1.3 Flächenbedarf

Der produktbezogene Vergleich des Flächenbedarfs der untersuchten Nahrungsmittel- und Getränkegruppen zeigt Ähnlichkeiten im Verteilungsprofil mit den vorangegangenen Indikatoren der Treibhausgas- und Ammoniakemissionen.

Neben der Unterscheidung zwischen der Produktion auf Acker und Grünland im In- und Ausland werden in Abb. 17 entsprechende Flächen der Dauerkultu-

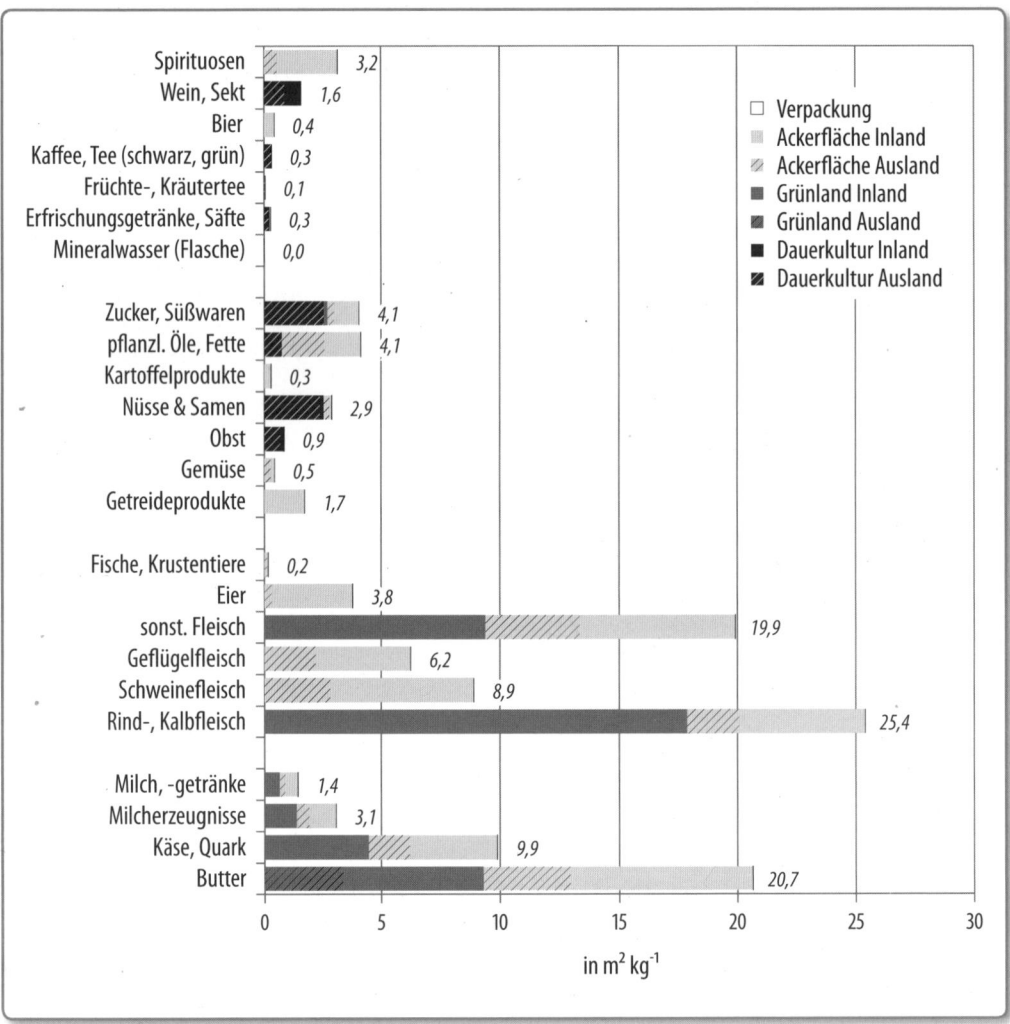

Abb. 17. *Flächenbedarf in m² pro kg verbrauchten Produkts*

ren und der Verpackungsmaterialherstellung ausgewiesen. Der Flächenbedarf der Verpackungsmittel ergibt sich aus der Produktion von Holz zur Herstellung von Papier, Pappe und Paletten. Tierische Produkte, im Besonderen das Fleisch von Wiederkäuern und Butter, zeigen die höchsten produktspezifischen Flächenbedarfe, wobei ein Großteil der benötigten Flächen für Wiederkäuerprodukte (Rind-/Kalbfleisch, Milchprodukte) Grünlandstandorte ausmachen (bis zu 70 %, Abb. 18). Im Bereich der pflanzlichen Produkte weisen Öle und Fette, Zucker/

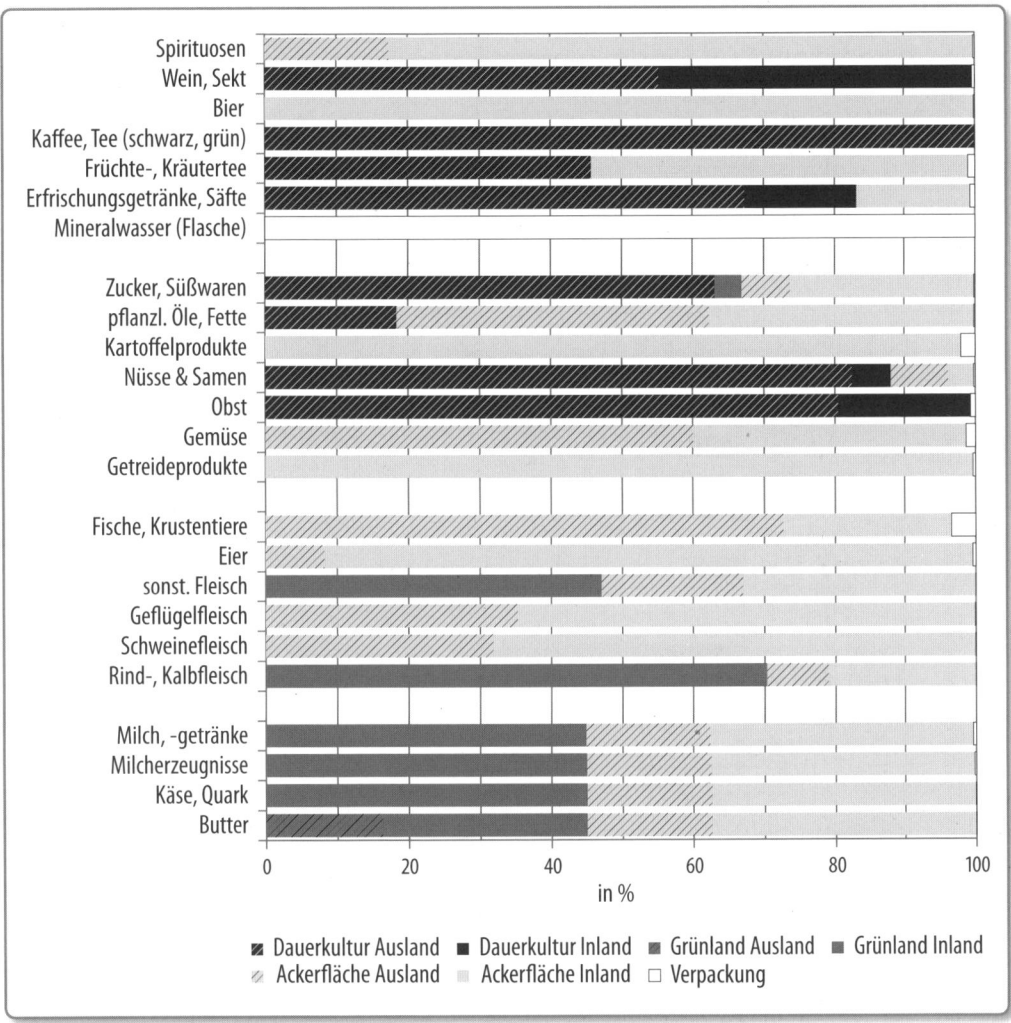

Abb. 18. Flächenbedarf relativ (in %)

Süßwaren sowie Spirituosen die höchsten produktbezogenen Flächenbedarfe auf. Der hohe Flächenbedarf bei Zucker/Süßwaren erklärt sich vor allem aus dem Flächenbedarf von Kakaomasse mit 25,5 m²/kg (FAO Stat 2013).

Flächenbedarf des Gesamtverbrauchs im Jahr 2006

Die Hochrechnung auf Basis der verwendeten repräsentativen sowie weitgehend konsistenten Verbrauchs- und Umweltdaten zeigt, bezogen auf den Gesamtverbrauch im Jahr 2006, dass Schweinefleisch, gefolgt von Rind-/Kalbfleisch und Milchprodukten, die meiste landwirtschaftliche Fläche beanspruchte (Abb. 19). Innerhalb der pflanzlichen Produkte führte der Gesamtverbrauch von Getreideprodukten sowie von Zucker/Süßwaren (inkl. Kakao) zu den höchsten Flächenbedarfen.

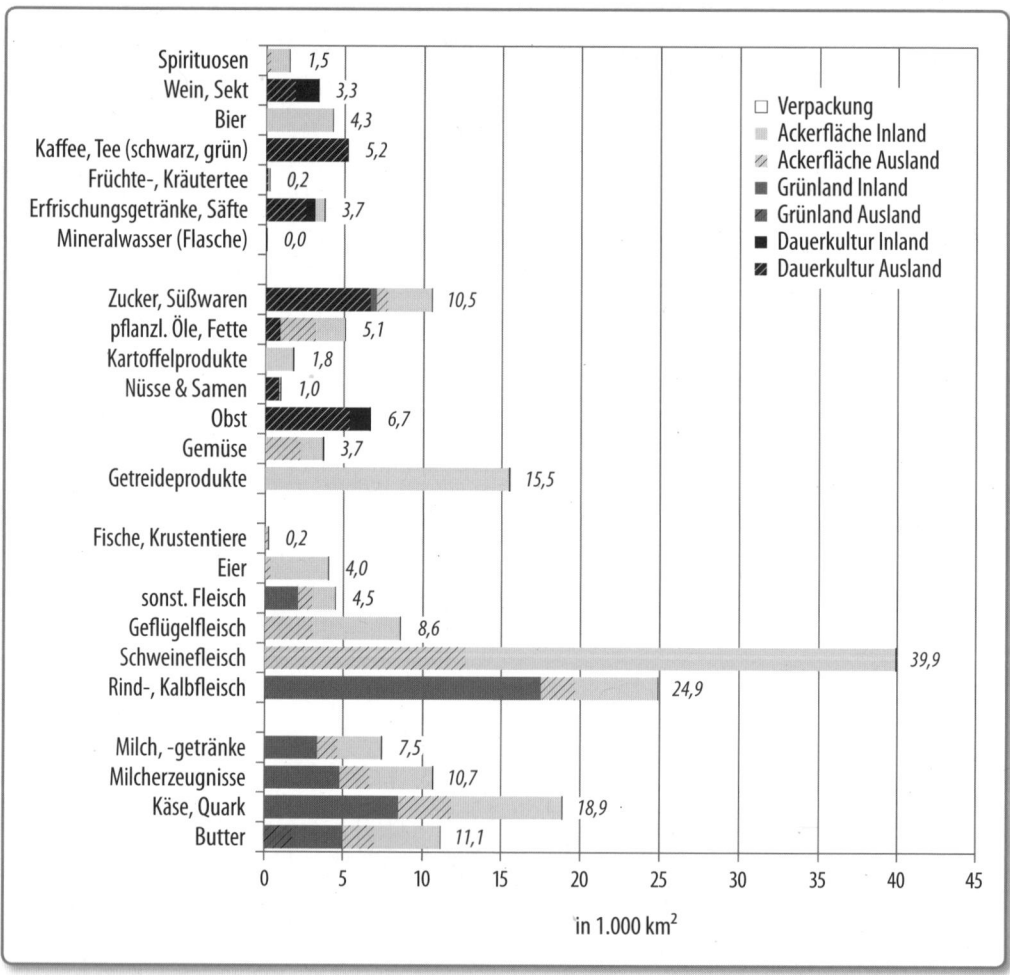

Abb. 19. *Flächenbedarf des Gesamtverbrauchs in Deutschland im Jahr 2006 (in 1.000 km²)*

Insgesamt benötigte der Verbrauch der untersuchten Nahrungsmittel und Getränke im Jahr 2006 Flächen in Höhe von 192.900 km², die sich wie folgt auf die betrachteten Flächentypen aufteilen:

- 64 % (124.000 km²) auf Ackerflächen,
  davon 90.700 km² im Inland und 33.300 km² im Ausland
- 22 % (41.700 km²) auf Grünland,
  davon 39.800 km² im Inland und 1.800 km² im Ausland
- 14 % (26.800 km²) in Dauerkulturen,
  davon 3.400 km² im Inland und 23.400 km² im Ausland
- 0,2 % (440 km²) durch Verpackungen.

Hinsichtlich der Unterscheidung pflanzlicher und tierischer Nahrungsmittel verursachte der Verbrauch im Jahr 2006 folgende Flächenbeanspruchung (ohne Flächen für Verpackungsmaterial):

- 68 % (130.200 km²) für die Versorgung mit tierischen Nahrungsmitteln,
  davon 77% (100.600 km²) im Inland und 23 % (29.600 km²) im Ausland
- 32 % (62.300 km²) für die Versorgung mit pflanzlichen Nahrungsmitteln[51],
  davon 54 % (33.300 km²) im Inland und 46 % (28.800 km²) im Ausland.

Insgesamt verursachte der Verbrauch der untersuchten Produktgruppen somit einen Flächenbedarf im Ausland von 58.500 km² sowie von 133.900 km² im Inland. Die Differenz zu der im Jahr 2006 insgesamt in Deutschland verfügbaren landwirtschaftlichen Nutzfläche in Höhe von 169.500 km² (BMELV StatJB 2009) erklärt sich aus Nahrungsmittelexporten sowie der Verwendung von Agrarprodukten im Non-Food Bereich. Zur Erstellung einer Nettoflächenbilanz müssen diese mit betrachtet werden. Zur Veranschaulichung des damit verbundenen Flächenbedarfs sei auf das entsprechende Flussdiagramm im nächsten Abschnitt verwiesen (Abb. 20).

---

51 Laut Einteilung der Produktgruppen enthalten ›Zucker, Süßwaren‹ Milcherzeugnisse in Höhe von 11 % (vgl. Meier 2013)

Gesamtdarstellung der flächenbezogenen Stoffströme im Agrar- und Ernährungssektor

Werden alle in der Arbeit untersuchten Importe im Jahr 2006 zu Grunde gelegt, beanspruchten die importierten Güter eine Fläche im Ausland in Höhe von 148.600 km². Dieser Fläche stehen 105.100 km² gegenüber, die, bedingt durch Exporte aus Deutschland, dem ausländischen Verbrauch angelastet werden müssen. Die Differenz dieser beiden Zahlen in Höhe von 43.500 km² stellt den **Nettoflächenimport** des deutschen Agrar- und Ernährungssektors sowie agrarstatistisch relevanter Stoffe im Energie- und Industriesektor im Jahr 2006 dar. Diese relativ großen Import- und Exportflächen erklären sich aus der starken Einflechtung des agrar- und ernährungswirtschaftlichen Sektors Deutschlands in den internationalen Handel. Im Jahr 2006 stellte Deutschland weltweit den zweitgrößten Agrarimporteur sowie den viertgrößten Exporteur agrar- und ernährungswirtschaftlicher Güter dar (BMELV StatJB 2009).

Werden lediglich **Nettoflächensalden** betrachtet, also bspw. die Flächen des importierten Weizens mit den Flächen des exportierten Weizens verrechnet, reduzieren sich die Netto-Importflächen auf 64.300 km². Diesen steht eine Netto-Exportfläche im Inland in Höhe von 20.800 km² gegenüber. Als Nettoflächenimport resultieren die o. g. 43.500 km². Die Netto-Importflächen teilen sich auf folgende Produkte auf: Futtermittel 37 %, pflanzl. Öle/Fette 21 %, Obst 13 %, Kakao 10 %, Kaffee 8 %, Gemüse 4 %, Wein 3 %, sonst. 4 %. Die Netto-Exportflächen teilen sich auf folgende Produkte auf: Getreide 60 %, Milchprodukte 18 %, Fleischprodukte 10 %, Zucker 8 %, Kartoffeln 4 %.

Bei einer Bevölkerung von 82,3 Mio. im Jahr 2006 entspricht dies einem **Nettoflächenimport pro Kopf** in Höhe von 781 m² pro Jahr, die verbrauchsbedingt im Ausland belegt werden (davon 711 m² pro Person und Jahr für die Produktion von Nahrungsmitteln und 70 m² pro Person und Jahr für die Produktion von industriell und energetisch verwendeten Agrarprodukten). Dem steht ein Nettoflächenexport pro Kopf in Höhe von 252 m² pro Jahr gegenüber. Als Nettoflächensaldo pro Kopf resultieren 529 m² pro Jahr. Innerhalb der Flächen der importierten Futtermittel (insgesamt: 26.900 km² im Jahr 2006) wurden 18.800 km² durch den Anbau von Soja, 800 km² durch den Anbau von Ölpalmen und 7.400 km² durch weitere Futtermittel im Ausland beansprucht. Dem standen 2.900 km² gegenüber, die laut Angaben in der Futtermittelstatistik als Futtermittel exportiert wurden (BMELV StatJB 2009).

Somit ergibt sich ein **Nettofuttermittelflächenimport** in Höhe von 24.000 km². Allerdings ist nicht auszuschließen, dass Teile des exportierten Getreides im Ausland als Futtermittel verwendet wurden. Wird die Gesamtflächenbilanz der Futtermittel und der daraus produzierten tierischen Nahrungsmittel betrachtet, lagen 17,5 Prozent (24.000 km²) der insgesamt für Futterzwecke benötigten Fläche (137.200 km²) im Ausland.

Zusammengefasst setzten sich die verbrauchsbedingten Importflächen (insgesamt 781 m² pro Kopf und Jahr) aus folgenden Produkten zusammen:

- Futtermittel: 292 m²
  (darunter Soja 228 m², Ölpalme 9 m², sonst. Futtermittel 55 m²)
- pflanzliche Öle und Fette: 166 m²
  (darunter 71 m² für Nutzung im Industrie-/Energiesektor)
- Obst: 100 m²
- Kakao: 80 m²
- Kaffee: 61 m²
- Gemüse: 28 m²
- Wein: 22 m²
- Nüsse und Samen: 11 m²
- Tee (schwarz, grün): 4 m³
- Sonstiges: 17 m².

Aus Gründen der Übersichtlichkeit sowie der Anpassung an die amtliche Handelsstatistik wurde in der Abb. 20, im Gegensatz zu den vorangestellten Abbildungen (mit 24 untersuchten Nahrungsmitteln und Getränken), eine vereinfachte Darstellung mit 14 Nahrungs- und acht Futtermittelgruppen gewählt. Die Non-Food-Produkte Tabak und Baumwolle wurden im Rahmen dieser Arbeit nicht untersucht.

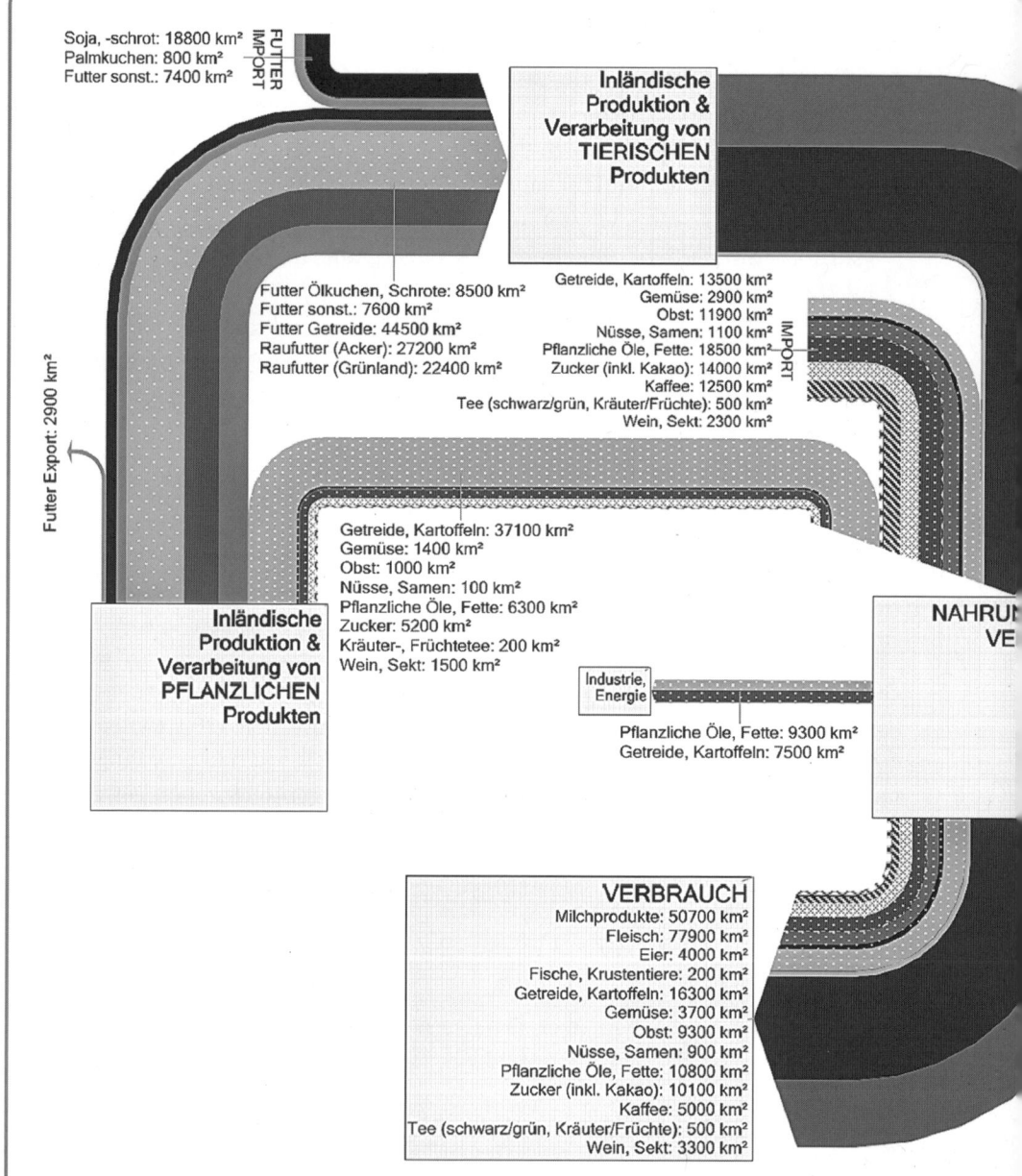

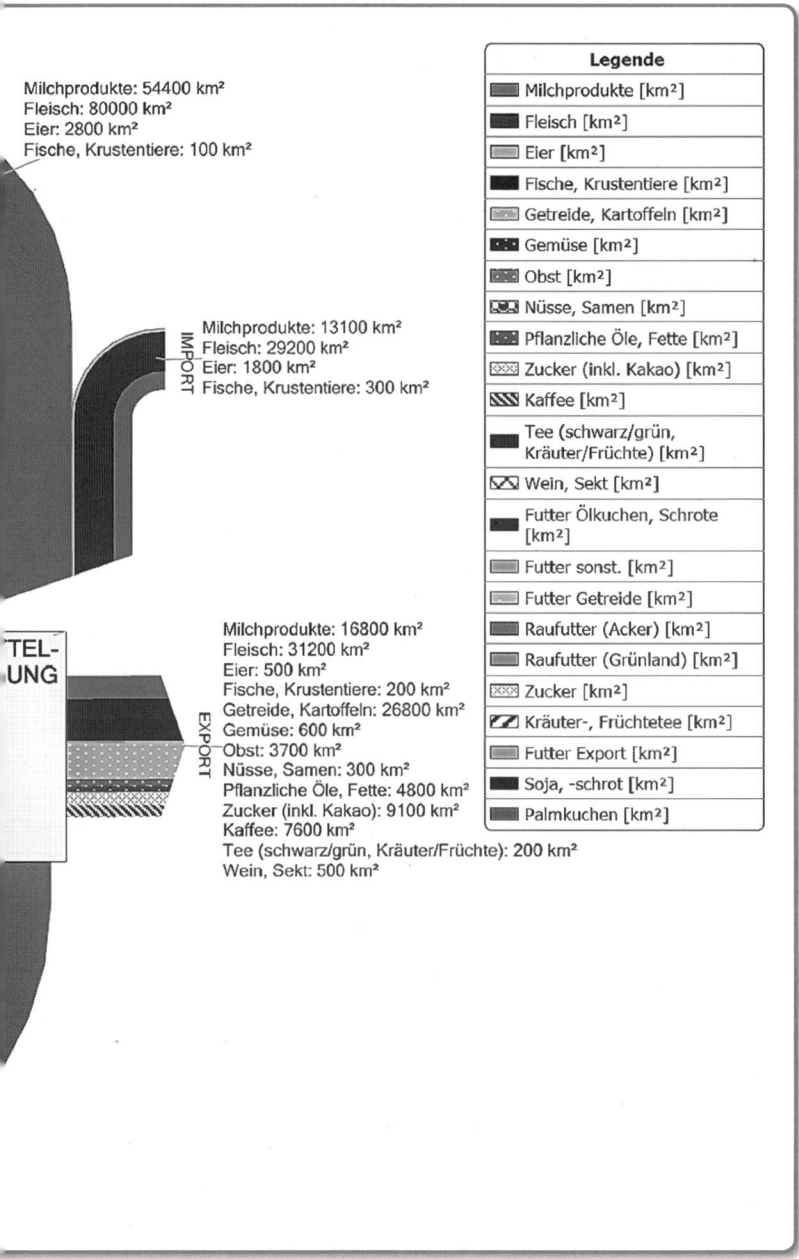

Milchprodukte: 54400 km²
Fleisch: 80000 km²
Eier: 2800 km²
Fische, Krustentiere: 100 km²

Milchprodukte: 13100 km²
Fleisch: 29200 km²
Eier: 1800 km²
Fische, Krustentiere: 300 km²

IMPORT

Milchprodukte: 16800 km²
Fleisch: 31200 km²
Eier: 500 km²
Fische, Krustentiere: 200 km²
Getreide, Kartoffeln: 26800 km²
Gemüse: 600 km²
Obst: 3700 km²
Nüsse, Samen: 300 km²
Pflanzliche Öle, Fette: 4800 km²
Zucker (inkl. Kakao): 9100 km²
Kaffee: 7600 km²
Tee (schwarz/grün, Kräuter/Früchte): 200 km²
Wein, Sekt: 500 km²

EXPORT

TEL-
UNG

Legende
▨ Milchprodukte [km²]
▉ Fleisch [km²]
▭ Eier [km²]
▉ Fische, Krustentiere [km²]
▨ Getreide, Kartoffeln [km²]
▨ Gemüse [km²]
▨ Obst [km²]
▨ Nüsse, Samen [km²]
▨ Pflanzliche Öle, Fette [km²]
▨ Zucker (inkl. Kakao) [km²]
▨ Kaffee [km²]
▉ Tee (schwarz/grün, Kräuter/Früchte) [km²]
▨ Wein, Sekt [km²]
▉ Futter Ölkuchen, Schrote [km²]
▭ Futter sonst. [km²]
▨ Futter Getreide [km²]
▨ Raufutter (Acker) [km²]
▨ Raufutter (Grünland) [km²]
▨ Zucker [km²]
▨ Kräuter-, Früchtetee [km²]
▭ Futter Export [km²]
▉ Soja, -schrot [km²]
▨ Palmkuchen [km²]

Abb. 20.
Flussdiagramm des Flächenbedarfs des deutschen Agrar- und Ernährungssektors 2006 (in km²)

3.1.4 Wasserbedarf (blau)

Im Gegensatz zu den bisher beschriebenen Indikatoren weist der produkt- und gesamtverbrauchsspezifische Bedarf an blauem Wasser[52] in eine andere Richtung. Obwohl im produktgruppenspezifischen Vergleich Erzeugnisse von Wiederkäuern weiterhin sehr hohe Werte erreichen (bspw. Rind-/Kalbfleisch, Butter), verlieren tierische Produkte im Vergleich zu den bisher beschriebenen Indikatoren

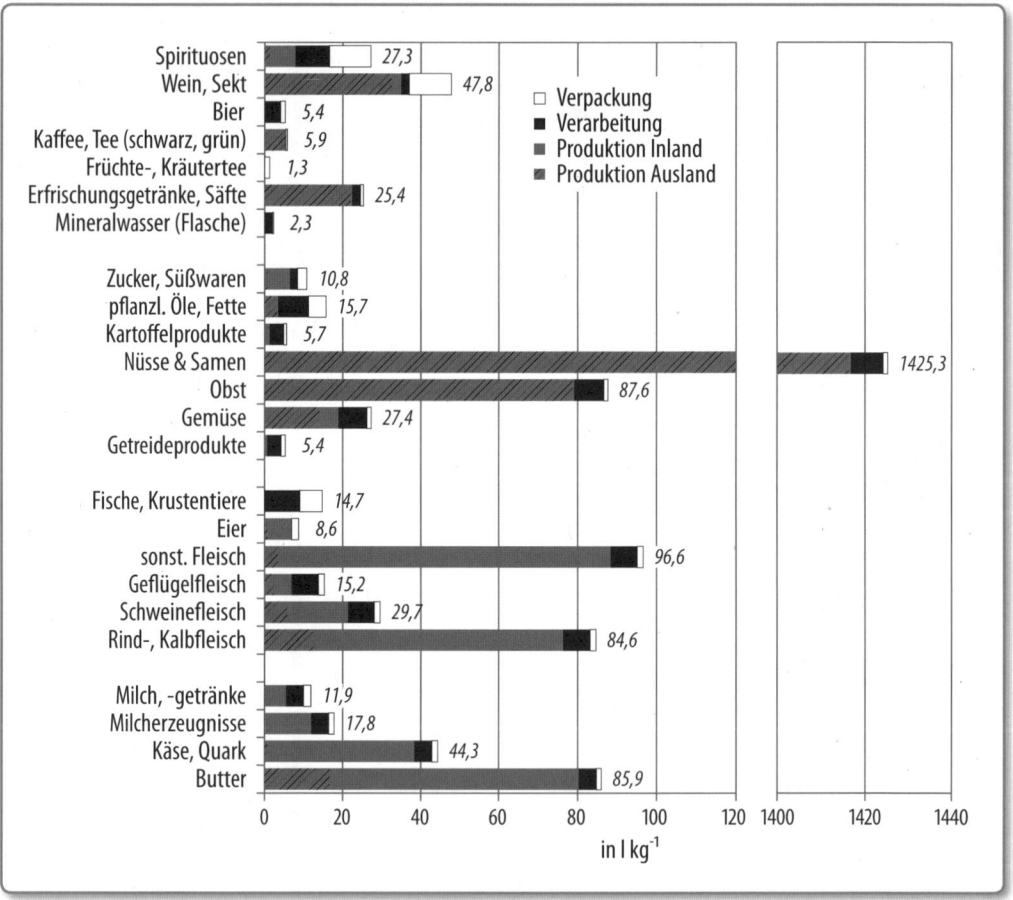

Abb. 21. Wasserbedarf (blau) in Liter pro kg verbrauchten Produkts

---

52 Unter blauem Wasser ist in Anlehnung an Mekonnen & Hoekstra (2010) das Wasser zu verstehen, welches als Grund- und Oberflächenwasser in der landwirtschaftlichen Erzeugung, Verarbeitung und zur Verpackungsherstellung aktiv eingesetzt wird. Wasser aus Niederschlägen (sog. grünes Wasser) und Abwasser (sog. graues Wasser) wurde in dieser Arbeit nicht untersucht.

gegenüber pflanzlichen Produkten an Bedeutung. Im pflanzlichen Bereich weisen die höchsten produktgruppenspezifischen Werte Nüsse und Samen auf, weitab gefolgt von Obst und Wein (Abb. 21).

Der hohe Wasserbedarf bei Nüssen und Samen erklärt sich vor allem aus der Pistazienproduktion im Iran, die entsprechend des Importanteils berücksichtigt wurde. Die Datengrundlage Mekonnen & Hoekstra (2010), die zur Berechnung des ausländisch bedingten Wasserbedarfs zu Rate gezogen wurde, weißt für die Pistazienproduktion im Iran einen produktspezifischen Bedarf an blauem Wasser in Höhe von 12.250 l kg^{-1} aus. Relativ wasserintensiv ist zudem die Produktion von Mandeln und Walnüssen in den USA (Mandeln: 2.038 l kg^{-1}, Walnüsse: 1.979 l kg^{-1}).

Die relative Auswertung zeigt hohe Auslandsanteile in der Produktion bei den Produktgruppen Nüsse und Samen, Kaffee/Tee (grün, schwarz) sowie bei Obst, Erfrischungsgetränken/Säften und Wein/Sekt. Auch bei Gemüse liegt der im Ausland bedingte Bedarf an blauem Wasser bei über 50 Prozent.

Wasserbedarf des Gesamtverbrauchs im Jahr 2006
Einen besseren Überblick über den gesamten Wasserbedarf, der durch den Nahrungsmittel- und Getränkeverbrauch im Jahr 2006 bedingt wurde, gibt die Abb. 22. Die Verwendung weitgehend konsistenter sowie repräsentativer Verbrauchs- als auch Umweltdaten erlaubte eine entsprechende Hochrechnung auf Bundesebene. Absolut betrachtet, zog die Versorgung mit Obst, Nüssen und Samen sowie Erfrischungsgetränken/Säften und Gemüse den höchsten Bedarf an blauem Wasser nach sich.

Insgesamt belief sich der Bedarf an blauem Wasser auf 2,6 km³, der sich folgendermaßen auf die betrachteten Prozessabschnitte aufteilte:
- 80 % in der Landwirtschaft (2,1 km³),
  davon 426 Mio. m³ im Inland und 1.694 Mio. m³ im Ausland
- 15 % in der Verarbeitung (397 Mio. m³)
- 5 % durch Verpackungen (142 Mio. m³).

Hinsichtlich der Unterscheidung pflanzlicher und tierischer Nahrungsmittel verursachte der Verbrauch im Jahr 2006 folgenden Wasserbedarf:
- 20 % (540 m³) für die Versorgung mit tierischen Nahrungsmitteln,
  davon 63 % bedingt durch die Erzeugung im Inland, 10 % durch die Erzeugung im Ausland, 20 % in der Verarbeitung und 7 % durch die Herstellung von Verpackungsmaterialien

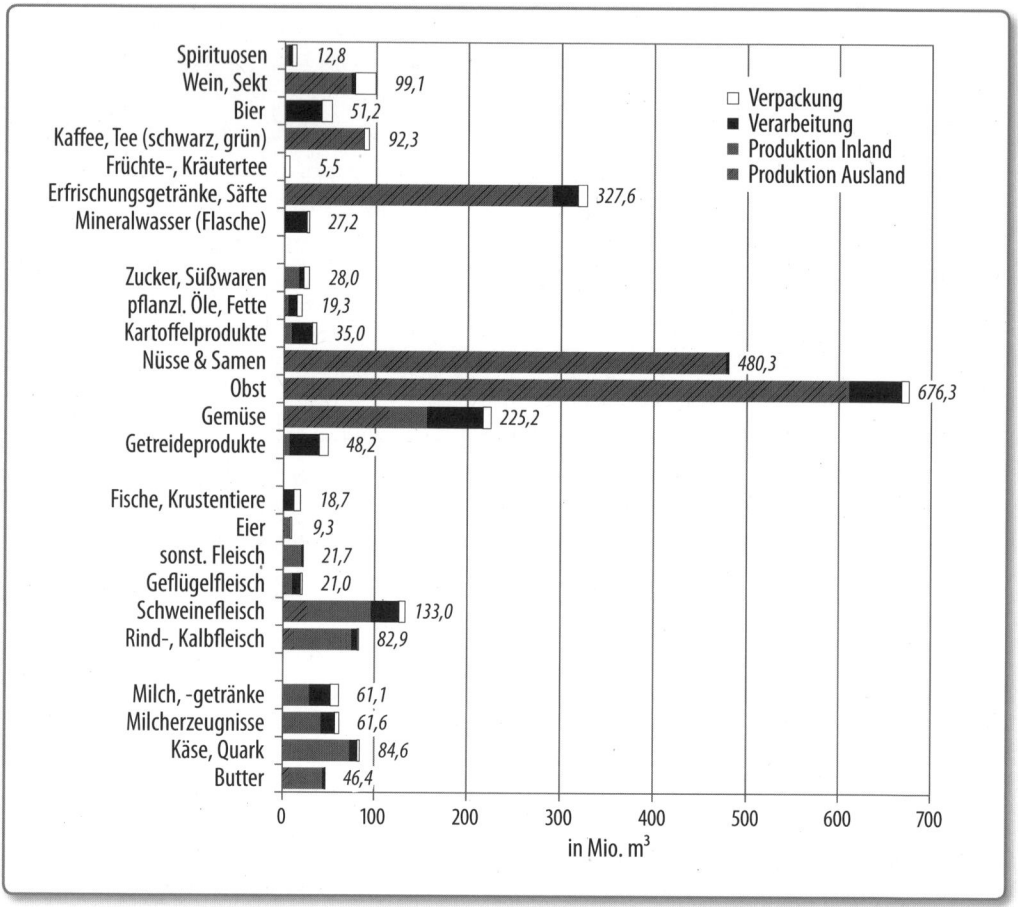

Abb. 22. Wasserbedarf (blau) des Gesamtverbrauchs in Deutschland im Jahr 2006 (in Mio. m³)

- 57 % (1.504 m³) für die Versorgung mit pflanzlichen Nahrungsmitteln[53], davon 5 % bedingt durch die Erzeugung im Inland, 79 % durch die Erzeugung im Ausland, 13 % in der Verarbeitung und 3 % durch die Herstellung von Verpackungsmaterialien
- 23 % (616 m³) für die Versorgung mit Getränken, davon 2 % bedingt durch die Erzeugung im Inland, 72 % durch die Erzeugung im Ausland, 16 % in der Verarbeitung und 10 % durch die Herstellung von Verpackungsmaterialien.

---

53 Laut Einteilung der Produktgruppen enthalten ›Zucker, Süßwaren‹ Milcherzeugnisse in Höhe von 11 % (vgl. Meier 2013)

Innerhalb der untersuchten Systemgrenzen kam damit dem Wasserbedarf in der ausländischen Produktion mit 64 Prozent der größte Anteil zu. Obwohl in der Arbeit innerhalb der Prozessabschnitte Verarbeitung und Verpackung nicht zwischen In- und Ausland unterschieden wurde, ist davon auszugehen, dass der gesamte Auslandsanteil des Wasserbedarfs weitaus höher ist, da die Verarbeitung von importierten Nahrungsmitteln in der Regel im Ausland stattfindet. Zur Erstellung der Nettowasserbilanz sei auf die zugrundeliegende Dissertationsschrift (Meier 2013) verwiesen.

Gesamtdarstellung der Stoffströme von blauem Wasser im Agrar- und Ernährungssektor

Das Flussdiagramm des Bedarfs an blauem Wasser im Agrar- und Ernährungssektor (Abb. 23) unterstreicht, im Gegensatz zu den bisher beschriebenen Indikatoren, die Bedeutung der Importe pflanzlicher Produkte. Aus Gründen der Übersichtlichkeit sowie der Anpassung an die amtliche Handelsstatistik wurde im Gegensatz zu den vorangestellten Abbildungen (mit 24 untersuchten Nahrungsmitteln und Getränken), eine vereinfachte Darstellung mit 14 Nahrungs- und acht Futtermittelgruppen gewählt. Am Gesamtbedarf blauen Wassers haben pflanzliche Produkte einen Anteil von 80 Prozent, während sich der Rest zu nahezu gleichen Anteilen auf Milch- und Fleischprodukte aufteilt. Der Wasserbedarf aus der Versorgung mit Eiern und Fischprodukten ist unbedeutend. Innerhalb der pflanzlichen Produkte verursachte der Verbrauch von Obst den höchsten Bedarf an blauem Wasser, mit einem Auslandsanteil von 90 Prozent.

Werden alle in der Arbeit untersuchten Importe im Jahr 2006 zu Grunde gelegt, bedingten diese einen Wasserbedarf im Ausland in Höhe von 2.750 Mio. m^3. Diesem stehen 1.080 Mio. m^3 gegenüber, die bedingt durch Exporte aus Deutschland, dem ausländischen Konsum angelastet werden müssen. Die Differenz dieser beiden Zahlen in Höhe von 1.670 Mio. m^3 stellt den Nettowasserimport des deutschen Agrar- und Ernährungssektors sowie des Energie- und Industriesektors im Jahr 2006 dar.

Bei einer Bevölkerung von 82,3 Mio. im Jahr 2006 entspricht dies 20,3 m^3 pro Kopf und Jahr, die verbrauchsbedingt im Ausland aufgebracht werden mussten. Zu folgenden Anteilen teilte sich der ausländische Wasserbedarf auf die untersuchten Produktgruppen auf: Obst 47 %, Nüsse und Samen 26 %, Gemüse 8 %, Wein 6 %, Kaffee 5 %, pflanzliche Öle/Fette 4 %, Tee (schwarz, grün) 3 %, Futtermittel 1 %.

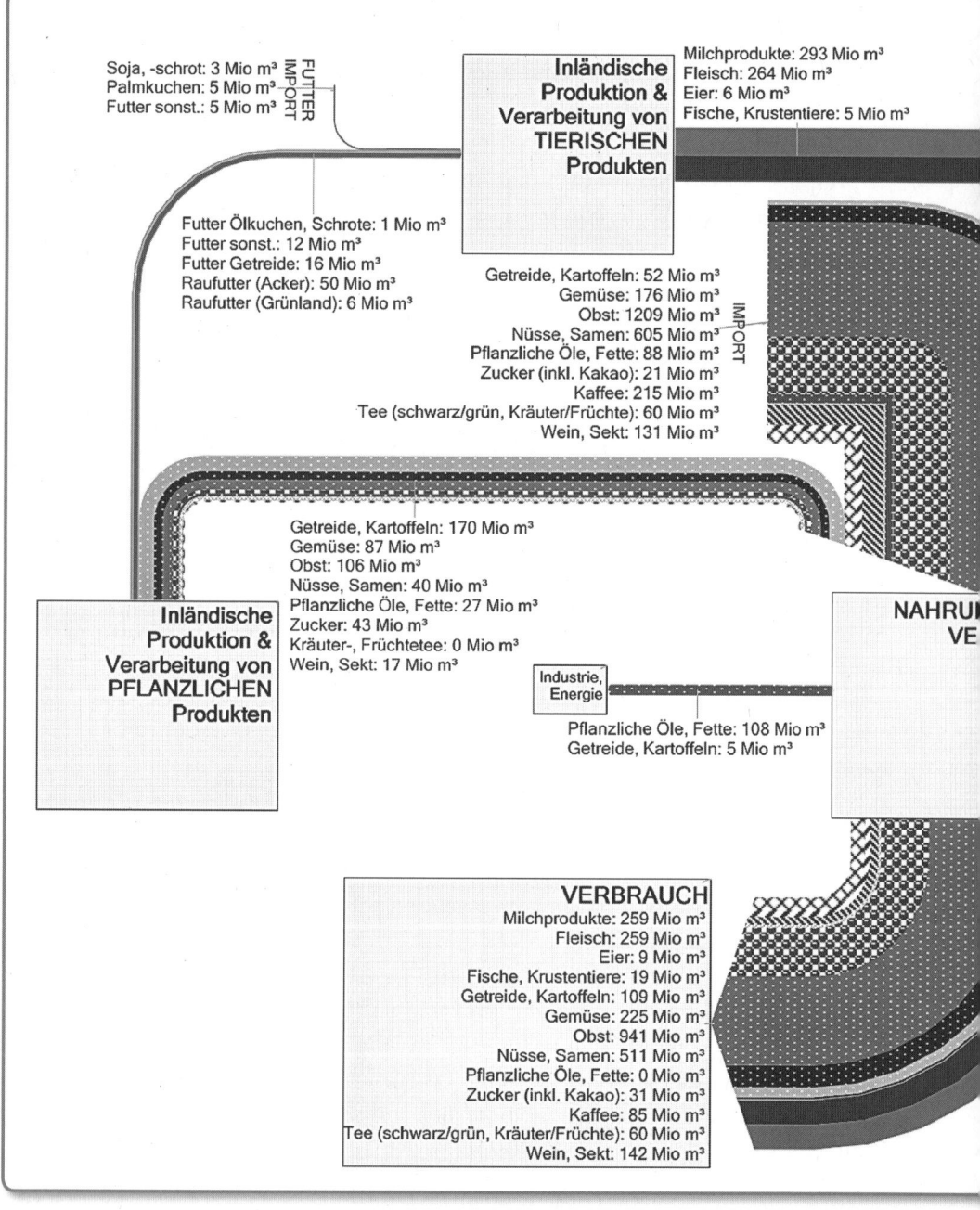

Soja, -schrot: 3 Mio m³
Palmkuchen: 5 Mio m³
Futter sonst.: 5 Mio m³

FUTTER IMPORT

Inländische Produktion & Verarbeitung von TIERISCHEN Produkten

Milchprodukte: 293 Mio m³
Fleisch: 264 Mio m³
Eier: 6 Mio m³
Fische, Krustentiere: 5 Mio m³

Futter Ölkuchen, Schrote: 1 Mio m³
Futter sonst.: 12 Mio m³
Futter Getreide: 16 Mio m³
Raufutter (Acker): 50 Mio m³
Raufutter (Grünland): 6 Mio m³

Getreide, Kartoffeln: 52 Mio m³
Gemüse: 176 Mio m³
Obst: 1209 Mio m³
Nüsse, Samen: 605 Mio m³
Pflanzliche Öle, Fette: 88 Mio m³
Zucker (inkl. Kakao): 21 Mio m³
Kaffee: 215 Mio m³
Tee (schwarz/grün, Kräuter/Früchte): 60 Mio m³
Wein, Sekt: 131 Mio m³

IMPORT

Getreide, Kartoffeln: 170 Mio m³
Gemüse: 87 Mio m³
Obst: 106 Mio m³
Nüsse, Samen: 40 Mio m³
Pflanzliche Öle, Fette: 27 Mio m³
Zucker: 43 Mio m³
Kräuter-, Früchtetee: 0 Mio m³
Wein, Sekt: 17 Mio m³

Inländische Produktion & Verarbeitung von PFLANZLICHEN Produkten

Industrie, Energie

Pflanzliche Öle, Fette: 108 Mio m³
Getreide, Kartoffeln: 5 Mio m³

NAHRU
VE

VERBRAUCH
Milchprodukte: 259 Mio m³
Fleisch: 259 Mio m³
Eier: 9 Mio m³
Fische, Krustentiere: 19 Mio m³
Getreide, Kartoffeln: 109 Mio m³
Gemüse: 225 Mio m³
Obst: 941 Mio m³
Nüsse, Samen: 511 Mio m³
Pflanzliche Öle, Fette: 0 Mio m³
Zucker (inkl. Kakao): 31 Mio m³
Kaffee: 85 Mio m³
Tee (schwarz/grün, Kräuter/Früchte): 60 Mio m³
Wein, Sekt: 142 Mio m³

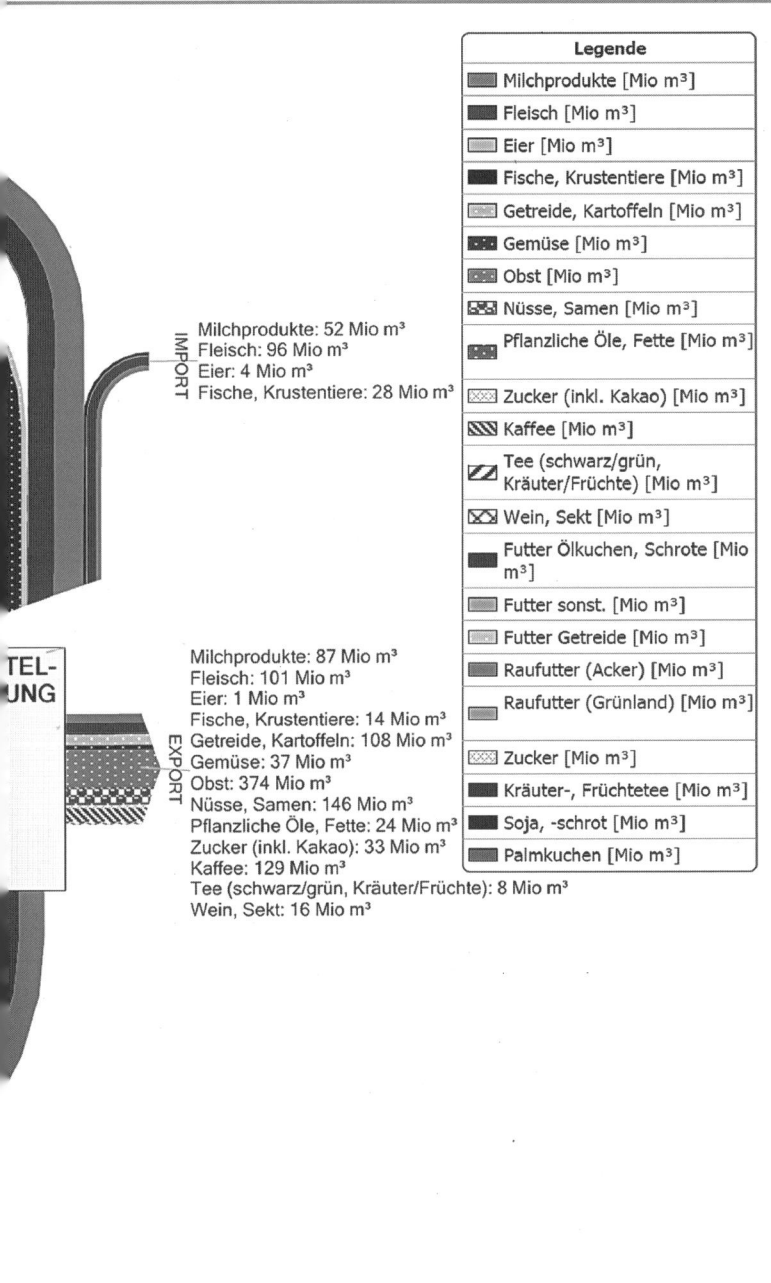

Legende

Milchprodukte [Mio m³]
Fleisch [Mio m³]
Eier [Mio m³]
Fische, Krustentiere [Mio m³]
Getreide, Kartoffeln [Mio m³]
Gemüse [Mio m³]
Obst [Mio m³]
Nüsse, Samen [Mio m³]
Pflanzliche Öle, Fette [Mio m³]
Zucker (inkl. Kakao) [Mio m³]
Kaffee [Mio m³]
Tee (schwarz/grün, Kräuter/Früchte) [Mio m³]
Wein, Sekt [Mio m³]
Futter Ölkuchen, Schrote [Mio m³]
Futter sonst. [Mio m³]
Futter Getreide [Mio m³]
Raufutter (Acker) [Mio m³]
Raufutter (Grünland) [Mio m³]
Zucker [Mio m³]
Kräuter-, Früchtetee [Mio m³]
Soja, -schrot [Mio m³]
Palmkuchen [Mio m³]

IMPORT

Milchprodukte: 52 Mio m³
Fleisch: 96 Mio m³
Eier: 4 Mio m³
Fische, Krustentiere: 28 Mio m³

EXPORT

Milchprodukte: 87 Mio m³
Fleisch: 101 Mio m³
Eier: 1 Mio m³
Fische, Krustentiere: 14 Mio m³
Getreide, Kartoffeln: 108 Mio m³
Gemüse: 37 Mio m³
Obst: 374 Mio m³
Nüsse, Samen: 146 Mio m³
Pflanzliche Öle, Fette: 24 Mio m³
Zucker (inkl. Kakao): 33 Mio m³
Kaffee: 129 Mio m³
Tee (schwarz/grün, Kräuter/Früchte): 8 Mio m³
Wein, Sekt: 16 Mio m³

Abb. 23.
Flussdiagramm des Bedarfs an blauem Wasser des deutschen Agrar- und Ernährungssektors 2006 (in Mio. m³)

3.1.5 Phosphorbedarf

Der produktbezogene Vergleich des Phosphorbedarfs zeigt ein ähnliches Verteilungsprofil wie das der produktbezogenen Treibhausgas- und Ammoniakemissionen sowie des Flächenbedarfs.

Von den 24 untersuchten Produktgruppen weisen tierische Produkte in der
Regel einen höheren Phosphorbedarf auf. Innerhalb der tierischen Produktauswahl haben das Fleisch von Wiederkäuern und Butter den höchsten produktspezifischen Bedarf. Im Bereich der pflanzlichen Nahrungsmittel weisen Öle und

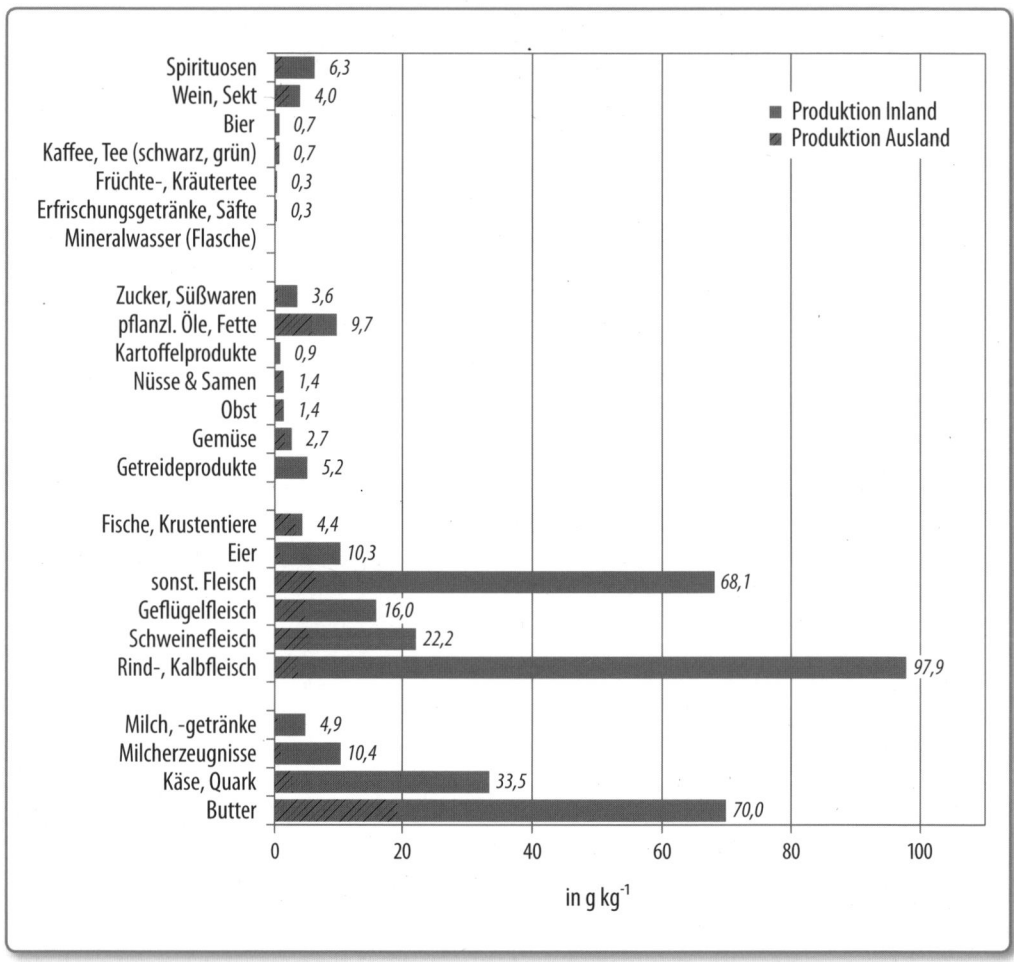

Abb. 24. Phosphorbedarf in g pro kg verbrauchten Produkts

Fette sowie Getreideprodukte den höchsten produktspezifischen Phosphorbedarf auf, während bei den Getränken Spirituosen und Wein/Sekt dominieren
(Abb. 24). Im Rahmen der untersuchten Prozesskette stellt Phosphor, essentieller Nährstoff in der Pflanzen- und Tierernährung, einen wichtigen Inputfaktor
in der landwirtschaftlichen Erzeugung dar. Mögliche Phosphoreinträge in andere Prozessabschnitte (bspw. als Phosphatzusatz in der Wurstproduktion oder
als Reinigungsmittel in Verarbeitung, Handel/Transport) wurden in der Arbeit
nicht untersucht. Aus diesem Grund wurde für die Produktgruppe Mineralwasser (Flasche) kein Wert ermittelt.

Phosphorbedarf des Gesamtverbrauchs im Jahr 2006
Die Verwendung weitgehend konsistenter sowie repräsentativer Verbrauchs- als
auch Umweltdaten erlaubte eine entsprechende Hochrechnung auf Bundesebene.
Wie die Abb. 25 zeigt, dominierte dabei die Produktgruppe Schweinefleisch, gefolgt von Rind-/Kalbfleisch sowie Käse/Quark.

Innerhalb der pflanzlichen Produkte bedingte der Verbrauch von Getreideprodukten sowie von Gemüse und pflanzlichen Ölen und Fetten den höchsten
Bedarf.

Hinsichtlich der Unterscheidung pflanzlicher und tierischer Nahrungsmittel
verursachte der Verbrauch im Jahr 2006 folgenden Phosphorbedarf:
- 75 % (412 kt[54]) für die Versorgung mit tierischen Nahrungsmitteln
- 25 % (140 kt) für die Versorgung mit pflanzlichen Nahrungsmitteln[55],
  davon 34 kt für die Versorgung mit Getränken.

Insgesamt verursachte der Verbrauch der untersuchten Nahrungsmittel und Getränke im Jahr 2006 einen Phosphorbedarf Höhe von 552 kt. Dieser setzte sich
zu 80 Prozent (441 kt) durch die Produktion im Inland und zu 20 Prozent (111 kt)
durch die Produktion im Ausland zusammen.

3.1.6 Primärenergieverbrauch

Das Verteilungsprofil der produktbezogenen kumulierten Primärenergieverbräuche (PEV) mit tendenziell höheren Werten bei den tierischen Produkten,
insbesondere den Wiederkäuerprodukten Rind-/Kalbfleisch, sonstigem Fleisch
und Butter, ähnelt dem Verteilungsprofil der Treibhausgasemissionen sowie dem

---

54 kt = Kilotonne = 1.000 t

55 Laut Einteilung der Produktgruppen enthalten ›Zucker, Süßwaren‹ Milcherzeugnisse in Höhe von 11 % (vgl.
    Meier 2013)

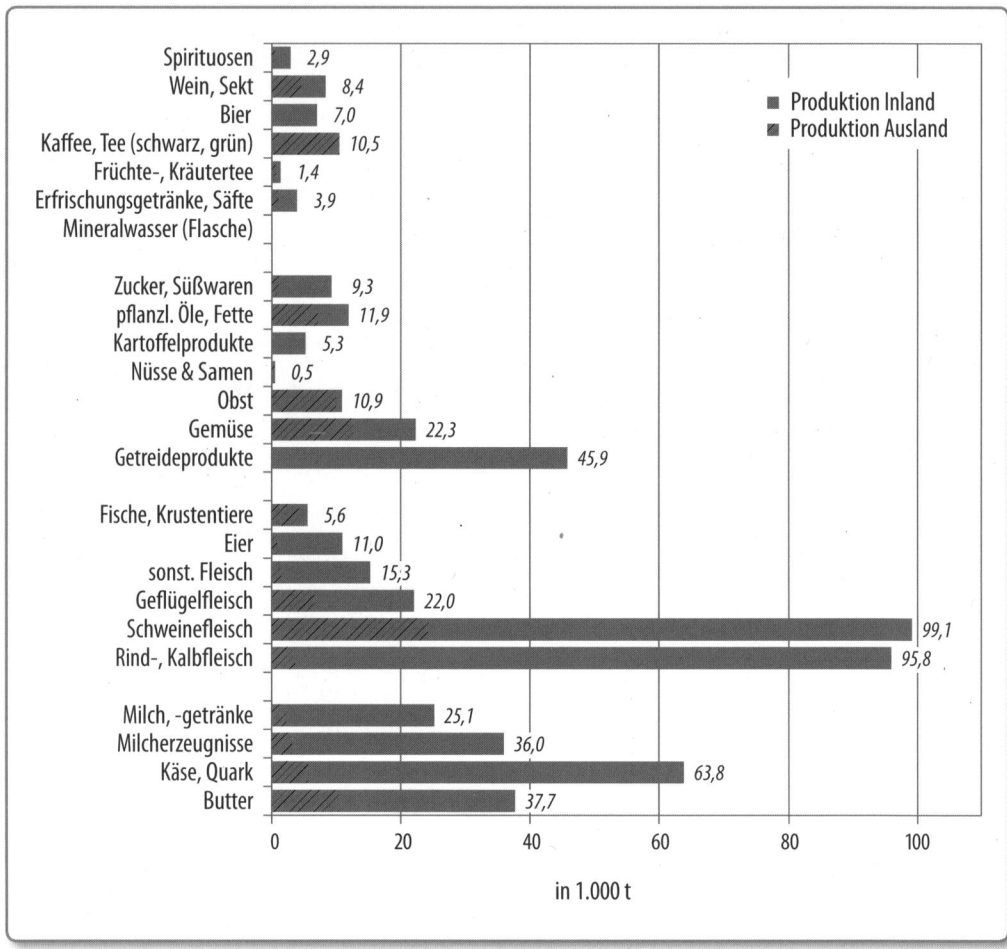

Abb. 25. *Phosphorbedarf des Gesamtverbrauchs in Deutschland im Jahr 2006 (in 1.000 t)*

des Flächen- und Phosphorbedarfs. Hervorzuheben ist der Unterschied, dass die Differenzen zwischen pflanzlichen und tierischen Produkten nicht so gravierend wie bei den anderen Indikatoren ausfallen. Zwar weisen tierische Produkte in der landwirtschaftlichen Produktion deutlich höhere Energieverbräuche auf, jedoch werden diese durch teilweise höhere Energieverbräuche während Verarbeitung, Handel/Transport und bei der Herstellung der Verpackungsmaterialien bei pflanzlichen Nahrungsmitteln und Getränken relativiert (Abb. 26).

Die Ähnlichkeit zum Verteilungsprofil der Treibhausgasemissionen erklärt sich aus der Tatsache, dass CO_2-Emissionen maßgeblich bei der Verbrennung

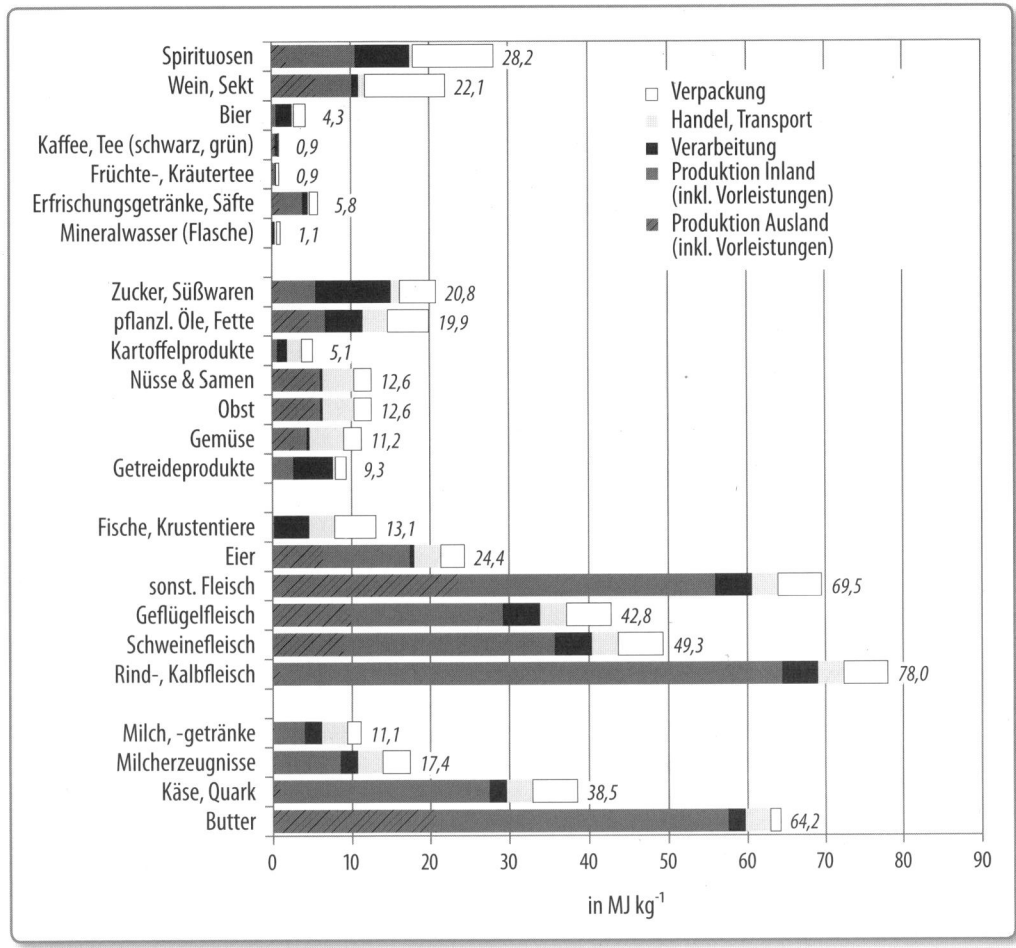

Abb. 26. *Primärenergieverbrauch in MJ pro kg verbrauchten Produkts*

fossiler Energieträger entstehen. Wie in Kapitel 2.10 (S. 58 f.) zum Energieverbrauch beschrieben, war der Einsatz von Energien aus erneuerbaren Quellen im
Agrar- und Ernährungssektor im Jahr 2006 von untergeordneter Bedeutung und
damit nahezu jeglicher Energieverbrauch emissionsrelevant.

Gesamter Primärenergieverbrauch im Jahr 2006
Einen besseren Überblick über den gesamten Primärenergieverbrauch, der durch
den Nahrungsmittel- und Getränkekonsum im Jahr 2006 bedingt wurde, gibt
Abb. 27. Die Verwendung weitgehend konsistenter sowie repräsentativer Ver-

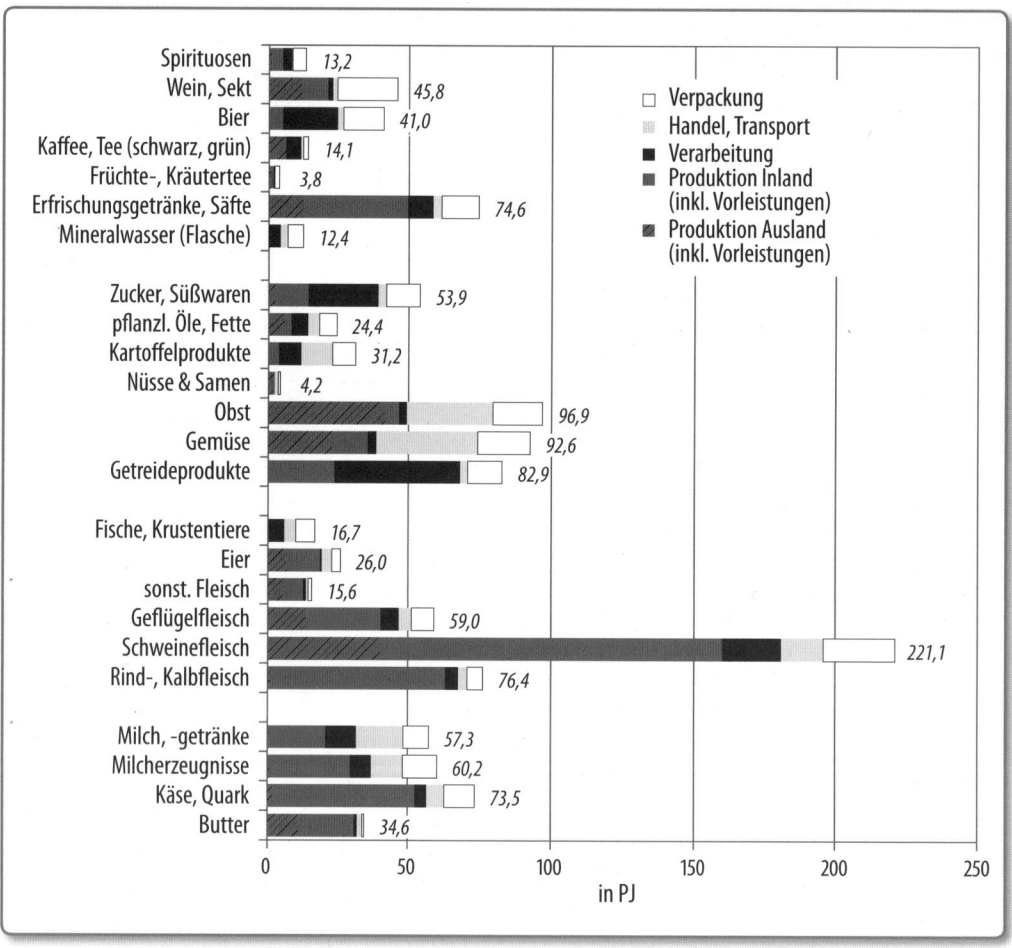

Abb. 27. *Primärenergieverbrauch des Gesamtverbrauchs in Deutschland im Jahr 2006 (in PJ)*

brauchs- als auch Umweltdaten erlaubte eine entsprechende Hochrechnung auf Bundesebene. Absolut betrachtet, zog die Versorgung mit Schweinefleisch, weitab gefolgt von Obst, Gemüse sowie Getreideprodukten den höchsten Energieverbrauch nach sich.

Insgesamt verursachte der Verbrauch der untersuchten Nahrungsmittel und Getränke im Jahr 2006 einen Energieverbrauch in Höhe von 1.231 PJ, der sich wie folgt auf die betrachteten Prozessabschnitte aufteilt:

- 53 % in der Landwirtschaft inkl. Vorleistungen (651 PJ),
  davon: 464 PJ im Inland und 187 PJ im Ausland bzw. 397 PJ bedingt durch

Vorleistungen[56] und 254 PJ direkt durch den Verbrauch von Strom und Brennstoffen in landwirtschaftlichen Betrieben

- 16 % in der Verarbeitung (195 PJ)
- 13 % durch Handel, Transport (165 PJ)
- 18 % durch Verpackungen (219 PJ).

Hinsichtlich der Unterscheidung pflanzlicher und tierischer Nahrungsmittel verursachte der Konsum im Jahr 2006 folgenden Energieverbrauch:

- 52 % (640 PJ) für die Versorgung mit tierischen Nahrungsmitteln, davon 44 % (279 PJ) für landwirtschaftliche Vorleistungen, 23 % (149 PJ) durch den direkten Energieverbrauch in der landwirtschaftlichen Erzeugung, 10 % (63 PJ) durch die Verarbeitung, 10 % (67 PJ) durch Handel/Transport sowie 13 % (82 PJ) durch die Herstellung von entsprechenden Verpackungsmaterialien

- 31 % (386 PJ) für die Versorgung mit pflanzlichen Nahrungsmitteln[57], davon 19 % (73 PJ) für landwirtschaftliche Vorleistungen, 16 % (61 PJ) durch den direkten Energieverbrauch in der landwirtschaftlichen Erzeugung, 23 % (89 PJ) durch die Verarbeitung, 23 % (88 PJ) durch Handel/Transport sowie 19 % (75 PJ) durch die Herstellung von entsprechenden Verpackungsmaterialien

- 17 % (205 PJ) für die Versorgung mit Getränken, davon 22 % (45 PJ) für landwirtschaftliche Vorleistungen, 21 % (44 PJ) durch den direkten Energieverbrauch in der landwirtschaftlichen Erzeugung, 21 % (43 PJ) durch die Verarbeitung, 5 % (11 PJ) durch Handel/Transport sowie 30 % (62 PJ) durch die Herstellung von entsprechenden Verpackungsmaterialien.

Zusammenfassend lässt sich feststellen, dass im Bereich der tierischen Produkte der Energieverbrauch aus Vorleistungen dominiert, während bei pflanzlichen Produkten und Getränken eher die Prozessabschnitte Verarbeitung und Verpackung mit den höchsten Energieverbräuchen verbunden sind.

---

56 Unter Vorleistungen werden in dieser Arbeit die Energieverbräuche aus der Produktion von Dünge- & Pflanzenschutzmitteln, der Herstellung und Unterhaltung von Gebäuden/Maschinen und Dienstleistungen subsumiert (vgl. Anhang 2, S. 224).

57 Laut Einteilung der Produktgruppen enthalten ›Zucker, Süßwaren‹ Milcherzeugnisse in Höhe von 11 % (vgl. Meier 2013)

Energiegehalt und Primärenergieverbrauch im Vergleich

Ausgehend vom Energiegehalt bzw. Brennwert der untersuchten Produkte konnte ein Vergleich mit dem entsprechenden Primärenergieverbrauch, der zur Bereitstellung der Produkte anfällt, vorgenommen werden. Als Datengrundlage der
produktsgruppenspezifischen Energiegehalte diente die Versorgungsbilanz *(food
balance sheet)* für Deutschland im Jahr 2006 der FAO (FAO Stat 2011). Neben den
entsprechenden Versorgungsmengen sowie den verfügbaren Fett- und Eiweiß-
mengen lassen sich aus diesen Versorgungsmatrizen die bereitgestellten Kalorien

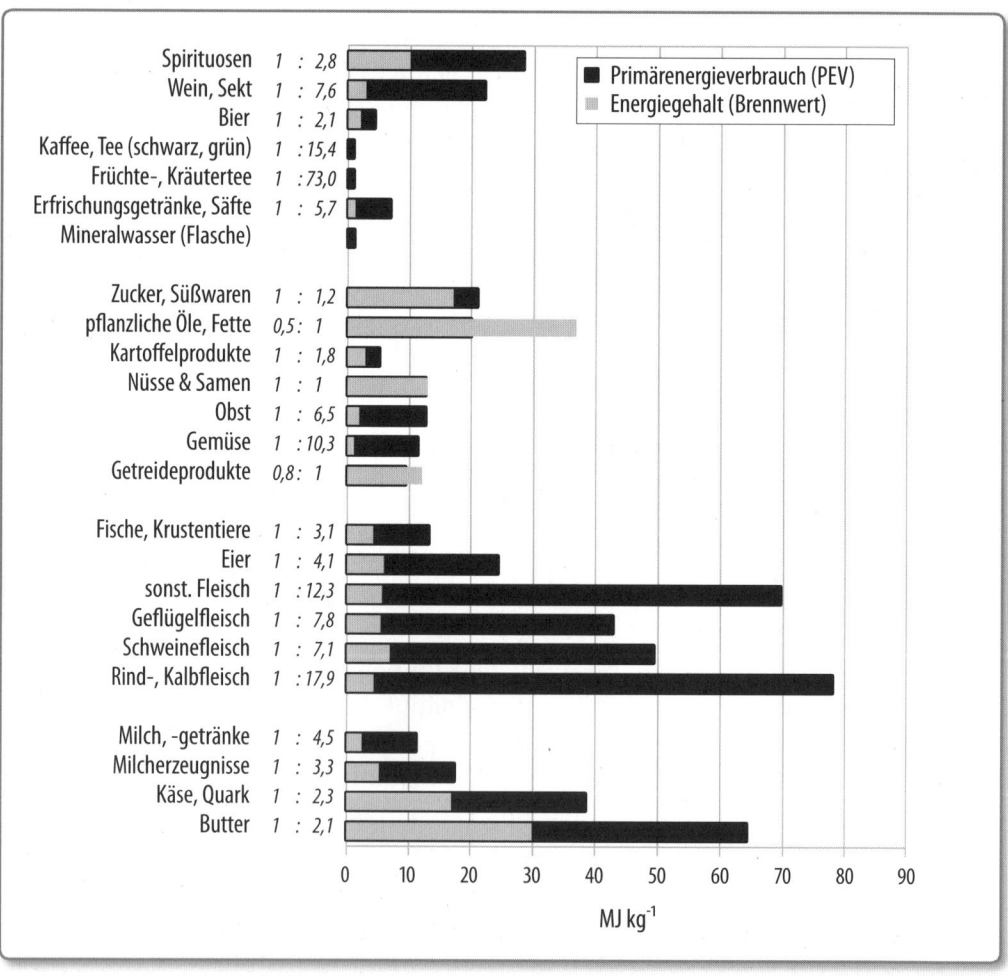

Abb. 28. *Energiegehalt und Primärenergieverbrauch im Vergleich*

produktspezifisch ermitteln. Als vorteilhaft hat sich dabei eine ähnliche Aggregationsstufe der betrachteten Produktgruppen erwiesen.

Aus Abb. 28 geht hervor, dass innerhalb der betrachteten Systemgrenzen *cradle-to-store* der Produktionsaufwand zur Bereitstellung den gelieferten Brennwert bei nahezu allen Nahrungsmitteln und Getränken deutlich übersteigt. Am ungünstigsten ist das Verhältnis der eingesetzten zur gewonnenen Energie, abgesehen von den Getränken Mineralwasser, Kaffee und Tee, bei Rind-/Kalbfleisch und sonstigem Fleisch sowie bei Gemüse.

Mehr Energie, als zur Produktion und Bereitstellung benötigt wurde, liefern lediglich zwei Produktgruppen: pflanzliche Öle/Fette sowie Getreideprodukte. Bei Nüssen und Samen liegt das Verhältnis bei 1:1.

3.1.7 Indikatorspezifische Umweltintensität im Verhältnis tierischer und pflanzlicher Nahrungsmittel

Ausgehend von den in den letzten Kapiteln vorgestellten produktgruppenspezifischen Umweltwirkungen lässt sich aus dem durchschnittlichen Verhältnis aller im Jahr 2006 verbrauchten pflanzlichen und tierischen Nahrungsmittel die **indikatorspezifische Umweltintensität** ableiten. Diese ist für die untersuchten Input-Indikatoren (Flächen-, Wasser- und Phosphorbedarf, PEV) vergleichbar mit dem Indikator der Ressourceneffizienz bzw. Ressourcenproduktivität von tierischen gegenüber pflanzlichen Produkten.

Dabei wurde, ermöglicht durch die konsequente Abgrenzung tierischer von pflanzlichen Nahrungsmitteln, auf die Zahlen aus den umweltspezifischen Versorgungsbilanzen zurückgegriffen, die der Erstellung der Flussdiagramme im letzten Kapitel dienten. Im Mittelpunkt dieser Betrachtung steht dabei die Frage, wie unterschiedlich die Umwelteffekte aus der Bereitstellung von tierischen und pflanzlichen Produkten im Durchschnitt waren. Ausgehend von der Rechengrundlage

$$\text{Faktor Tier/Pflanze} = \frac{\text{Summe der Umwelteffekte aus dem Verbrauch tierischer Produkte}}{\text{Summe der Umwelteffekte aus dem Verbrauch pflanzlicher Produkte}}$$

ergeben sich für das Jahr 2006 folgende Umweltintensitäten (Tab. 14). Aus der Tabelle geht hervor, dass die berechneten Intensitäten von −3,83 beim Wasserbedarf bis 10,29 bei den Ammoniakemissionen variieren. Während Zahlen im Minusbereich auf eine höhere Umweltintensität aus dem Verbrauch pflanzlicher Produkte zurückzuführen sind, bedeuten positive Zahlen höhere Umweltintensitäten aus dem Verbrauch tierischer Produkte.

Tab. 14. Indikatorspezifische Umweltintensität im Vergleich tierischer und pflanzlicher Nahrungsmittel

	Treibhausgas-emissionen	Ammoniak-emissionen	Flächen-bedarf	Wasserbedarf (blau)	Phosphor-bedarf	Primärenergie-verbrauch
Faktor Tier/Pflanze	2,00	10,29	2,22	−3,83	3,02	1,12

Beispiel Treibhausgase: 2-mal mehr Treibhausgasemissionen wurden im Jahr 2006 aus der Versorgung mit tierischen als mit pflanzlichen Produkten freigesetzt.
Beispiel Wasserbedarf: 3,83-mal mehr blaues Wasser wurde im Jahr 2006 benötigt, um die verbrauchten pflanzlichen Produkte bereitzustellen (im Vergleich zu den tierischen Produkten).
Beispiel Primärenergieverbrauch: Mit einem Faktor leicht über 1 war die Versorgung mit tierischen Produkten im Jahr 2006 leicht energieaufwändiger als die Versorgung mit pflanzlichen Nahrungsmitteln.

Zusammenfassend lässt sich feststellen, dass mit Ausnahme des Wasserbedarfs alle untersuchten Indikatoren höhere Umweltintensitäten im Bereich der tierischen Produkte zeigten. Dabei war die Versorgung mit tierischen, im Vergleich zu pflanzlichen Produkten bei den Ammoniakemissionen am umweltintensivsten.

3.1.8 Umwelteffekte des Gesamtverbrauchs im Jahr 2006

Zur besseren Einordnung der Umwelteffekte aus den einzelnen Prozessabschnitten in der Wertschöpfungskette wurden, basierend auf dem Gesamtverbrauch im Jahr 2006, die betrachteten Umweltindikatoren ausgewertet (Tab. 15). Während in der Phase der landwirtschaftlichen Erzeugung zwischen in- und ausländischer Produktion unterschieden werden konnte, war dies in den Bereichen der Verarbeitung, des Handels/Transports und der Verpackung nicht stringent durchführbar. Da sich die Angaben rein auf den ernährungsbedingten Gesamtverbrauch in Deutschland beziehen, wurden hier Umwelteffekte aus Nahrungsmittelexporten oder aus dem Einsatz von Agrargütern im Industrie-/Energiesektor nicht berücksichtigt. Aus Abb. 29, welche die absoluten Werte aus Tab. 15 relativ darstellt, ist entnehmbar, dass der gesamte Nahrungsmittel- und Getränkeverbrauch im Jahr 2006 deutliche Umwelteffekte im Ausland bewirkte. Am größten ist der Auslandsanteil, bezogen auf die landwirtschaftliche Erzeugung, beim Bedarf an blauem Wasser mit 1694 Mio. m^3, gefolgt vom Flächenbedarf mit 58.500 km^2 und den im Ausland freigesetzten Treibhausgasen in Höhe von 41,7 Mio. t CO_{2e}.

Tab. 15. Umwelteffekte des ernährungsbedingten Gesamtverbrauchs im Jahr 2006

	Treibhaus-gas-emissionen	Ammoniak-emissionen	Flächen-bedarf	Wasser-bedarf (blau)	Phosphor-bedarf	Primär-energiever-brauch
	in Mio. t CO_{2e}	in 1000 t	in 1000 km^2	in Mio. m^3	in 1000 t	in PJ
Erzeugung Inland*	95,2	498	133,9	426	441	464
Erzeugung Ausland*	41,7	45	58,5	1694	111	187
Verarbeitung	20,7	0	-	397	-	195
Handel, Transport	13,6	0	-	-	-	166
Verpackung	17,9	0	0,45	142	-	219
Summe	189,0	544	192,9	2659	552	1231

* inkl. Effekte aus Vorleistungen und CO_{2e}-Emissionen aus direkten Landnutzungsänderungen (dLUC)
und Landnutzung (LU)

Bedingt durch die Tatsache, dass die Prozessabschnitte Verarbeitung, Handel/
Transport und Verpackung nicht nach in- und ausländischem Anteil zugeordnet wurden, im Ausland produzierte Waren jedoch auch teilweise dort verarbei-
tet, verpackt und transportiert werden, ist der Auslandsanteil der betrachteten
Umwelteffekte vermutlich noch höher.

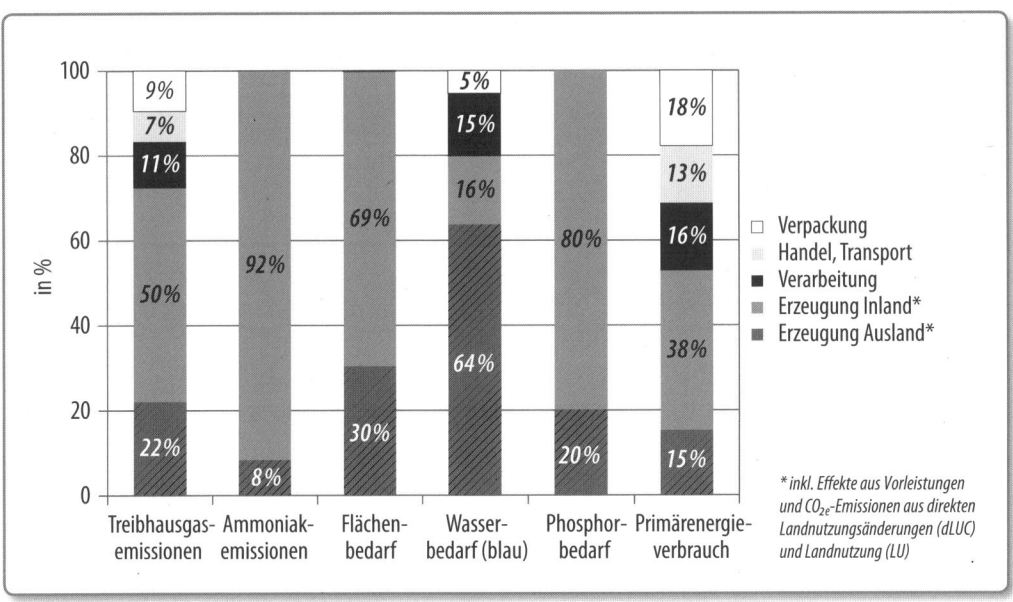

Abb. 29. Umwelteffekte des ernährungsbedingten Gesamtverbrauchs im Jahr 2006 (relativ)

3.2   Umwelteffekte nach Bevölkerungsgruppen

Im Gegensatz zu den bisher vorgestellten Ergebnissen in Kapitel 3.1, die sich auf die Umwelteffekte von Einzelnahrungsmitteln und des Gesamtverbrauchs in Deutschland im Jahr 2006 beziehen, werden im folgenden Ergebnisse vorgestellt, die einen tieferen Einblick in die ernährungsbedingten Umwelteffekte einzelner Bevölkerungsgruppen ermöglichen. Dabei wurde auf Basis der Nationalen Verzehrsstudie II (MRI 2008a) zwischen folgenden soziodemographischen Merkmalen unterschieden:

- Geschlecht (Männer und Frauen im Alter von 14 bis 80 Jahren)
- Altersgruppen (sechs Altersgruppen nach Geschlecht)
- Sozialer Status (fünf Gruppen nach Geschlecht)
- Bundesländer (16 Bundesländer).

3.2.1 Verzehrs-Verbrauchsumrechnung

Resultierend aus dem Umstand, dass sich die in der Nationalen Verzehrsstudie II ermittelten Daten auf den Verzehr beziehen, also auf das, was tatsächlich gegessen und getrunken wurde, musste für die Berechnung der Umwelteffekte eine Umrechnung auf entsprechende Verbrauchs- bzw. Versorgungsmengen erfolgen, da die im vorangegangenen Teil der Arbeit vorgestellten Umweltwirkungen in der funktionellen Einheit darauf abzielen. Die Termini Verbrauch bzw. Versorgung beziehen sich dabei auf die Mengen Nahrungsmittel, die statistisch zum Zweck der menschlichen Ernährung zur Verfügung standen und damit letztendlich von Umweltrelevanz sind.

Die Differenzen zwischen Versorgung und Verbrauch erklären sich durch statistisch erfasste Verluste in der Landwirtschaft und der Verarbeitung. Die deutlicheren Unterschiede zwischen Verbrauch und Verzehr sind auf Abfälle im Handel sowie auf Abfälle, kochbedingte Mengenveränderungen und anderweitige Verwendungen (bspw. als Tierfutter) im Haushalt zurückzuführen.

Andere Arbeiten mit einem ähnlichen Fokus (Taylor 2000, Hoffmann 2002) stützten sich, um diese Verzehrs-Verbrauchsdifferenz abzuschätzen, auf ökonometrische Verfahren von Gedrich (1997), Zacharias (1992) und Kok et al. (1993). In dieser Arbeit wurde jedoch ein Abgleich mit den amtlichen Versorgungs- und Verbrauchszahlen aus dem Jahr 2006 vorgenommen, welche aus dem entsprechenden Statistischen Jahrbuch über Ernährung, Landwirtschaft und Forsten entnommen wurden (BMELV StatJB 2009). Somit war eine jahresspezifische und konsistente Einbettung der Verzehrsdaten in die amtliche Statistik möglich.

Tab. 16. Durchschnittliche Verzehrs-, Verbrauchs- und Versorgungsmengen sowie sich daraus ergebende Umrechnungsfaktoren

	Verzehr	Ver-brauch	Versor-gung	Umrech-nungsfaktor	Anmerkungen
	in kg pro Person und Jahr			= Verzehr / Verbrauch bzw. Versorgung	
Butter	4,7	6,6		0,71	
Käse, Quark	17,4	23,2		0,75	
Milcherzeugnisse	31,8	42,1		0,76	
Milch, -getränke	43,8	62,6		0,70	
Rind-, Kalbfleisch	7,3	11,9		0,61	Verbrauch bezieht sich auf Schlachtgewicht.
Schweinefleisch	22,0	54,5		0,40	
Geflügelfleisch	9,4	16,7		0,56	
sonst. Fleisch	1,1	2,7		0,39	
Eiprodukte	6,9	12,9	13,0	0,53	Verbrauch und Versorgung beziehen sich auf Schalengewicht.
Fische, Krustentiere	9,5	15,5		0,61	Verbrauch bezieht sich auf Fanggewicht.
Getreideprodukte	100,6	104,3	108,0	0,93	
Gemüse	86,7	86,5	100,0	0,87	Verbrauch und Versorgung beziehen sich lediglich auf Marktobstbau. Seit 2002 werden Erntemengen aus Klein-, und Hausgärten sowie aus Streuobstanbau im Statistischen Jahrbuch (BMELV StatJB 2009) nicht mehr geführt.
Obst	92,8	90,0	93,8	0,99	
Nüsse, Samen	1,3	4,1	4,2	0,32	Underreporting beim Verzehr wahrscheinlich
Kartoffelprodukte	30,4	63,1	74,0	0,41	
Pflanzl. Öle, Fette	4,2	10,8		0,39	Underreporting beim Verzehr wahrscheinlich
Zucker, Süßwaren	18,8	31,5		0,60	inkl. Kakao, Speiseeis und pflanzl. Fette/Öle
Mineralwasser	406,8	141,3		2,88	Da in der NVSII nicht zwischen Mineralwasser und Leitungswasser differenziert wurde, diente die Verbrauchsmenge als Rechengrundlage.
Erfrischungsge-tränke, Säfte/Nektare	157,1	156,7		1,00	Als Grund für den ungewöhnlich hohen Getränkekonsum im Jahr 2006 wird in der NVSII (MRI 2008a) der heiße Sommer genannt.
Kräuter-, Früchtetee	85,5	50,4		1,70	
Kaffee, Tee (schwarz, grün)	196,5	190,5		1,03	
Bier	53,0	116,1		0,46	Underreporting beim Verzehr wahrscheinlich
Wein, Sekt	15,5	25,2		0,61	
Spirituosen	1,5	5,7		0,26	Underreporting beim Verzehr wahrscheinlich

Tab. 16 gibt einen Überblick über die zugrunde liegenden durchschnittlichen Versorgungs-, Verbrauchs- und Verzehrsmengen, sowie den daraus kalkulierten Umrechnungsfaktoren (vgl. Tab. 7, S. 34).

3.2.2 Umwelteffekte nach Geschlecht

Ausgehend von den in der Nationalen Verzehrsstudie II (MRI 2008a) erfassten Verzehrsmengen, den in Kapitel 3.1 vorgestellten produktspezifischen Umweltprofilen sowie den in der Tabelle dargestellten Umrechnungsfaktoren wurden entsprechende Umwelteffekte der durchschnittlichen Kostform von Männern

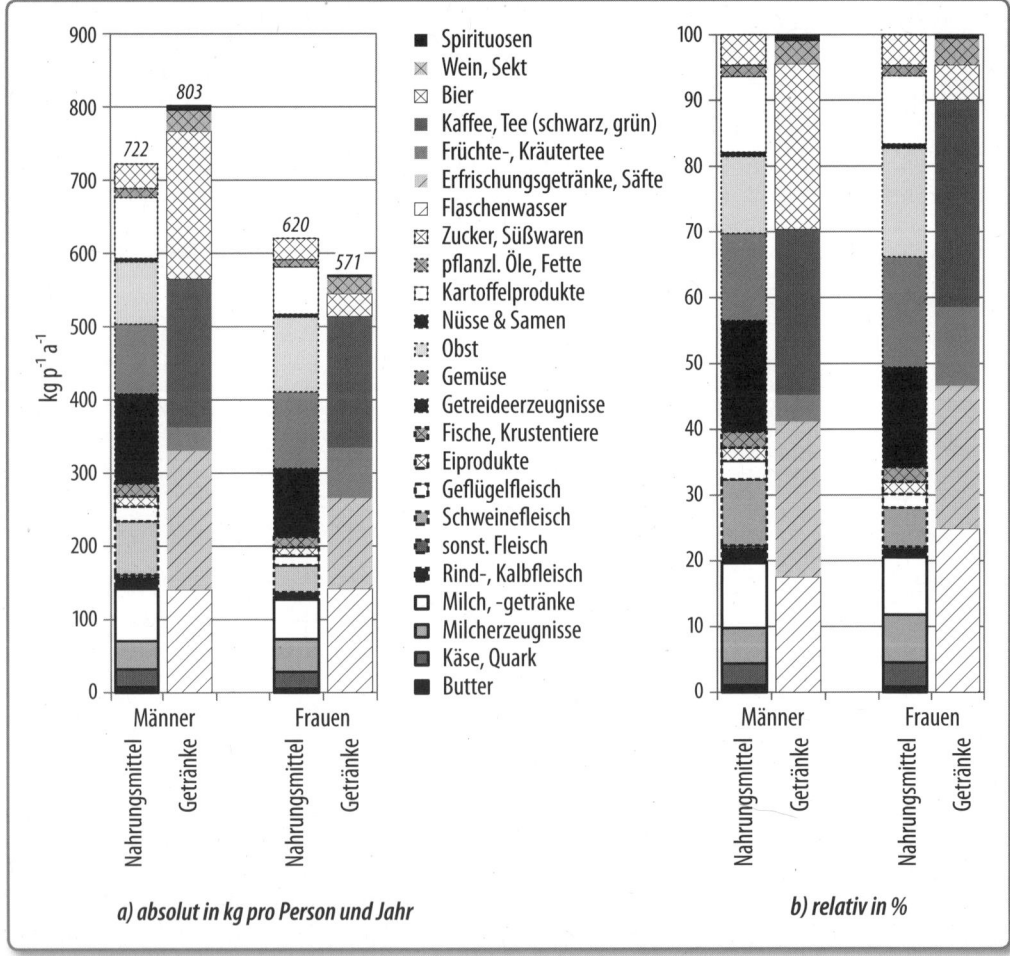

Abb. 30. Verbrauch von Nahrungsmitteln und Getränken nach Geschlecht

Tab. 17. *Verbrauch und verbrauchsbedingte Umwelteffekte nach Geschlecht*

		Nahrungsmittel		Getränke		Summe	
		Männer	Frauen	Männer	Frauen	Männer	Frauen
		(14–80 Jahre)		(14–80 Jahre)		(14–80 Jahre)	
Verbrauch	in kg p^{-1}a^{-1}	722	620	803	571	1525	1191
Differenz	*in %*	16 %		41 %		28 %	
Treibhausgas-emissionen	in t p^{-1}a^{-1}	2,3	1,7	0,4	0,2	2,7	1,9
Differenz	*in %*	39 %		61 %		41 %	
Ammoniak-emissionen	in kg p^{-1}a^{-1}	7,7	5,2	0,2	0,1	7,9	5,3
Differenz	*in %*	49 %		77 %		49 %	
Flächenbedarf	in m^2 p^{-1}a^{-1}	2481	1735	284	161	2765	1896
Differenz	*in %*	43 %		76 %		46 %	
Wasser (blau)	in m^3 p^{-1}a^{-1}	26,0	23,8	9,0	6,0	35,0	29,7
Differenz	*in %*	9 %		51 %		18 %	
Phosphorbedarf	in kg p^{-1}a^{-1}	7,4	5,1	0,5	0,3	7,9	5,5
Differenz	*in %*	43 %		62 %		44 %	
Primärenergie-verbrauch	in GJ p^{-1}a^{-1}	14,1	10,7	3,2	1,8	17,3	12,5
Differenz	*in %*	32 %		73 %		38 %	

hellgrau markiert: geringste Abweichung zwischen Männern und Frauen

dunkelgrau markiert: höchste Abweichung zwischen Männern und Frauen

und Frauen im Alter von 14 bis 80 Jahren im Jahr 2006 untersucht. Laut dem Ergebnisbericht der NVS II (MRI 2008a) lag das Durchschnittsalter der Stichprobe bei 46,1 Jahren bei den Frauen und bei 46,3 Jahren bei den Männern.

Bezogen auf die Menge der Nahrungsmittel verbrauchten Männer mit 722 kg pro Jahr durchschnittlich 16 Prozent mehr als Frauen (620 kg pro Jahr). Bei den Getränken lag der Verbrauch der Männer mit 803 kg pro Jahr sogar 41 Prozent über dem der Frauen mit 571 kg pro Jahr (Abb. 30). Bezüglich der relativen Zusammensetzung des Nahrungsmittel- und Getränkeprofils zeigten sich die größten Unterschiede beim Verbrauch von Schweinefleisch, Obst, Gemüse sowie Kräuter-/Früchtetee und Bier.

Werden die Verbrauchswerte mit den entsprechenden Umweltdaten aus Kapitel 3.1 (S. 63 ff.) multipliziert, lassen sich die ernährungsbedingten Umweltwirkungen nach Geschlecht ermitteln (Tab. 17).

In Abhängigkeit vom untersuchten Umweltindikator schwanken die ermittelten Umwelteffekte der durchschnittlichen Kost von Männern und Frauen deutlich. Die größten Unterschiede sind bei den Ammoniakemissionen, gefolgt vom Flächen- und Phosphorbedarf und den Treibhausgasemissionen, zu finden. Die geringsten Unterschiede, aber dennoch mit einem deutlichen Mehrbedarf der Männer, sind beim Bedarf an blauem Wasser festzustellen. Die Tab. 17 fasst die Verbräuche, daran gekoppelte Umwelteffekte sowie deren Unterschiede zusammen.

Hinsichtlich der Unterscheidung pflanzlicher[58] und tierischer Nahrungsmittel dominieren, mit Ausnahme des Wasserbedarfs, bei allen Indikatoren die Umwelteffekte aus dem Verbrauch tierischer Nahrungsmittel.

Zwischenfazit

Einerseits bedingt durch unterschiedliche Verbrauchsmengen (quantitative Unterschiede), andererseits bedingt durch unterschiedliche Zusammensetzungen der Verbrauchsprofile (qualitative Unterschiede) konnte gezeigt werden, dass die beobachteten Umweltbelastungen der durchschnittlichen Kostform der Männer die der Frauen erheblich übersteigen: in Abhängigkeit vom untersuchten Umweltindikator um 18 bis 49 Prozent (Tab. 17). Aufgrund verschiedener physiologischer Anforderungen von Männern und Frauen sind die Umwelteffekte auf dieser Datenbasis jedoch nicht miteinander vergleichbar. Daher soll im nächsten Absatz der Frage nachgegangen werden, wie sich die Umwelteffekte der beiden Verbrauchsprofile unterscheiden würden, wenn man den Einfluss der physiologisch bedingten, unterschiedlichen Verbrauchsmengen unberücksichtigt ließe.

3.2.3 Anpassung der beiden Verbrauchsprofile auf Basis der Verbrauchsmenge[59]

Um die Umwelteffekte der durchschnittlichen Verzehrsweise von Männern und Frauen im Alter von 14 bis 80 Jahren besser miteinander vergleichen zu können, wurden die beiden Verbrauchsprofile auf Basis der Verbrauchsmenge *(weight basis)* aneinander angepasst. Wie im letzten Kapitel gezeigt werden konnte, wurden bei allen untersuchten Indikatoren deutlich niedrigere Umweltbelastungen mit der Durchschnittskost der weiblichen Bevölkerung beobachtet. Allerdings sind diese sowohl auf unterschiedliche Verbrauchsmengen (quantitative Unter-

---

58 Bedingt durch die Anpassung der Produktgruppen an die Nationale Verzehrsstudie II (MRI 2008a) enthalten ›Zucker, Süßwaren‹ Milcherzeugnisse in Höhe von 11 % (vgl. Meier 2013)

59 Die Ergebnisse dieses Kapitels gehen maßgeblich aus der Veröffentlichung Meier & Christen (2012) hervor.

schiede) als auch auf eine unterschiedliche Zusammensetzung (qualitative Unterschiede) der Verbrauchsprofile zurückzuführen.

Um den physiologisch bedingten Mehrbedarf der Männer, aufgrund eines höheren Grund- und in der Regel Leistungsumsatzes, auszuschließen, wurden lediglich relative Unterschiede ernährungsökologisch ausgewertet. Dies wurde erreicht, indem bei der Anpassung das weibliche Verbrauchsprofil dem der Männer unterstellt wurde. Abb. 31 gibt einen Überblick über die Verbrauchsunterschiede nach der Anpassung. Dabei beziehen sich die Verbrauchsunterschiede auf die jährlichen Verbrauchsmengen der Männer, also pro Person 803 kg Getränke und 722 kg Nahrungsmittel.

Nach der vorgenommenen Anpassung dominiert bei den Getränken im männlichen Verbrauchsprofil weiterhin der Mehrverbrauch von Bier, während das weibliche Profil eher durch einen Mehrverbrauch von Kräuter- und Früchtetee sowie Kaffee, Tee (grün, schwarz) und Mineralwasser geprägt ist. Bei den festen Nahrungsmitteln steht im männlichen Verbrauchsprofil an erster Stelle der Mehrverbrauch an Schweinefleisch, gefolgt von Getreideerzeugnissen, Milch/-getränken sowie Kartoffelprodukten. Dagegen ist im nivellierten weiblichen Profil an erster Stelle der Mehrverbrauch von Obst, gefolgt von Gemüse, Milcherzeugnissen und Käse/Quark, zu finden.

Werden entsprechende Verbrauchsunterschiede auf ihre Umwelteffekte untersucht, zeigt sich, dass trotz der mengenmäßigen Angleichung, das weibliche Verbrauchsmuster zu niedrigeren Treibhausgas- (–16 %) und Ammoniakemissionen (–22 %) sowie einem reduzierten Flächenbedarf (–19 %) führt. Dabei resultieren entsprechende Effekte vor allem aus einem kleineren Anteil von Schweine- und Rindfleisch im weiblichen Verbrauchsprofil.

Im Gegensatz dazu wäre bei einer Übertragung des weiblichen Verbrauchsprofils der resultierende Bedarf an blauem Wasser um 3 Prozent erhöht, was maßgeblich auf einen größeren Positivsaldo bei Nahrungsmitteln im Vergleich zu einem kleineren Negativsaldo bei den Getränken zurückzuführen ist. Innerhalb der Nahrungsmittel resultiert der Positivsaldo, sprich der Mehrbedarf an blauem Wasser, maßgeblich aus einem größeren Anteil von Obst im weiblichen Verbrauchsmuster.

Beim Phosphorbedarf und dem Primärenergieverbrauch überwiegen die Umwelteffekte aus dem überdurchschnittlichen Schweine-, Rind-/Kalb- und Bierverbrauch im männlichen Verbrauchsmuster, wobei die Unterschiede beim Phosphorbedarf größer ausfallen. Werden beim Phosphorbedarf nahezu alle Einsparungen durch einen veränderten Verbrauch von Nahrungsmitteln bedingt, resultiert der

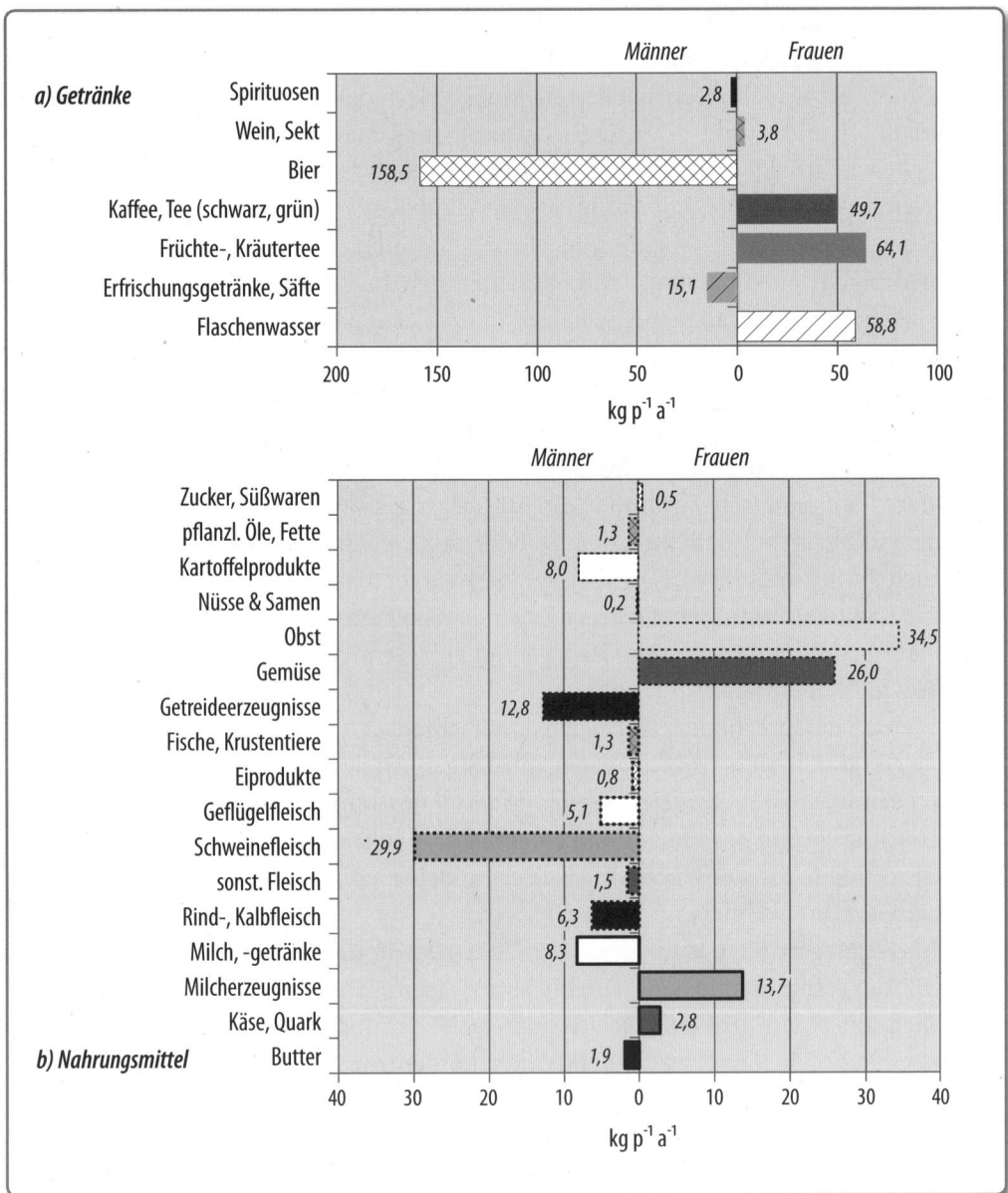

Abb. 31. Vergleich der Verbrauchsunterschiede in kg pro Person und Jahr (nach Nivellierung der Verbrauchsmengen)

niedrigere Primärenergieverbrauch auch zum Teil aus dem veränderten Verbrauchsprofil bei den Getränken. Den größten Einfluss übt dabei der verminderte Bierkonsum der Frauen aus.

3.2.4 Hochrechnung der Ergebnisse auf Bundesebene

Werden die im letzten Absatz vorgestellten Ergebnisse auf Bundesebene extrapoliert, und damit allen Männern in Deutschland im Alter von 14 von 80 Jahren das weibliche Verbrauchsmuster von Nahrungsmitteln und Getränken unterstellt, kann abgeschätzt werden, wie groß zu erwartende Veränderungen der Umwelteffekte auf nationaler Ebene wären. Die Ergebnisse sollten vor dem Hintergrund interpretiert werden, dass dieser Arbeit ein attributiver Ansatz in der Ökobilanzierung zu Grunde liegt. Daher sind die Aussagen bezogen auf das Referenzjahr 2006 zu verstehen. Im Hinblick auf eine bessere Vorhersagbarkeit in Szenarioanalysen wäre ein folgeorientierter Ansatz in der Ökobilanzierung *(consequential approach)* eher geeignet, weil darin komplexe Angebots- und Nachfragebeziehungen im Markt und daraus zu erwartende Rückkopplungseffekte adäquater modelliert werden können. Diese und andere Implikationen werden in der Diskussion (4.2, S. 187 ff.) vertiefend erörtert.

Tab. 18 gibt einen Überblick über die Ergebnisse. Mit Ausnahme des Bedarfs an blauem Wasser mit einem Mehrbedarf von 1,7 Prozent (bzw. 37 Mio. m³ pro Jahr) ergeben sich für alle anderen Indikatoren Einsparungen in Höhe von 7 bis 12 Prozent. Dabei wären die Einsparungen im Bereich der Ammoniakemissionen mit 55.000 t pro Jahr (minus 12,2 %) und beim Flächenbedarf mit ca. 17.600 km² (minus 11,0 %) am gravierendsten. Während die Einsparungen bei den Ammoniakemissionen nahezu ausschließlich im Inland anfallen würden, würde sich die frei werdende Fläche auf folgende Flächentypen aufteilen, im Inland: 11.540 km² Acker, 3.810 km² Grünland; im Ausland: 3.730 km² Acker sowie 220 km² Grünland.

Maßgeblich bedingt durch einen höheren Anteil von Obst und Wein in der weiblichen Kost wären Flächen für Dauerkulturen erhöht: um 260 km² im Inland sowie 1.440 km² im Ausland (bei Unterstellung der Selbstversorgungsgrade im Jahr 2006, vgl. Tab. 33, S. 227). Bereinigt ergäben sich somit freie Flächen in Höhe von 15.090 km² im Inland sowie 2.510 km² im Ausland.

Bei der Hochrechnung auf die Referenzpopulation der 14- bis 80-Jährigen wurde die entsprechende Gruppenstärke im Jahr 2006 berücksichtigt. Nach Destatis (2007a) setzte sich im Jahr 2006 die Gruppe der 14- bis 80-Jährigen aus 33,9 Millionen Männern sowie 34,5 Millionen Frauen zusammen. Dieser Über-

Tab. 18. Bundesweite Veränderungen ernährungsbedingter Umwelteffekte nach Übertragung des durchschnittlichen Verbrauchmusters der Frauen auf das der Männer

Treibhausgasemissionen	Verbrauchsbedingte Emissionen im Jahr 2006		Nach Übertragung des weiblichen Verbrauchprofils	
	t pro Person und Jahr	Summe in Mio. t pro Jahr	t pro Person und Jahr	Summe in Mio. t pro Jahr
Männer (14−80)	2,7	91	2,3	77
Frauen (14−80)	1,9	65	1,9	65
Summe in Mio. t		156		142
Einsparungen in Mio. t (in %)				*−14,1 (−9,0 %)*

Ammoniakemissionen	Verbrauchsbedingte Emissionen im Jahr 2006		Nach Übertragung des weiblichen Verbrauchprofils	
	kg pro Person und Jahr	Summe in 1000 t pro Jahr	kg pro Person und Jahr	Summe in 1000 t pro Jahr
Männer (14−80)	7,9	269	6,2	214
Frauen (14−80)	5,3	183	5,3	183
Summe in 1000 t		451		396
Einsparungen in 1000 t (in %)				*−55 (−12,2 %)*

Flächenbedarf	Verbrauchsbedingter Flächenbedarf im Jahr 2006		Nach Übertragung des weiblichen Verbrauchprofils	
	m^2 pro Person und Jahr	Summe in km^2 pro Jahr	m^2 pro Person und Jahr	Summe in km^2 pro Jahr
Männer (14−80)	2.765	93.834	2.246	76.244
Frauen (14−80)	1.896	65.379	1.896	65.379
Summe in km^2		159.214		141.623
Einsparungen in km^2 (in %)				*−17.590 (−11,0 %)*

Wasserbedarf (blau)	Verbrauchsbedingter Wasserbedarf im Jahr 2006		Nach Übertragung des weiblichen Verbrauchprofils	
	m^3 pro Person und Jahr	Summe in Mio. m^3 pro Jahr	m^3 pro Person und Jahr	Summe in Mio. m^3 pro Jahr
Männer (14−80)	35,0	1.188	36,1	1.224
Frauen (14−80)	29,7	1.026	29,7	1.026
Summe in Mio. m^3		2.214		2.250
Mehrbedarf in Mio. m^3 (in %)				*37 (+1,7 %)*

Phosphorbedarf	Verbrauchsbedingter Phosphorbedarf im Jahr 2006		Nach Übertragung des weiblichen Verbrauchprofils	
	kg pro Person und Jahr	Summe in 1000 t pro Jahr	kg pro Person und Jahr	Summe in 1000t pro Jahr
Männer (14–80)	7,9	268	6,4	218
Frauen (14–80)	5,5	188	5,5	188
Summe in 1000 t		456		407
Einsparungen in 1000 t (in %)				*–49 (–10,8 %)*

Primärenergieverbrauch (PEV)	Verbrauchsbedingter PEV im Jahr 2006		Nach Übertragung des weiblichen Verbrauchprofils	
	GJ pro Person und Jahr	Summe in PJ pro Jahr	GJ pro Person und Jahr	Summe in PJ pro Jahr
Männer (14–80)	17,3	586	15,0	510
Frauen (14–80)	12,5	432	12,5	432
Summe in PJ		1.018		942
Einsparungen in PJ (in %)				*–76 (–7,5 %)*

hang der Frauen erklärt in den Ergebnissen der Hochrechnung die geringeren prozentualen Veränderungen im Vergleich zur Pro-Kopf-Analyse des vorangegangenen Kapitels.

Ergebnisse nach Altersgruppen und Geschlecht

Während im letzten Kapitel die ernährungsbedingten Umweltwirkungen allein nach Geschlecht der 14- bis 80-Jährigen vorgestellt und diese miteinander verglichen wurden, werden in diesem Kapitel die Umwelteffekte zudem differenziert nach Altersklassen ausgewertet. Bei der Altersgruppeneinteilung wurde sich an den Ergebnisberichten der Nationalen Verzehrsstudie II orientiert (MRI 2008, 2008a). Diese glich wiederum nahezu der Einteilung, die in der Nationalen Verzehrsstudie I gewählt wurde (Kübler et al. 1995).

Als Grundlage der Ökobilanzierung dienen die in Abb. 32 dargestellten Verbrauchsmengen an Nahrungsmitteln und Getränken im Referenzjahr 2006. Diese basieren auf den Verzehrsmengen aus der Nationalen Verzehrsstudie II (MRI 2008a), die mit den produktgruppenspezifischen Faktoren in Tab. 16 (S. 97) in entsprechende Verbrauchs- bzw. Versorgungsmengen umgerechnet wurden. In der Abbildung wird sehr gut deutlich, wie sich die verbrauchten Nahrungsmittel- und Getränkemengen in Abhängigkeit der Altersgruppe ändern. Während bei

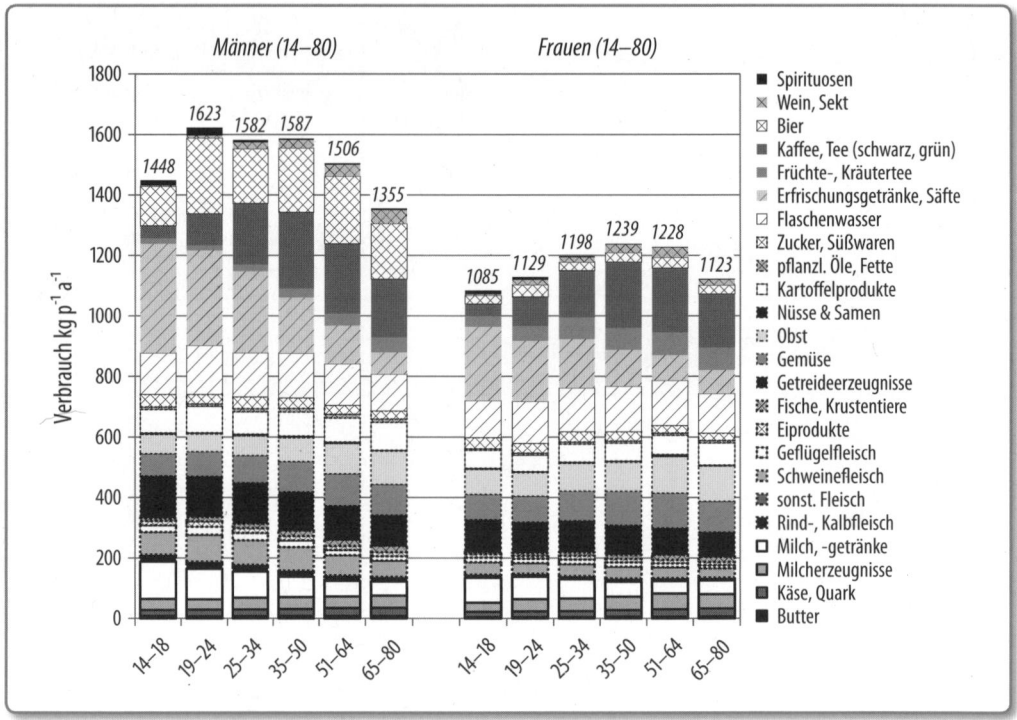

Abb. 32. *Verbrauch von Nahrungsmitteln und Getränken nach Altersgruppen und Geschlecht*

den Männern der Gesamtverbrauch ab der Altersgruppe der 19- bis 24-Jährigen abnimmt, steigt bei den Frauen bis zur Altersgruppe der 35- bis 50-Jährigen der Verbrauch an. Einen besseren Überblick über Änderungen der Verbrauchsmengen gibt für Nahrungsmittel Abb. 33 und für Getränke Abb. 34.

Zunahmen mit dem Alter bestehen bei Männern und Frauen in erster Linie aus einem gesteigerten Verbrauch von Obst und Gemüse, gefolgt von Fischprodukten, Milcherzeugnissen, Käse/Quark und Butter sowie Kartoffelprodukten. Stattdessen sind Verbrauchsabnahmen vor allem bei folgenden Produkten festzustellen: Milch/-getränke, Fleischprodukte, Getreideerzeugnisse und Zucker/Süßwaren, wobei die Abnahmen bei den Männern stärker ausgeprägt sind.

Innerhalb der Fleischprodukte wurde bei den Männern mit dem Alter eine Zunahme des Schweinefleischanteils von 62 auf 65 Prozent festgestellt, während der Anteil des Geflügels und des Rind-/Kalbfleischs von 19 auf 17 Prozent bzw. 16 auf 14 Prozent zurückging. Ohne erkennbaren altersgruppenspezifischen Trend pendelte bei den Frauen dagegen der Anteil des Schweinefleischs zwischen 60 und

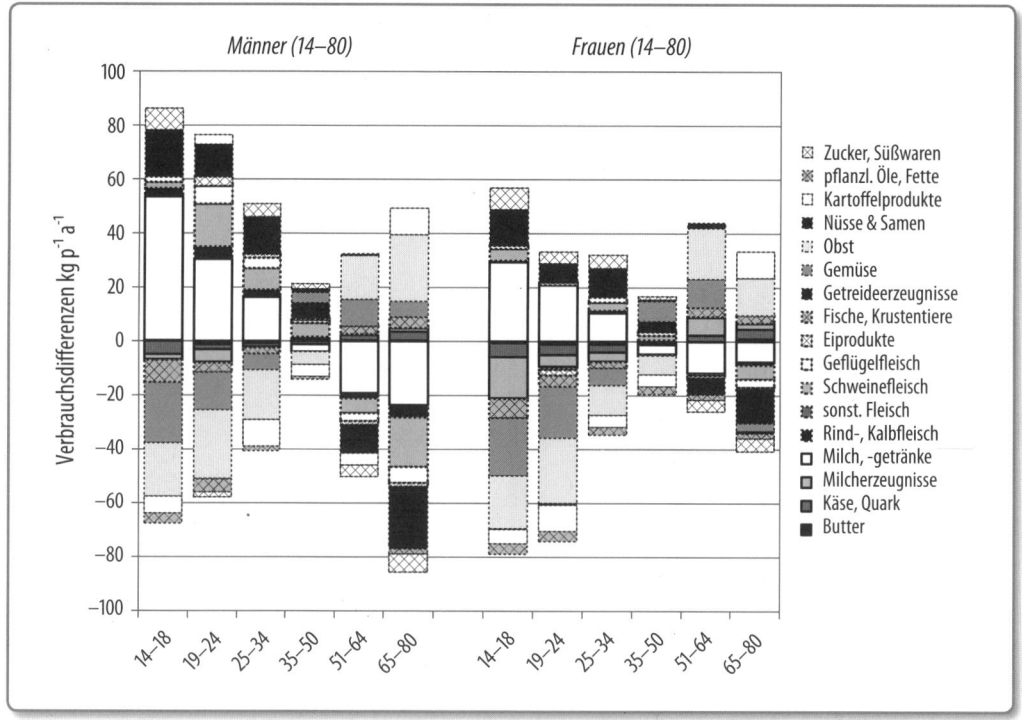

Abb. 33. *Verbrauchsdifferenzen von Nahrungsmitteln nach Altersgruppen und Geschlecht*

62 Prozent sowie der des Rind-/Kalbfleischs relativ konstant bei 13 bis 14 Prozent. Beim Geflügelfleisch wurde ab der Altersgruppe der 19- bis 24-Jährigen mit einem Maximum von 24 Prozent ein konstanter Rückgang auf einen Anteil von 20 Prozent in der Altersgruppe der 65- bis 80-Jährigen beobachtet. Beim sonstigen Fleisch wurde bei beiden Geschlechtern eine moderate Zunahme um einen Prozentpunkt auf 4 Prozent bei den Männern und 3 Prozent bei den Frauen festgestellt. ·

Bei Getränken wurden Verbrauchszunahmen mit dem Alter vor allem bei Kaffee/Tee (schwarz, grün), Kräuter-/Früchtetee und Wein festgestellt; Verbrauchsrückgänge stattdessen im Konsum von Erfrischungsgetränken, Säften/Nektaren sowie Spirituosen (Abb. 34).

Wird lediglich das Verbrauchsprofil von Nahrungsmitteln (ohne Getränke) betrachtet, so können relative altersspezifische Änderungen in den Verbrauchsmustern deutlicher gemacht werden. Generell ist bei beiden Geschlechtern ab der Altersgruppe der 19- bis 24-Jährigen ein anteiliger Rückgang im Verbrauch

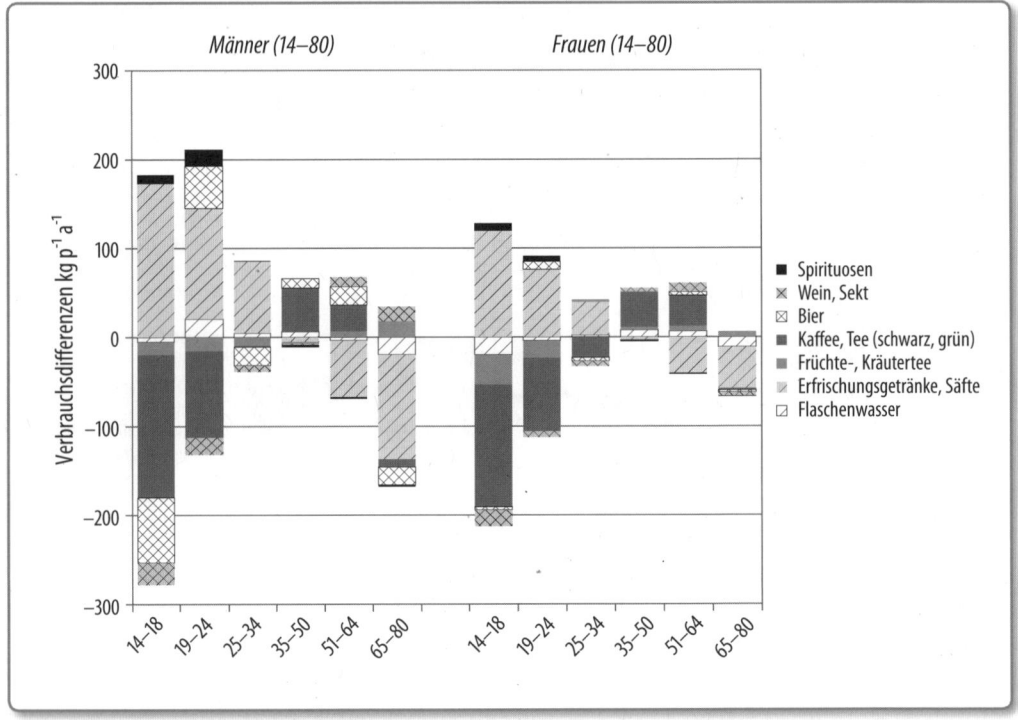

Abb. 34. Verbrauchsdifferenzen von Getränken nach Altersgruppen und Geschlecht

von tierischen Nahrungsmitteln festzustellen: bei den Männern von 45 auf
35 Prozent und bei Frauen von 37 auf 33 Prozent in der Altersgruppe der 65- bis
80-Jährigen. Innerhalb der tierischen Nahrungsmittel findet dabei eine Verschiebung hinzu Milcherzeugnissen, Käse/Quark und Fischen/Krustentieren statt,
die jedoch geringer ausfällt als die Abnahme beim Schweine-, Rind- und Geflügelfleisch. Bei den pflanzlichen Nahrungsmitteln basieren die Anteilszunahmen
maßgeblich auf einem gesteigerten Verbrauch von Obst, Gemüse und Kartoffelprodukten, wobei die Differenzen zwischen Männern und Frauen im Alter geringer ausfallen als in den jüngeren Altersgruppen.

Inwieweit sich diese altersgruppenspezifischen Verbrauchsdifferenzen auf entsprechende Umwelteffekte auswirkten, wird in den nächsten Absätzen vorgestellt.

Grundlage der altersgruppenspezifischen **Treibhausgasemissionen** bilden die
im letzten Abschnitt präsentierten Verbrauchsmengen, die mit den entsprechenden produktgruppenspezifischen Treibhausgasfaktoren multipliziert wurden (vgl.

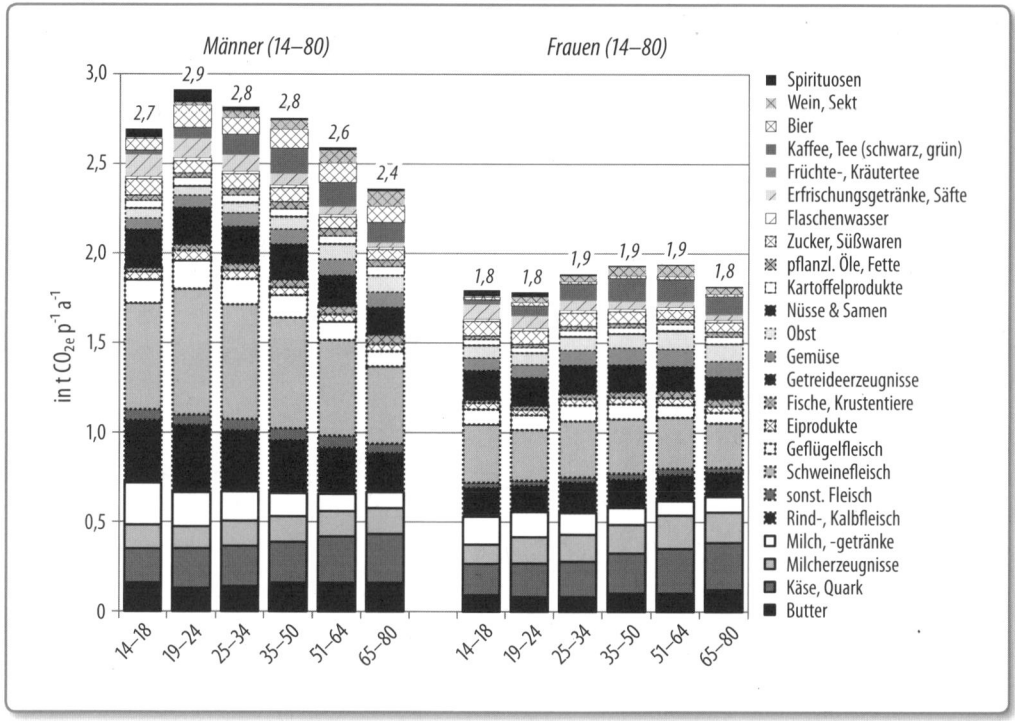

Abb. 35. *Treibhausgasemissionen nach Altersgruppen und Geschlecht*

Kapitel 3.1, S. 63 ff.). Aus Abb. 35 geht hervor, dass das altersgruppenspezifische Bild der Treibhausgasemissionen tendenziell mit entsprechenden Verbrauchsmengen (Abb. 32) korreliert, wobei der Einfluss tierischer Nahrungsmittel vor allem bei den Männern, im Gegensatz zu pflanzlichen Nahrungsmitteln und Getränken, dominiert.

Erwähnenswert ist, dass im Vergleich aller Altersgruppen, das Maximum und das Minimum bei beiden Geschlechtern in der gleichen Altersgruppe zu finden ist: in der Gruppe der 19- bis 24-Jährigen. Ab dieser Altersgruppe gehen entsprechende Treibhausgasemissionen bei den Männern zurück, währenddessen diese bei den Frauen bis zur Altersgruppe der 51- bis 64-Jährigen moderat ansteigen. Bei den Männern ist dieses Phänomen vornehmlich auf den Rückgang von Fleischprodukten in der Kost zurückzuführen, während bei den Frauen die Zunahme eher auf einem stärkeren Verbrauch von treibhausgasintensiveren Milchprodukten (Käse/Quark, Milcherzeugnisse) beruht.

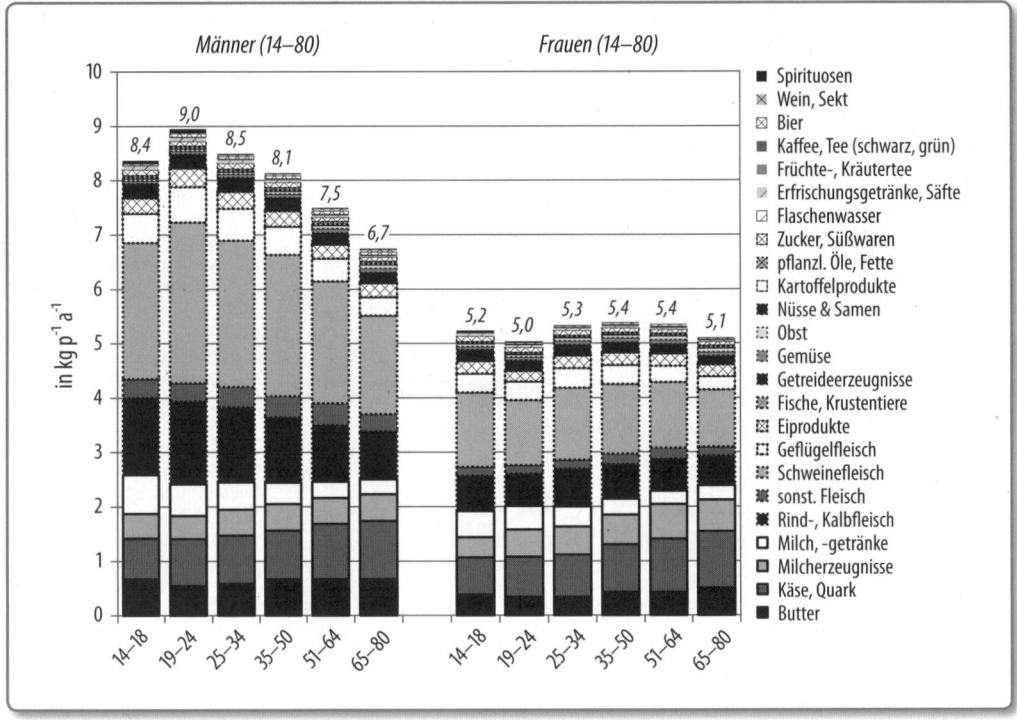

Abb. 36. *Ammoniakemissionen nach Altersgruppen und Geschlecht*

Die Abb. 36 stellt die alters- und geschlechtsspezifischen **Ammoniakemissionen** des Nahrungsmittel- und Getränkeverbrauchs dar. Obwohl das Emissionsprofil denen der im letzten Absatz behandelten Treibhausgasemissionen ähnelt, resultiert nahezu die gesamte Ammoniaklast aus dem Verbrauch tierischer Produkte. Der Anteil der tierproduktbedingten Ammoniakemissionen liegt bei allen Altersklassen bei ca. 90 Prozent, wobei bei den Männern eine deutliche Abnahme und bei den Frauen eine leichte Zunahme mit dem Alter zu beobachten ist. Bei den Frauen ist dieser Effekt vor allem auf einen verstärkten Verbrauch ammoniak-intensiverer Milchprodukte (Butter, Käse/Quark) mit dem Alter zurückzuführen. Bei den Männern ist die Abnahme des Anteils tierproduktbedingter Ammoniak-emissionen durch den zurückgehenden Verbrauch von Fleischprodukten bedingt.

Das altersgruppen- und geschlechtsspezifische Verteilungsprofil des **Flächen-bedarfs** (Abb. 37) ähnelt in seiner Ausprägung stark dem Profil der Treibhausgas-emissionen. Nach Erreichen des Maximums bei den Männern in der Altersgruppe

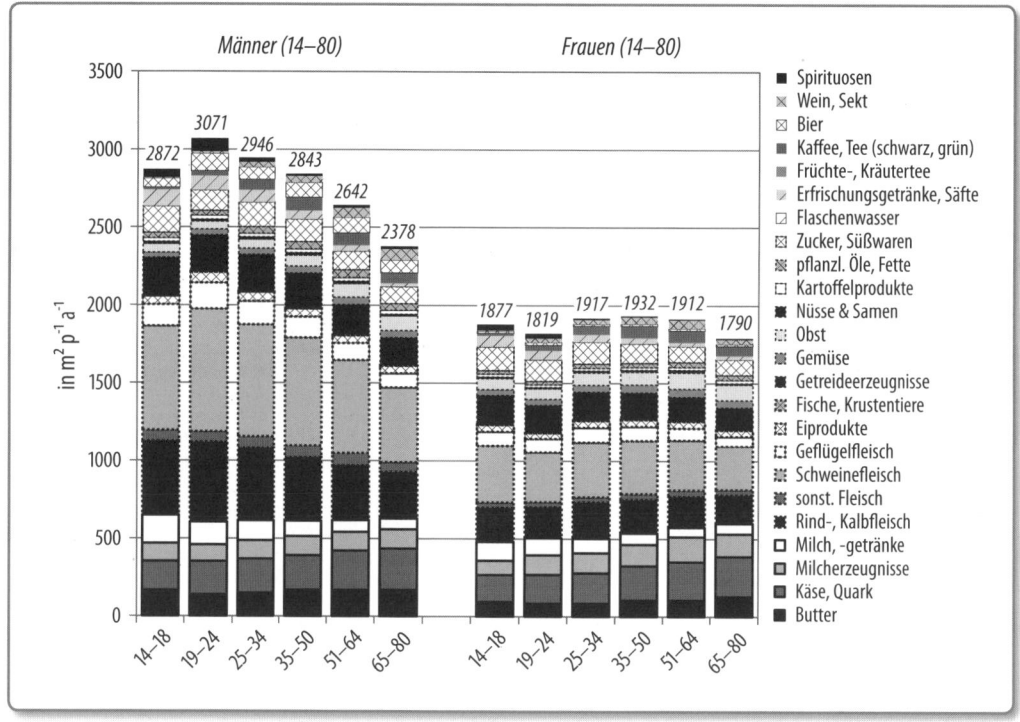

Abb. 37. *Flächenbedarf nach Altersgruppen und Geschlecht*

der 19- bis 24-Jährigen, fällt der ernährungsbedingte Flächenbedarf mit dem Alter stark ab. Bei den Frauen steigt ab der Gruppe der 19- bis 24-Jährigen mit dem Alter der Flächenbedarf bis zu den 35- bis 50-Jährigen leicht an und geht dann moderat zurück, um in der Altersgruppe der 65- bis 80-Jährigen das niedrigste Niveau zu erreichen.

Bei den Männern basiert dieser zurückgehende Flächenbedarf vornehmlich auf einem verminderten Verbrauch von Fleischprodukten, während bei den Frauen die Zunahme eher auf einem vermehrten Verbrauch von Fleischprodukten und flächenintensiveren Milchprodukten (Käse/Quark, Milcherzeugnisse) beruht.

Beim Vergleich der Flächentypen fällt auf, dass mit dem Alter nicht nur mehr Flächen im Ausland (absoluter Flächenzuwachs im Ausland bei den Männern bis zur Altersgruppe der 35- bis 50-Jährigen, bei den Frauen bis zur Gruppe der 51- bis 64-Jährigen), sondern auch mehr Flächen in Dauerkulturen beansprucht werden. Der Anteil von Dauerkulturen am Flächenprofil steigt bei den Männern von 10 Prozent bei den 19- bis 24-Jährigen auf 14 Prozent bei den 65- bis 80-Jährigen.

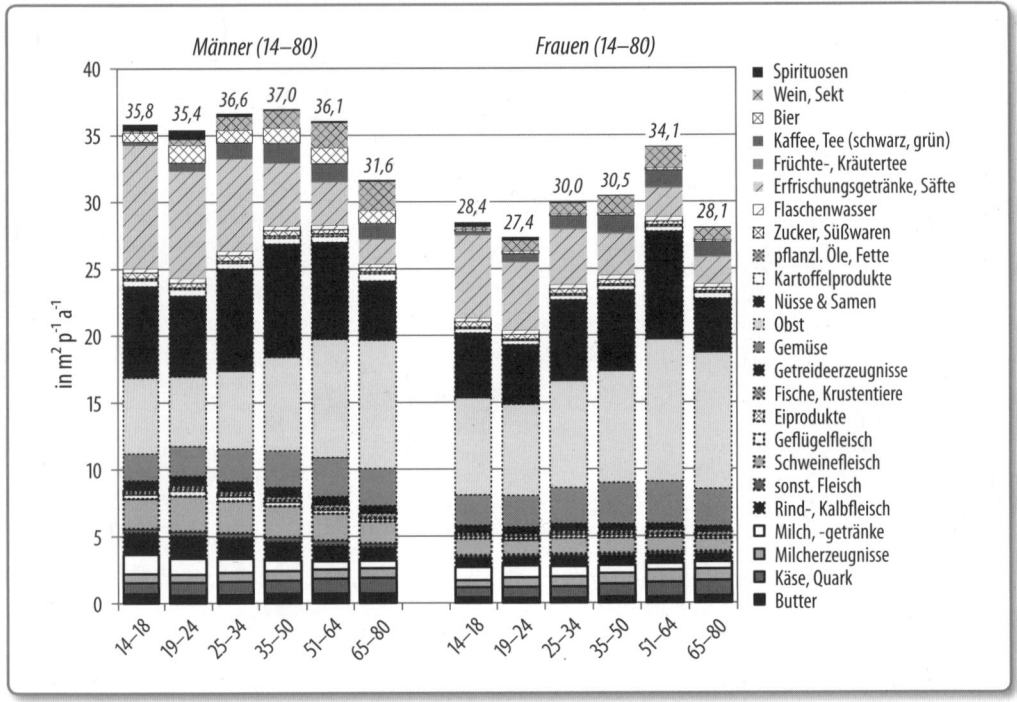

Abb. 38. *Bedarf an blauem Wasser nach Altersgruppen und Geschlecht*

Bei den Frauen wurde der geringste Anteil mit 14 Prozent bei den 14- bis 18-Jährigen und der höchste Anteil bei den 51- bis 64-Jährigen mit 18 Prozent beobachtet. Im Gegensatz dazu wurde der stärkste anteilige Rückgang bei Ackerfläche im Inland beobachtet. Der Anteil von Grünland blieb über alle Altersgruppen relativ konstant.

Im starken Kontrast zu den bisher beschriebenen Umweltindikatoren steht der **Bedarf an blauem Wasser**. Aus Abb. 38 geht hervor, dass die Differenzen zwischen Männern und Frauen hier weniger ausgeprägt sind. Zudem ist bei beiden Geschlechtern ab der Altersgruppe der 19- bis 24-Jährigen eine Zunahme im Bedarf an blauem Wasser festzustellen (bei den Männern bis zur Altersgruppe der 35- bis 50-Jährigen, bei den Frauen bis zur Altersgruppe der 51- bis 64-Jährigen). Dieser Anstieg erfolgt bei den Frauen stärker. Im Vergleich der einzelnen Nahrungsmittelgruppen wird der Wasserbedarf und dessen Zunahme mit dem Alter maßgeblich durch einen Mehrverbrauch an Obst, Nüssen/Samen sowie Gemüse und Wein hervorgerufen. Obwohl die Verbrauchsmengen von Nüssen

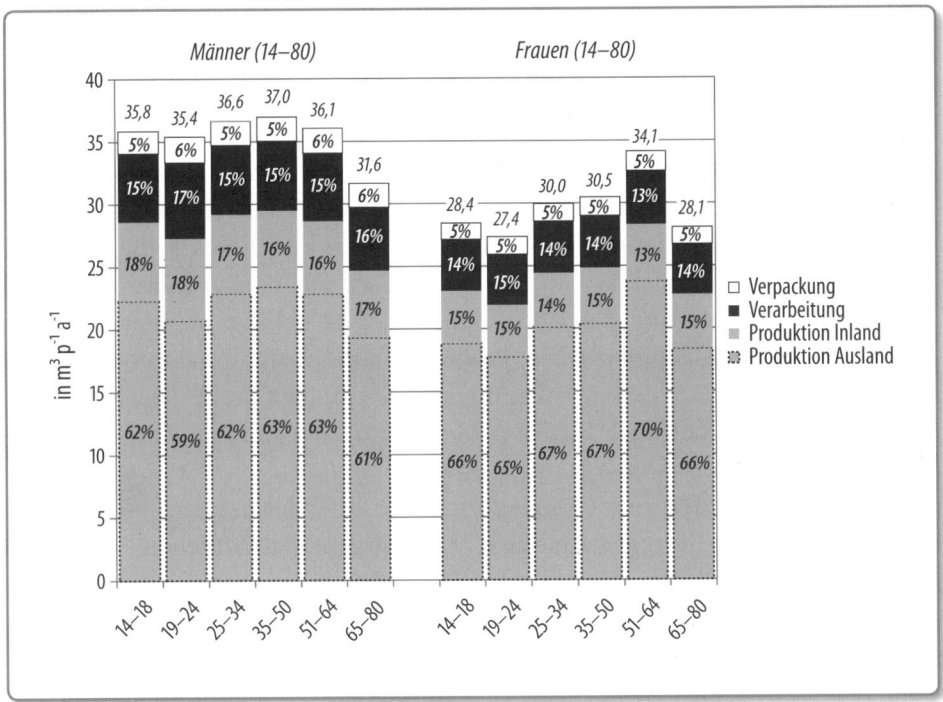

Abb. 39. *Bedarf an blauem Wasser nach Altersgruppen und Geschlecht (prozessspezifisch)*

und Samen im Verhältnis zur Gesamtmenge der verbrauchten Nahrungsmittel (ohne Getränke) lediglich 1 Prozent ausmachen, werden 23 Prozent des Bedarfs an blauem Wasser dadurch bedingt.

Im Hinblick auf die untersuchten Prozessabschnitte (Abb. 39) steigt mit dem Anstieg des Gesamtbedarfs auch der Anteil des blauen Wassers aus der landwirtschaftlichen Erzeugung im Ausland. Bei den Männern bis zu einem Anteil von 63 Prozent in der Altersgruppe der 35- bis 50-Jährigen und bei den Frauen bis 70 Prozent in der Altersgruppe der 51- bis 64-Jährigen. Diese Anteilsanstiege sind auf den Mehrverbrauch der wasserintensiven und vor allem in Ausland produzierten Produktgruppen Obst und Nüsse/Samen zurückzuführen.

Das Profil des alters- und geschlechtsspezifischen **Phosphorbedarfs** ähnelt am ehesten dem bereits vorgestellten Profil der Ammoniakemissionen; mit dem Unterschied, dass der Anteil der tierischen Nahrungsmittel etwas niedriger bei ca. zwei Dritteln des Gesamtphosphorbedarfs liegt. Bedingt durch einen höheren Verbrauch tierischer Nahrungsmittel ist dieser Anteil bei den Männern leicht erhöht. Ebenso identisch ist die Verteilung der Minima und Maxima. Während sich das Maximum bei den Männern in der Altersgruppe der 19- bis 24-Jährigen befindet, weisen Frauen in dieser Altersgruppe den geringsten Phosphorbedarf auf.

Das Verteilungsprofil des altersspezifischen kumulierten **Primärenergieverbrauchs** (PEV) ist mit dem Profil der Treibhausgasemissionen und des Flächenbedarfs vergleichbar, allerdings sind die Energieverbräuche aus dem Verbrauch tierischer Nahrungsmittel und aus dem Verbrauch pflanzlicher Nahrungsmittel (inkl. Getränke) nahezu gleich stark. Zudem nimmt bei den Männern der entsprechende Anteil aus pflanzlichen Produkten am Gesamt-PEV mit dem Alter leicht zu, bedingt durch einen zunehmenden Verbrauch von pflanzlichen und einen reduzierten Verbrauch von Fleischprodukten. Bei den Frauen sind die Anteile in allen Altersgruppen nahezu konstant.

Bezüglich der untersuchten Prozessabschnitte gehen bei beiden Geschlechtern ernährungsbedingte Energieverbräuche aus der landwirtschaftlichen Produktion leicht zurück, wobei dieser Rückgang bei den Männern von 55 auf 52 Prozent etwas stärker ausgeprägt ist. Innerhalb des Energieverbrauchs in der landwirtschaftlichen Produktionsphase findet zudem eine Verschiebung vom In- ins Ausland statt. Der Auslandsanteil steigt bei den Männern von 13 auf 16 Prozent und bei den Frauen von 14 auf 17 Prozent. Dies ist auf einen gesteigerten Verbrauch von Produkten zurückzuführen, die vornehmlich im Ausland produziert werden (v. a. Obst, Gemüse, Wein). Aus diesem altersspezifischen Trend erklären sich auch die leichten Zunahmen beim Handel/Transport sowie die leicht zurückgehenden Energieverbräuche aus der Verarbeitung.

3.3   Ergebnisse nach sozialer Gruppe und Geschlecht

Die Ergebnisse zu den ernährungsbedingten Umwelteffekten nach sozialer Gruppe beruhen auf den in der Nationalen Verzehrsstudie II (MRI 2008a) gemachten Angaben zum sozialen Schichtindex. Die Bildung dieses Indexes erfolgte nach einem Punktgruppenverfahren, in dem die Faktoren Haushaltsnettoeinkommen, Schul-/Berufsbildung des Studienteilnehmers sowie die berufliche Stellung des Hauptverdieners im Haushalt bewertet und aufsummiert wurden. In der Ermittlung der Umwelteffekte wurde nach der gleichen Methode verfahren, die auch in den letzten beiden Kapiteln zur Anwendung kam. Im Hinblick auf die Verteilung von Männern und Frauen in den einzelnen sozialen Gruppen zeigte die Auswertung der Nettostichprobe der Nationalen Verzehrsstudie II mit 19.329 Teilnehmern, dass der Anteil von Frauen in der unteren Schicht erhöht ist; im Gegensatz zum Anteil in der Oberschicht (Tab. 19). Bei der Interpretation der Umwelteffekte ist diese ungleiche Verteilung zu berücksichtigen.

Tab. 19. *Prozentuale Verteilung der NVS II-Teilnehmer nach sozialer Gruppe und Geschlecht nach MRI (2008a)*

NVS II Teilnehmer	Untere Schicht	Untere Mittelschicht	Mittelschicht	Obere Mittelschicht	Oberschicht
Frauen	8,6	15,1	31,7	29,2	15,3
Männer	5,7	14,0	31,0	27,3	21,9
gesamt	7,3	14,6	31,4	28,4	18,4

Abb. 40 gibt einen Überblick über die verbrauchten Nahrungsmittel und Getränke nach sozialer Gruppe und Geschlecht. Während bei den Männern eine leichte Abnahme der Verbrauchsmenge mit der sozialen Gruppe festzustellen ist, nehmen die Verbrauchsmengen bei den Frauen leicht zu.

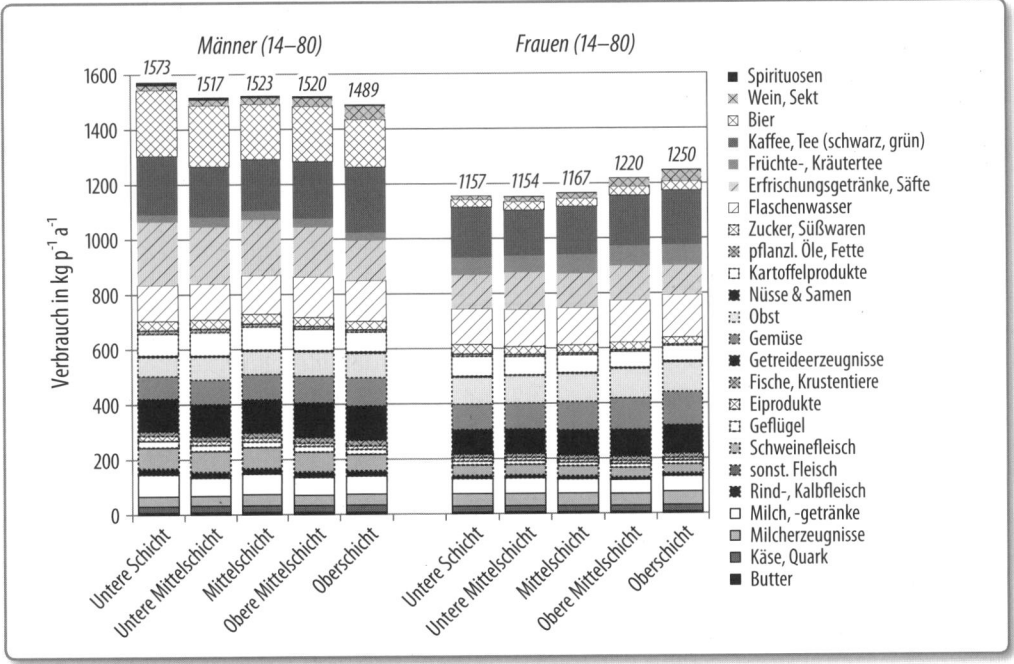

Abb. 40. *Verbrauch von Nahrungsmitteln und Getränken nach sozialer Gruppe und Geschlecht*

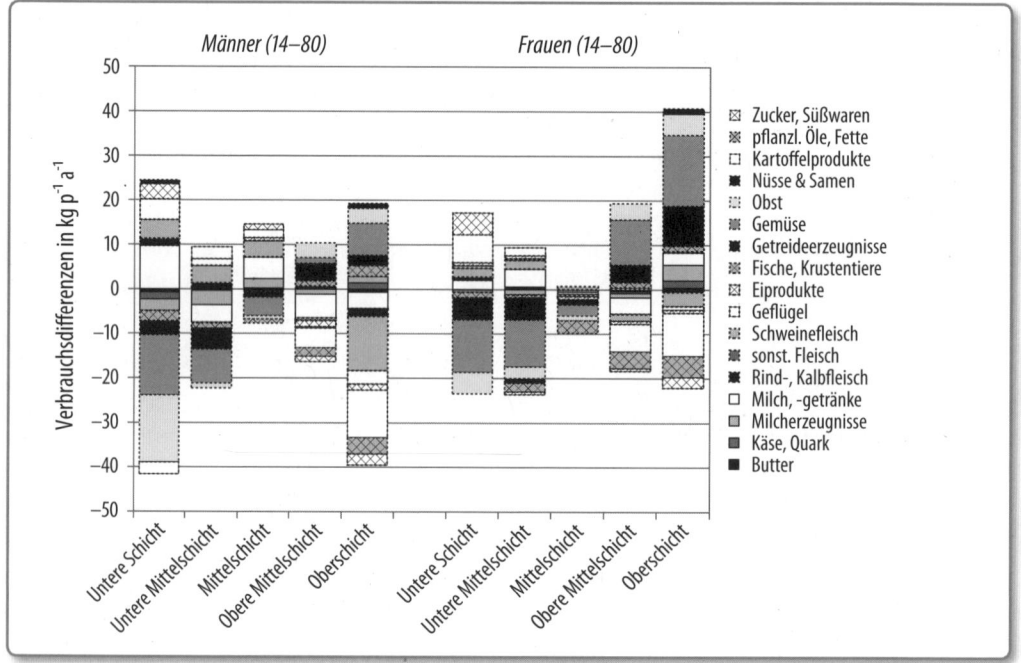

Abb. 41. *Verbrauchsdifferenzen von Nahrungsmitteln nach sozialer Gruppe und Geschlecht*

Einen besseren Überblick über die schichtspezifischen Verbrauchsänderungen bei Nahrungsmitteln und Getränken geben Abb. 41 und Abb. 42. Verbrauchszunahmen mit steigender sozialer Schicht bei Nahrungsmitteln wurden in erster Linie bei Gemüse und Obst, gefolgt von Fisch- und Getreideprodukten sowie Milcherzeugnissen und Käse/Quark festgestellt. Dagegen wurden Verbrauchsrückgänge mit steigender sozialer Schicht vor allem bei Fleisch- und Eiprodukten, Kartoffelprodukten sowie pflanzlichen Ölen und Fetten beobachtet. Bezogen auf alle tierischen Nahrungsmittel zeigt sich bei beiden Geschlechtern ein relativer Rückgang: bei den Männern von 43 auf 39 Prozent und bei den Frauen von 37 auf 34 Prozent, wobei das Minimum bei den Frauen nicht in der Oberschicht, sondern in der oberen Mittelschicht beobachtet wurde.

Verbrauchszunahmen bei Getränken mit steigender sozialer Schicht wurden in erster Linie bei Kaffee/Tee (schwarz, grün), Wein/Sekt und Mineralwasser festgestellt. Im Gegensatz dazu wurden Verbrauchsrückgänge mit steigender sozialer Schicht vor allem bei Erfrischungsgetränken, Säften/Nektaren beobachtet. Bei den Männern ist zudem der Rückgang von Bier und Spirituosen von Relevanz (Abb. 42).

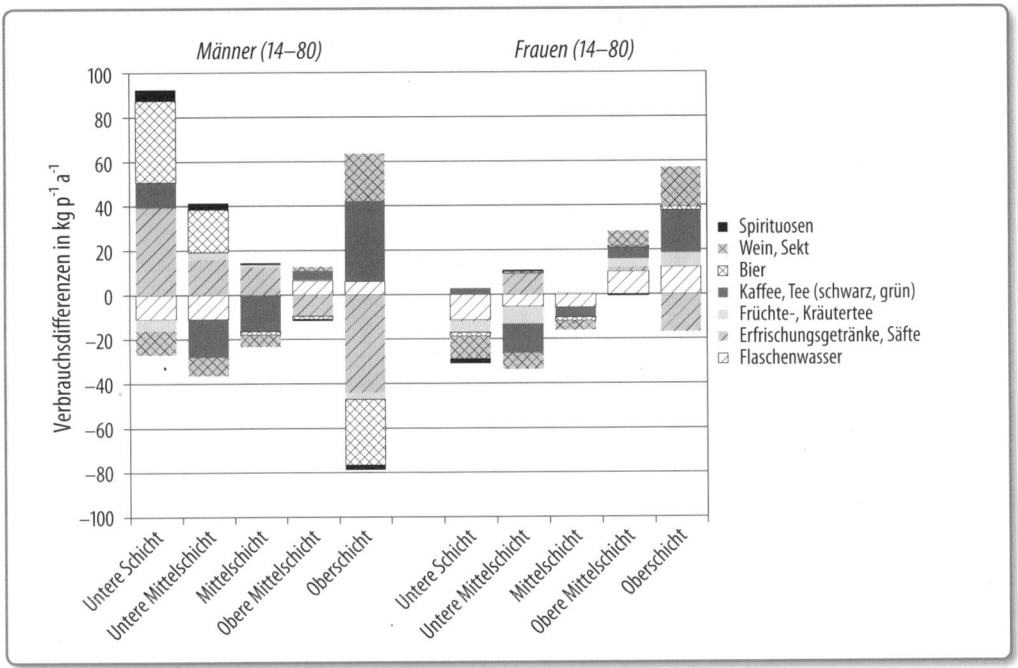

Abb. 42. *Verbrauchsdifferenzen von Getränken nach sozialer Gruppe und Geschlecht*

Zusammenfassend lässt sich feststellen, dass im Vergleich der schichtspezifischen zu den altersgruppenspezifischen Verbrauchsunterschieden die Differenzen sowohl bei Nahrungsmitteln als auch Getränken geringer ausfallen. Welchen Einfluss diese Differenzen an die daran gekoppelten Umwelteffekte haben, wird in den folgenden Absätzen vorgestellt.

Grundlage der schichtspezifischen **Treibhausgasemissionen** bildeten die präsentierten Verbrauchsmengen, die mit den entsprechenden produktgruppenspezifischen Treibhausgasfaktoren multipliziert wurden (vgl. Kapitel 3.1, S. 63 ff.).

Während bei den Männern eine mäßige Abnahme der Emissionen mit der sozialen Schicht festzustellen ist, zeigt die Auswertung bei den Frauen ein nahezu gleichbleibendes Niveau mit einem leicht erhöhten Wert in der Oberschicht (Abb. 43).

Mit einer stärkeren Betonung von Emissionen aus tierischen Produkten ähnelt das Verteilungsprofil der schichtspezifischen **Ammoniakemissionen** dem der Treibhausgase. Bei den Frauen wurden mit steigender sozialer Schicht nahezu

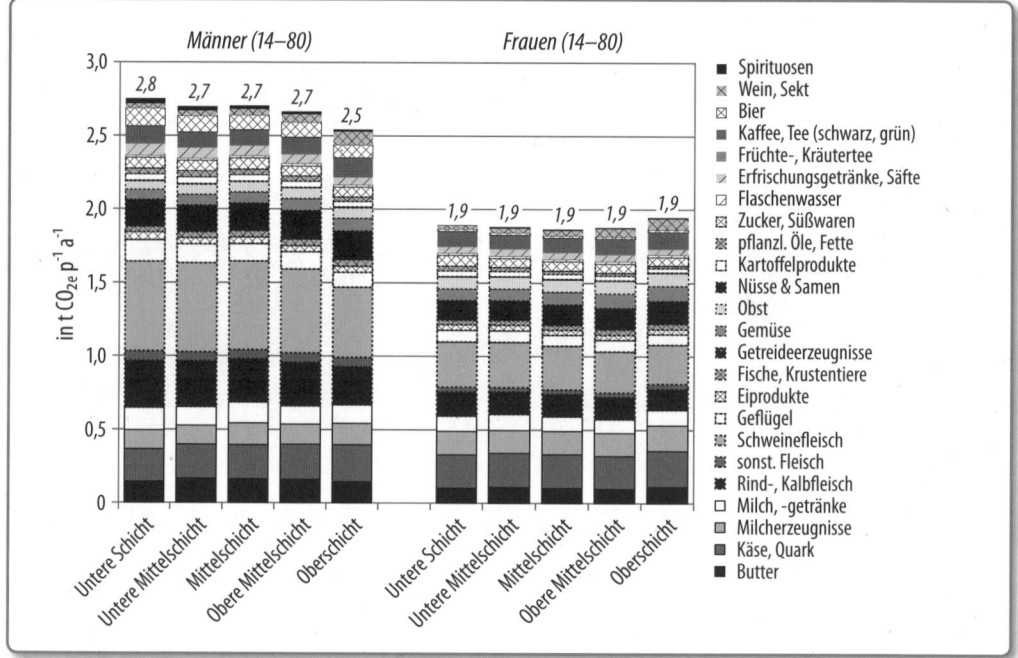

Abb. 43. *Treibhausgasemissionen nach sozialer Gruppe und Geschlecht*

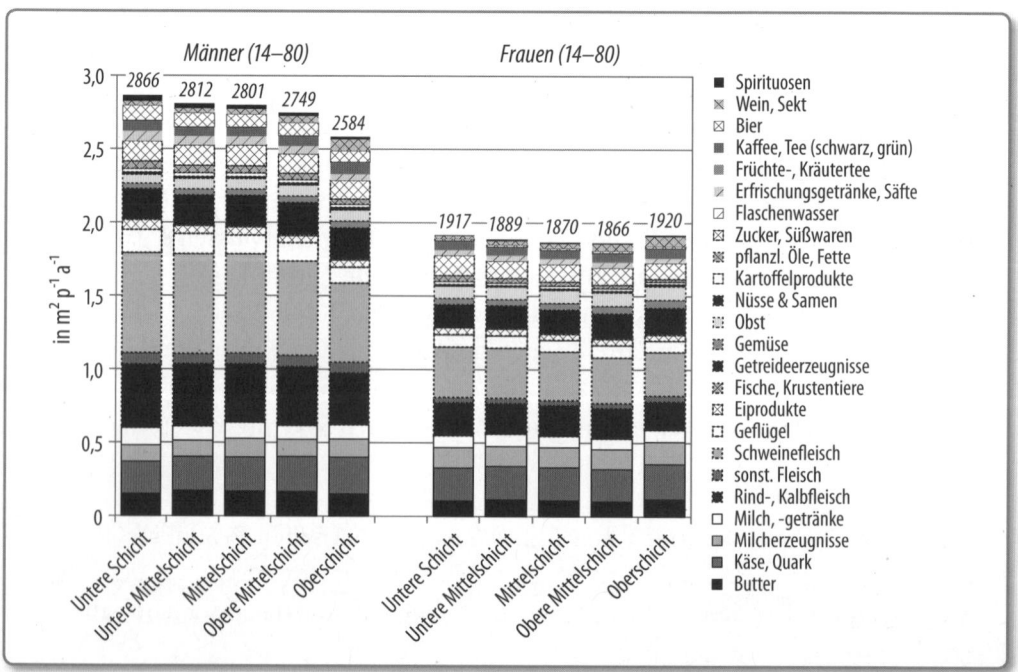

Abb. 44. *Flächenbedarf nach sozialer Gruppe und Geschlecht*

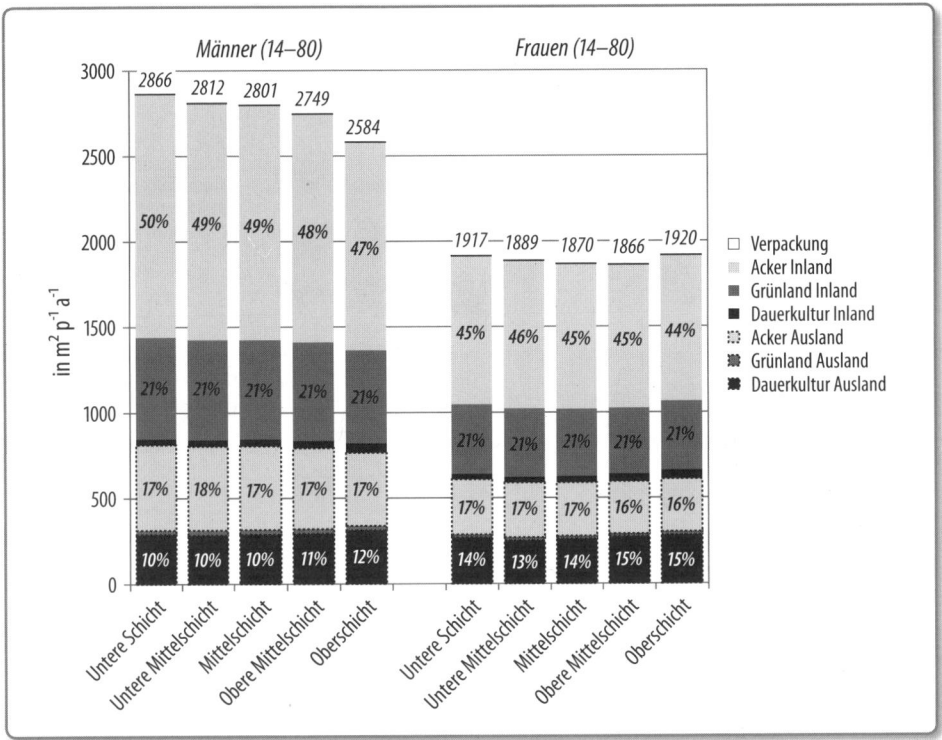

Abb. 45. *Flächenbedarf nach sozialer Gruppe und Geschlecht (prozessspezifisch)*

gleichbleibende Emissionen beobachtet. Bei den Männern gehen mit steigender sozialer Schicht die Emissionen zurück.

Das schichtspezifische Verteilungsprofil des **Flächenbedarfs** in der Abb. 44 ähnelt in seiner Ausprägung stark dem Profil der Treibhausgasemissionen. So ist bei den Männern mit steigender sozialer Gruppe ein stetiger Rückgang des entsprechenden Flächenbedarfs v. a. aus einem verringerten Verbrauch von Fleischprodukten festzustellen. Bei den Frauen geht der Flächenbedarf bis zur oberen Mittelschicht marginal zurück und steigt in der Oberschicht etwas an.

Beim Vergleich der Flächentypen in Abb. 45 fällt auf, dass, bedingt durch einen zunehmenden Obst- und Weinkonsum mit steigender sozialer Gruppe, Flächen von Dauerkulturen im In- als auch im Ausland leicht zunehmen. Währenddessen nimmt der Anteil von Ackerfläche im In- und Ausland bei beiden Geschlechtern ab. Die Grünlandflächen bleiben, bedingt durch einen relativ konstanten Verbrauch von Milchprodukten, nahezu bei allen sozialen Gruppen gleich.

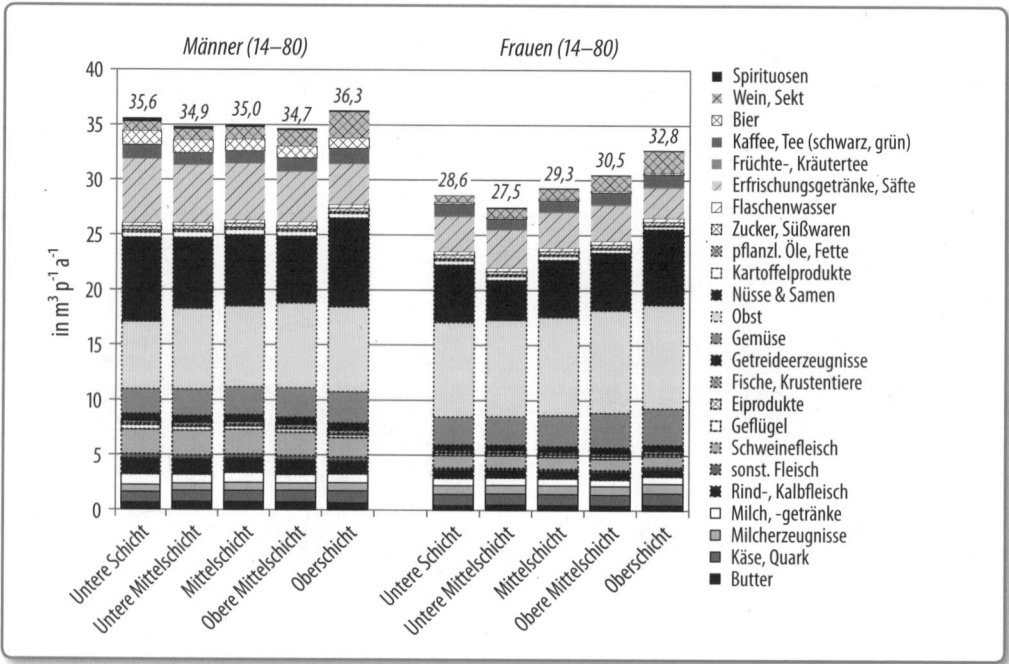

Abb. 46. *Bedarf an blauem Wasser nach sozialer Gruppe und Geschlecht*

Im Gegensatz zu den bisher beschriebenen Umweltindikatoren steht das Verteilungsprofil des **Bedarfs an blauem Wasser**.

Aus Abb. 46 geht hervor, dass die bei den anderen Indikatoren deutlichen Differenzen zwischen Männern und Frauen hier weniger ausgeprägt sind. Während bei den Männern der Bedarf an blauem Wasser bis zur oberen Mittelschicht leicht abnimmt, steigt der Bedarf bei den Frauen kontinuierlich mit der sozialen Schicht an. Das Maximum wird bei beiden Geschlechtern in der Oberschicht erreicht. Im Vergleich zu den anderen Gruppen wird in der Oberschicht der Mehrbedarf an blauem Wasser vor allem durch einen gesteigerten Verbrauch von Nüssen/Samen und Wein bedingt.

Im Hinblick auf die untersuchten Prozessabschnitte steigt mit dem Anstieg des Gesamtbedarfs an blauem Wasser auch leicht der Anteil des blauen Wassers in der ausländischen landwirtschaftlichen Produktion – in der Oberschicht bei den Männern bis zu einem Anteil von 64 Prozent und bei den Frauen bis 68 Prozent. Diese Zunahmen sind auf den Mehrverbrauch der vor allem im Ausland wasserintensiv produzierten Produktgruppen Nüsse/Samen, Wein sowie Obst zurückzuführen. Demgegenüber gehen die Anteile des Wasserbedarfs aus der

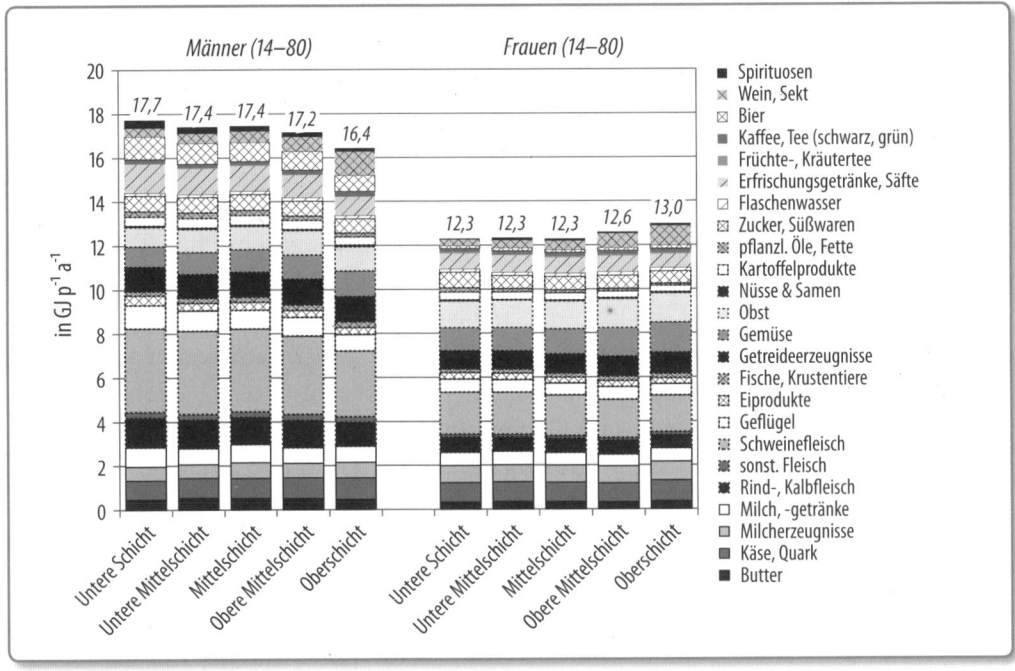

Abb. 47. Primärenergieverbrauch nach sozialer Gruppe und Geschlecht

inländischen Agrarproduktion und der Verarbeitung bei beiden Geschlechtern leicht zurück. Bei den Frauen ist dieser Trend etwas stärker ausgeprägt.

Das Profil des schicht- und geschlechtsspezifischen **Phosphorbedarfs** ähnelt dem bereits vorgestellten Profil der Treibhausgas- und Ammoniakemissionen. Der Anteil der tierischen Nahrungsmittel liegt bei ca. zwei Drittel des Gesamtphosphorbedarfs. Bedingt durch einen höheren Verbrauch tierischer Produkte ist dieser Anteil bei den Männern leicht erhöht. Während insgesamt der ernährungsbedingte Phosphorbedarf bei den Männern mit der sozialen Gruppe leicht zurückgeht, bleibt dieser bei den Frauen, abgesehen von einem leichten Anstieg in der Oberschicht, relativ konstant.

Das Verteilungsprofil des schicht- und geschlechtsspezifischen kumulierten **Primärenergieverbrauchs** (PEV) ist mit den Profilen der anderen Umweltindikatoren, mit Ausnahme des Bedarfs an blauem Wasser, vergleichbar. Während mit steigender sozialer Schicht bei den Männern eine Abnahme beobachtet wurde, stieg bei den Frauen der ernährungsbedingte Energieverbrauch leicht an. Bei den

Männern beruht dieser Rückgang vornehmlich auf einem verringerten Verbrauch von Fleischprodukten, während die Zunahme bei den Frauen in erster Linie auf einen erhöhten Weinkonsum mit steigender Schicht zurückzuführen ist (Abb. 47).

3.4 Ergebnisse nach Bundesländern

Als letzter der in dieser Arbeit vorgestellten soziodemographischen Faktoren wird in diesem Kapitel der Einfluss der Bundesländer auf ernährungsbedingte Umwelteffekte untersucht. Bedingt durch die Datenfülle, die sich bei einer Auswertung von 16 Bundesländern ergibt, wird dabei im Gegensatz zu den anderen soziodemographischen Merkmalen nicht nach Geschlecht unterschieden. Somit mussten die Verzehrsdaten von Männern und Frauen in den Bundesländern durch Bildung des Mittelwertes (arithmetisches Mittel) miteinander verrechnet werden. Um die bundeslandspezifische Verteilung von Männern und Frauen dabei zu berücksichtigen, wurden die Verzehrsmengen mit entsprechenden Verteilungskoeffizienten in den Bundesländern auf Basis des Bevölkerungsstandes im Jahr 2006 gewichtet (Destatis 2007a).

Tab. 20 gibt einen Überblick über einige statistische Kennzahlen und regionale Gruppierungen, die bei der Interpretation der Ergebnisse zu Rate gezogen werden sollten. Zur Stichprobenverteilung wird im zweiten Ergebnisbericht der Nationalen Verzehrsstudie erwähnt (MRI 2008a, S. 15):

»Da die Stichprobenziehung der NVS-Teilnehmer proportional zur Bevölkerungsdichte vorgenommen wurde, spiegelt sich diese Verteilung auch bei der Diet-History-Stichprobe wider. Während in Niedersachsen 2,4 Prozent mehr Personen an der Befragung teilgenommen haben als es der Bundesdurchschnitt vorgesehen hätte, waren es in NRW und Sachsen-Anhalt 0,8 Prozent weniger Teilnehmer. Die Teilnahmebereitschaft in den neuen Bundesländern fällt auch wie bei der NVS-Gesamtteilnehmerzahl bei der Diet-History-Stichprobe geringer aus als in den alten Bundesländern.«

Zudem ist in Tab. 20 das Durchschnittsalter in den jeweiligen Stichproben wiedergegeben. Diese liegen im Bereich von 44,6 Jahren in Hamburg bis 47,1 Jahren im Saarland.

In Abb. 48 wird der Nahrungs- und Getränkeverbrauch bundeslandspezifisch pro Kopf zusammengefasst. Dabei wurde nach der gleichen Methode verfahren, die auch bei den anderen soziodemographischen Merkmalen zur Anwendung

Tab. 20. Verteilung und Durchschnittsalter in den Bundesländern auf Basis der NVS II (MRI 2008a)

	Abkürzung	untersuchte Stichprobe*		Durchschnittsalter in Stichprobe
		N	in %	in Jahren
Mecklenburg-Vorpommern	MV	333	2,2	45,5
Brandenburg	BB	495	3,2	46,0
Berlin	B	651	4,2	44,8
Sachsen-Anhalt	LSA	477	3,1	45,8
Sachsen	SA	823	5,4	46,7
Thüringen	TH	450	2,9	46,1
OST		**3229**	**21,0**	**45,9**
Schleswig-Holstein	SH	520	3,4	45,4
Hamburg	HH	331	2,2	44,6
Bremen	BR	124	0,8	45,9
Niedersachsen	NI	1467	9,5	45,5
NORD		**2441**	**15,9**	**45,4**
Nordrhein-Westfalen	NRW	3346	21,8	45,6
Hessen	HE	1129	7,3	45,6
Rheinland-Pfalz	RP	750	4,9	45,0
Saarland	SL	195	1,3	47,1
WEST		**5421**	**35,3**	**45,6**
Baden-Württemberg	BW	1977	12,9	44,9
Bayern	BY	2303	15,0	45,2
SÜD		**4280**	**27,8**	**45,1**
Insgesamt		**15 371**	**100,0**	**45,5**

* Nettostichprobe aus Diet-History-Protokollen

kam, also der Umrechnung der Verzehrs- in Verbrauchsmengen mittels produkt-spezifischer und konsistenter Umrechnungsfaktoren (vgl. Tab. 16, S. 97).

Da sich diese Umrechnungsfaktoren jeweils auf den Bundesdurchschnitt der verzehrten und verbrauchten Produktmengen beziehen, führt deren Anwendung auf Bundeslandebene zu Verzerrungen bei den Verbrauchsmengen, die die Aussagekraft der ernährungsökologischen Resultate schmälern. Da jedoch keine

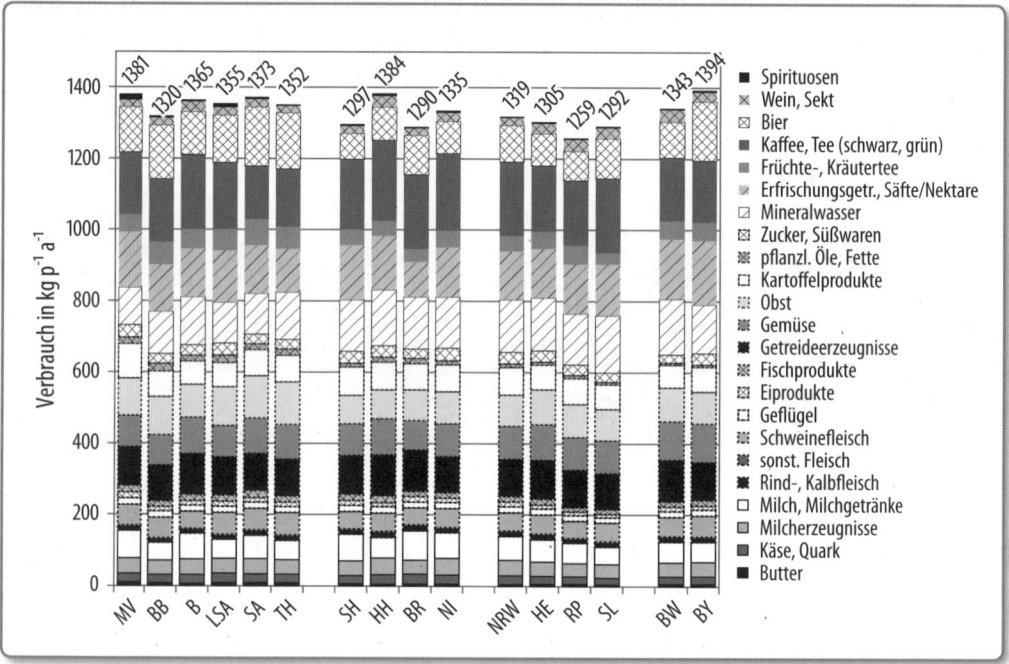

Abb. 48. *Verbrauch von Nahrungsmitteln und Getränken nach Bundesländern*

spezifischeren Umrechnungsfaktoren zum Zeitpunkt des Verfassens dieser Arbeit vorlagen, wurde mit den bundesdurchschnittlichen Faktoren gerechnet. Restriktionen, die sich aus deren Anwendung ergeben, werden in der Diskussion besprochen. Zudem muss erwähnt werden, dass für Nüsse und Samen keine bundeslandspezifischen Verzehrsdaten zur Verfügung standen. Daher wurde diese Produktgruppe in dieser Auswertung nicht mit berücksichtigt. In der Abb. 48 werden die berechneten Verbrauchsmengen nach Bundesländern wiedergegeben. Einen besseren Überblick über resultierende Verbrauchsdifferenzen geben jedoch Abb. 49 und Abb. 50.

Aus Abb. 49 ist ersichtlich, dass der Verbrauch an Nahrungsmitteln nicht nur qualitativ, sondern auch quantitativ zwischen den einzelnen Bundesländern variiert. So wurden im Saarland pro Kopf und Jahr lediglich 600 kg Nahrungsmittel verbraucht, während in Mecklenburg-Vorpommern 732 kg pro Person und Jahr verbraucht wurden. Im Allgemeinen wurden in den östlichen Bundesländern (v. a. in MV, LSA, SA und TH) mehr Nahrungsmittel verbraucht als in den anderen Bundesländern. Dabei wurden maßgeblich mehr Obst, pflanzliche Öle/

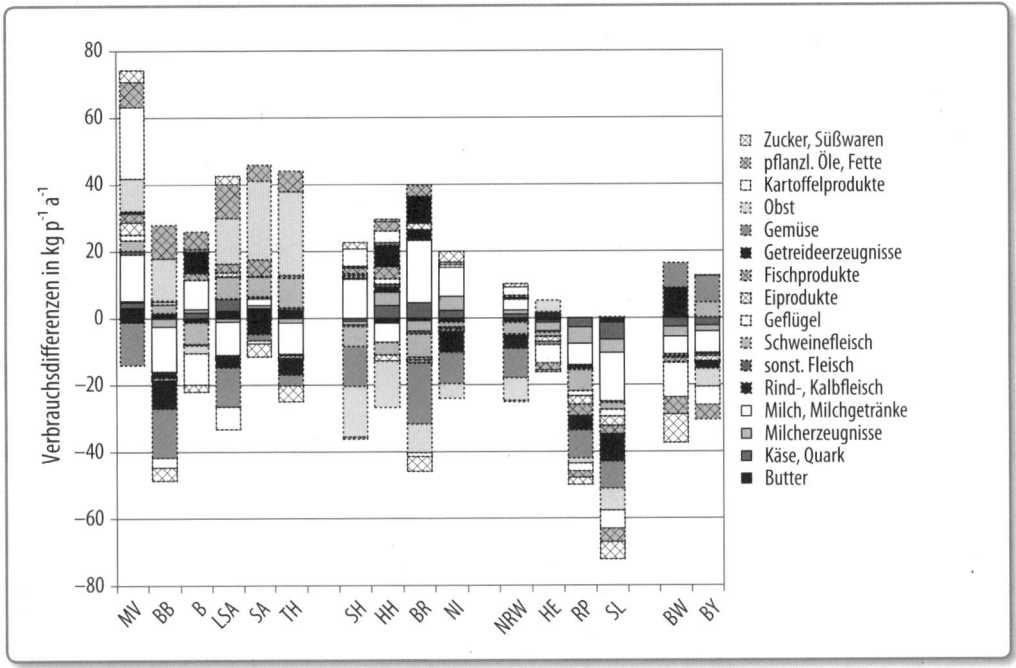

Abb. 49. *Verbrauchsdifferenzen von Nahrungsmitteln nach Bundesländern (im Vergleich zum Bundesdurchschnitt)*

Fette sowie Fleischprodukte und Butter konsumiert. In den nördlichen Bundesländern SH, BR und NI wurde ein überdurchschnittlicher Verbrauch an Milch/-getränken sowie in BR und HH an Rind- und Kalbfleisch festgestellt. Im Gegensatz dazu wurde Schweinefleisch, Obst und Gemüse weniger verbraucht. Der Verbrauch von Fischprodukten war am ausgeprägtesten in HH und SA. In NRW, dem Bundesland mit dem größten Bevölkerungsanteil, wurden v. a. Milchprodukte überdurchschnittlich verbraucht, im Gegensatz zu Gemüse, Obst, Schweinefleisch und Getreideerzeugnissen. In den südlichen Bundesländern BW und BY wurde ein überdurchschnittlicher Verbrauch an Gemüse und speziell in BY an Schweinefleisch beobachtet, im Gegensatz zu einem niedrigeren Verbrauch an pflanzlichen Ölen/Fetten und Kartoffelprodukten.

Der Verbrauch von Getränken variiert innerhalb der Bundesländer zwischen 624 kg in Bremen (BR) und 740 kg pro Person und Jahr in Bayern (BY). Dabei geht aus Abb. 50 hervor, dass Mineralwasser vermehrt in den alten Bundesländern verbraucht wurde. Bei den Erfrischungsgetränken und Säften/Nektaren wiesen BW und BY erhöhte Verbräuche auf. Bei Kräuter- und Früchtetee wurde ein ver-

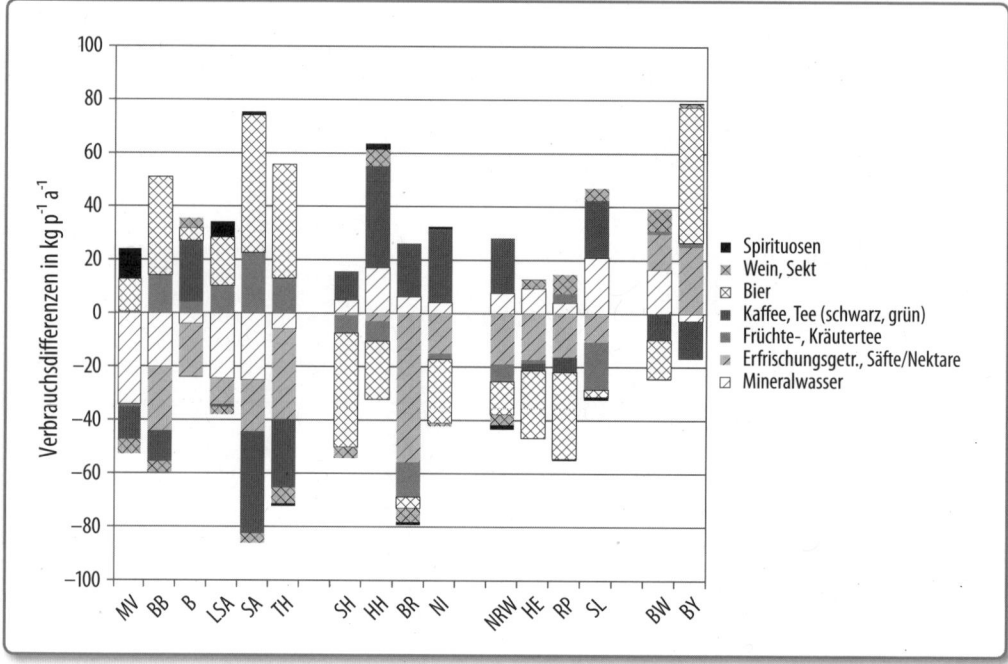

Abb. 50. *Verbrauchsdifferenzen von Getränken nach Bundesländern (im Vergleich zum Bundesdurchschnitt)*

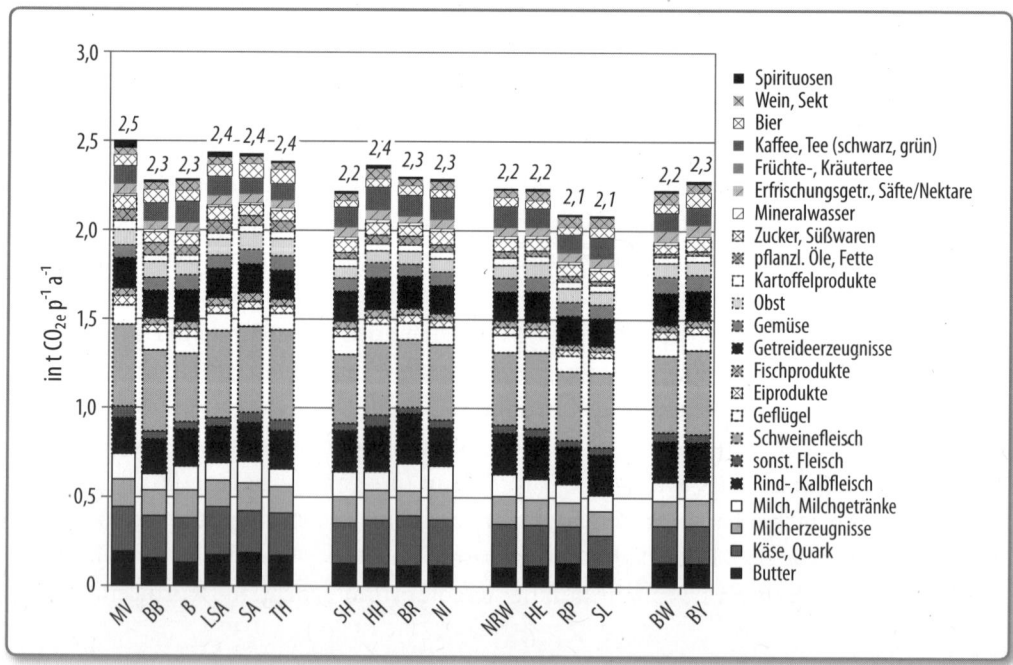

Abb. 51. *Treibhausgasemissionen nach Bundesländern*

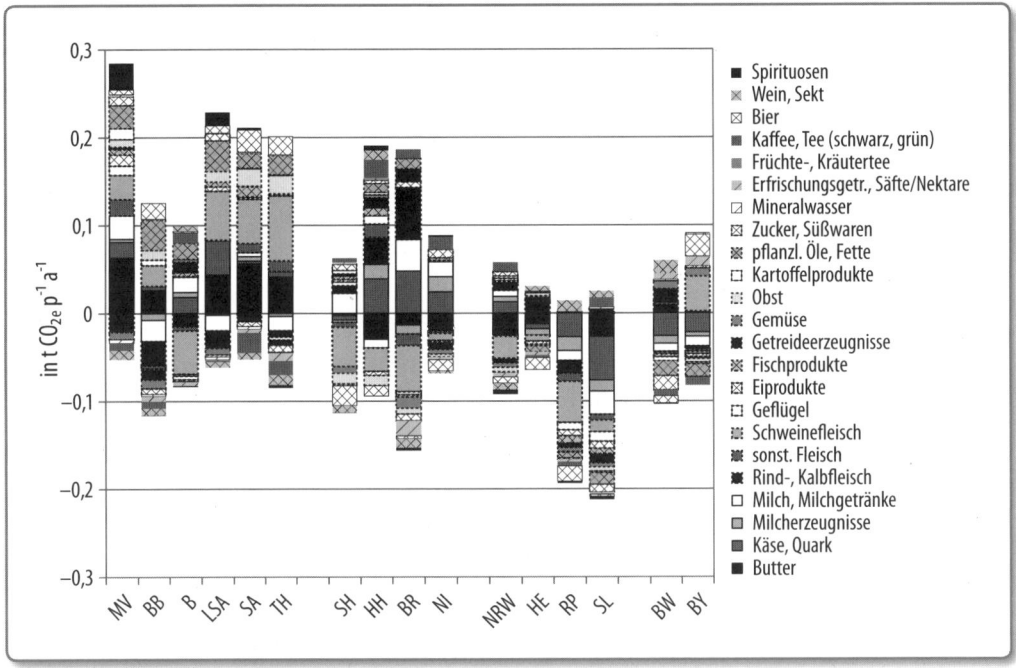

Abb. 52. *Differenzen der Treibhausgasemissionen zum Bundesdurchschnitt nach Bundesländern (produktgruppenspezifisch)*

mehrter Konsum in den östlichen Bundesländern (außer MV) beobachtet. Ein überdurchschnittlicher Verbrauch an Kaffee und Tee (schwarz, grün) wurde in den Stadtstaaten B, HH und BR sowie in allen nördlichen Bundesländern sowie NRW beobachtet. Während Bier vermehrt in BY und den östlichen Bundesländern konsumiert wurde, wurde ein überdurchschnittlicher Verbrauch an Wein in der Region West (in RP, SL, HE) sowie in HH und BW festgestellt. Spirituosen wurden überdurchschnittlich in MV und LSA verbraucht.

In Abb. 51 werden entsprechende **Treibhausgasemissionen** nach Bundesländern dargestellt. Dabei wurden die höchsten Emissionen pro Kopf in der Region Ost in MV, LSA, SA und TH sowie in der Region Nord in HH verursacht. Die niedrigsten Emissionen traten in der Region West in RP und im SL auf.

Einen besseren Überblick welche Nahrungsmittel und Getränke zu den Differenzen beitrugen, gibt Abb. 52. Dargestellt sind die verbrauchsbedingten Treibhausgasemissionen im Vergleich zum Bundesdurchschnitt (ohne Nüsse/Samen). Aus der Abbildung geht hervor, dass die höheren Emissionen in der Region Ost

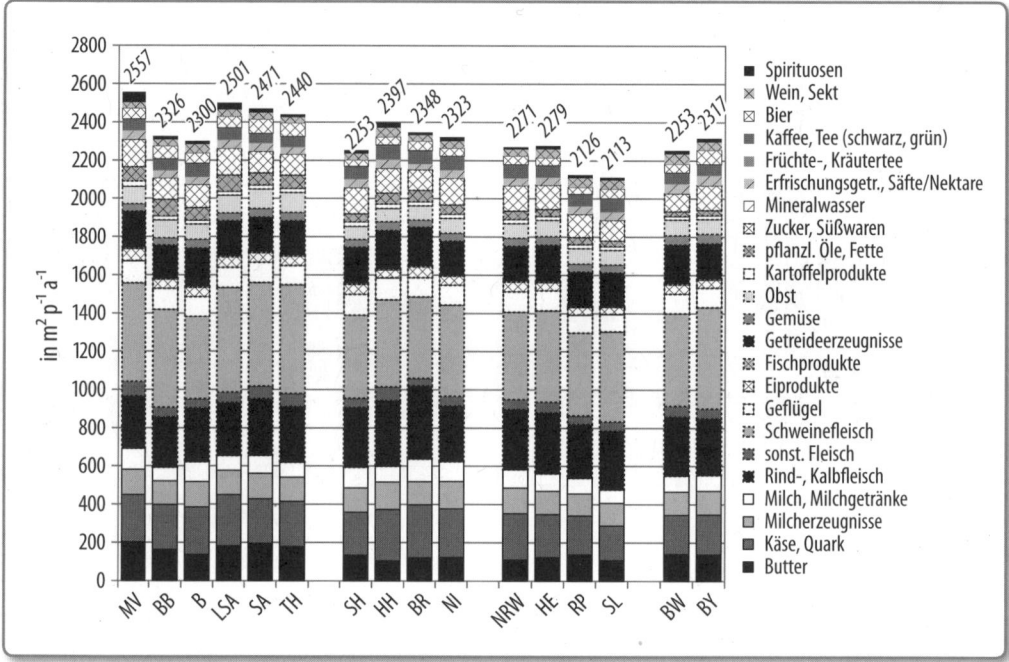

Abb. 53. *Flächenbedarf nach Bundesländern*

(MV, LSA, SA, TH) vor allem durch einen überdurchschnittlichen Verbrauch an Butter, Schweinefleisch und pflanzlichen Fetten/Ölen verursacht wurden. Hinzu kommt in MV und LSA noch der übermäßige Verbrauch an Spirituosen. Im Gegensatz dazu wurden in der Region Nord (HH, BR) die Spitzen bei den Treibhausgasemissionen maßgeblich durch einen überdurchschnittlichen Verbrauch an Käse/Quark und Rindfleisch verursacht. Leicht überdurchschnittliche Treibhausgasemissionen in Bayern (BY) wurden in erster Linie durch einen Mehrverbrauch an Schweinefleisch und Bier bedingt. Diese wurden jedoch durch einen unterdurchschnittlichen Verbrauch an Käse/Quark und pflanzlichen Fetten/Ölen fast vollständig kompensiert. In den Bundesländern mit den niedrigsten Treibhausgasemissionen pro Kopf (SL, RP, SH) sind diese hauptsächlich auf einen geringeren Verbrauch an Butter, Käse/Quark und Schweinefleisch zurückzuführen.

Abb. 53 gibt einen Überblick über den ernährungsbedingten **Flächenbedarf** nach Bundesländern. Die höchsten ernährungsbedingten Flächenbedarfe mit über 2400 m² pro Person und Jahr wurden in MV, LSA, SA und TH beobachtet, die niedrigsten Flächenbedarfe mit unter 2200 m² pro Person und Jahr in SL und RP.

Die größte Differenz mit 444 m² pro Person und Jahr ergab sich zwischen MV und dem SL. Im Bundesdurchschnitt setzte sich der Verbrauch anteilig folgendermaßen zusammen:

- zu 47 % aus Ackerflächen im Inland
- zu 17 % aus Ackerflächen im Ausland
- zu 21 % aus Grünland im Inland
- zu 1 % aus Grünland im Ausland
- zu 2 % aus Dauerkulturen im Inland
- zu 12 % aus Dauerkulturen im Ausland.

Dabei setzte sich der ernährungsbedingte Flächenmehrbedarf in MV, LSA, SA und TH zu überdurchschnittlichen Anteilen aus Ackerflächen im In- und Ausland zusammen. Der Grünlandanteil im Inland war stattdessen reduziert. Im Gegensatz dazu setzte sich der Flächenmehrbedarf in HH und BR vornehmlich aus Grünlandflächen im Inland zusammen, bedingt durch einen überdurchschnittlichen Verbrauch an Rind- und Kalbfleisch.

Aus Abb. 54 geht der bundeslandspezifische Bedarf an **blauem Wasser** hervor. Dabei sei an dieser Stelle nochmals darauf hingewiesen, dass für die Produktgruppe der Nüsse und Samen, die unter einem hohen Einsatz von blauem Wasser produziert werden, keine Verzehrsmengen auf Bundeslandebene zur Verfügung standen. Aus diesem Grund stellen die im Folgenden vorgestellten Werte einerseits Unterschätzungen dar. Andererseits üben sich weitere Faktoren, wie bspw. der in allen Bundesländern als gleich unterstellte Umrechungsfaktor von Verzehr in Verbrauch sowie die Tatsache, dass der Verzehr aus Haus- und Kleingärten nicht separat in der NVS II ermittelt wurde, nachteilig bei ernährungsökologischen Betrachtungen auf dieser Ebene aus. Diese Faktoren müssen bei der Interpretation der Ergebnisse berücksichtigt werden.

Im Gegensatz zu den Umweltindikatoren, die in den vorherigen Absätzen untersucht wurden, resultiert ein hoher Bedarf an blauem Wasser vor allem aus dem Verbrauch bewässerungsintensiv hergestellter pflanzlicher Nahrungsmittel und Getränke. Dabei wirkt sich der hohe Obstverzehr in den neuen Bundesländern, der in der Nationalen Verzehrsstudie II (MRI 2008a) festgestellt wurde, nachteilig auf die Wasserbilanz aus. Während mit 28,6 m³ pro Person und Jahr der höchste ernährungsbedingte Wasserbedarf aus der Ernährung in SA resultierte, bedingte der Verbrauch in BR (Bremen) den niedrigsten Bedarf an blauem Wasser mit 24,0 m³ pro Person und Jahr.

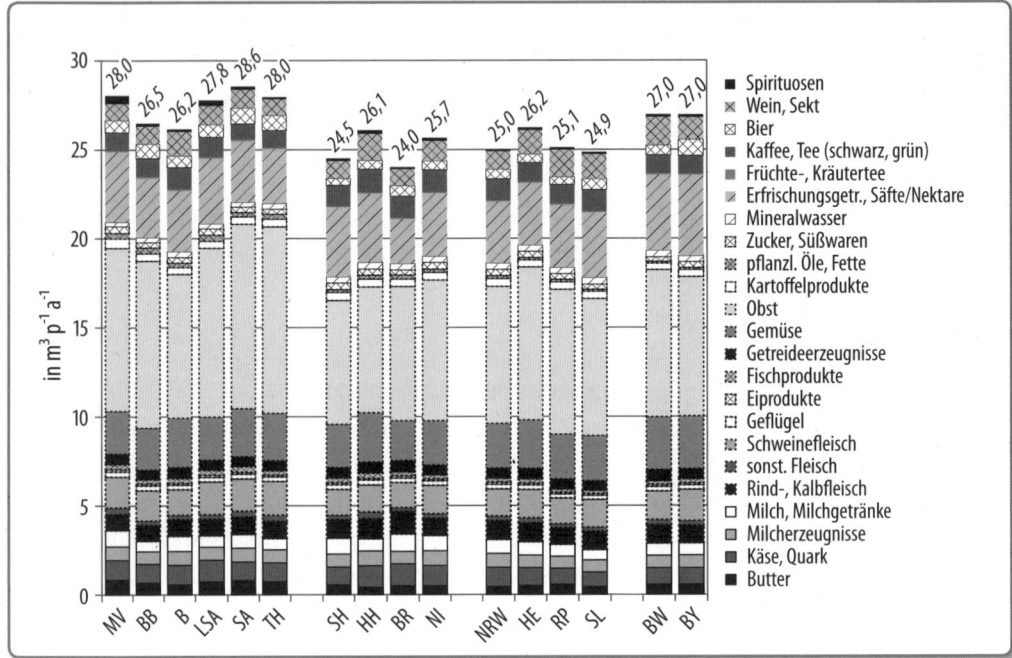

Abb. 54. *Bedarf an blauem Wasser nach Bundesländern*

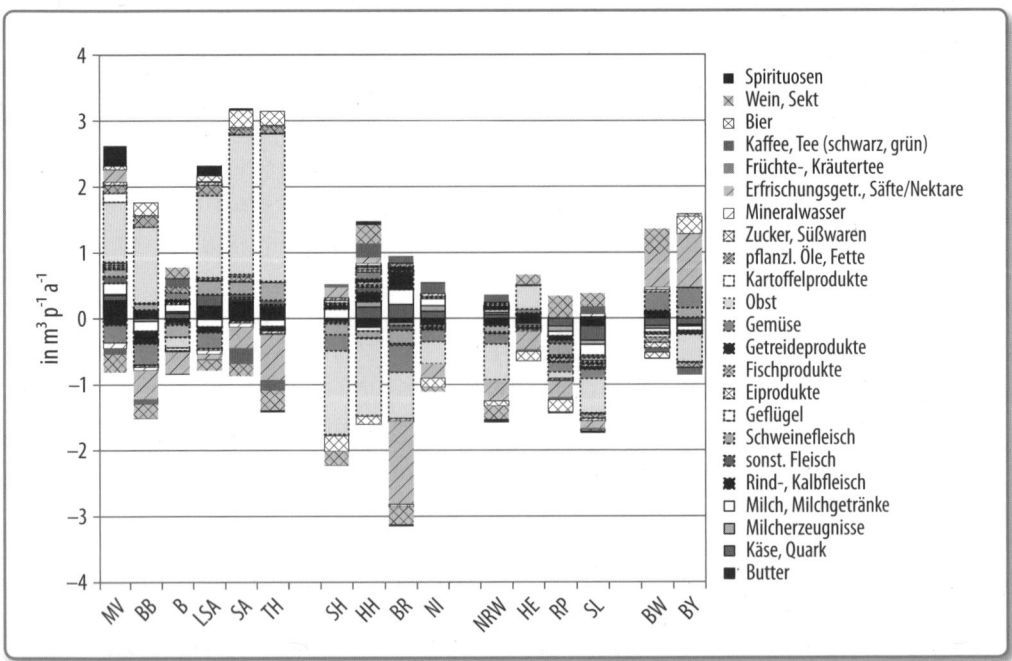

Abb. 55. *Differenzen im Bedarf an blauem Wasser zum Bundesdurchschnitt nach Bundesländern*

Die Auswertung der absoluten Unterschiede im Bedarf an blauem Wasser in Abb. 55 verdeutlicht die Relevanz von Obst, der daraus hergestellten Erfrischungsgetränke und Säfte/Nektare sowie von Wein/Sekt. Aufgrund der o. g. Faktoren, die die Aussagekraft des ernährungsbedingten Wasserbedarfs nach Bundesländern schmälern, wurde von einer prozessspezifischen Darstellungsform Abstand genommen.

In der bundeslandspezifischen Auswertung ähnelt das Verteilungsprofil sowie das Minimum und Maximum des **Phosphorbedarfs** sowie des **Primärenergieverbrauchs** dem der Treibhausgasemissionen und dem des Flächenbedarfs.

3.4.1 Zwischenfazit der soziodemographischen Auswertung

In Tab. 21 werden die Resultate der soziodemographischen Auswertung der letzten drei Kapitel zusammengefasst. Dabei wurde eine relative Darstellungsform gewählt, indem die prozentualen Abweichungen des Minimums und des Maximums vom entsprechenden Gruppendurchschnitt ermittelt wurden. Um die Minima und Maxima zuordnen zu können, wurden diese zudem mit der entsprechenden Altersgruppe, der sozialen Schicht oder dem entsprechenden Bundesland versehen. Weiterhin wurden in einem übergreifenden Vergleich die Minima und Maxima grau hinterlegt, welche über alle soziodemographischen Merkmale hinweg die größten Abweichungen vom Gruppendurchschnitt aufwiesen.

Mit Ausnahme des Maximums bei den ernährungsbedingten Treibhausgasemissionen in Mecklenburg-Vorpommern sind die größten Abweichungen im Kontext der altersgruppenspezifischen Betrachtung aufgetreten. Die geringsten Unterschiede der untersuchten Umwelteffekte wurden in Bezug auf die sozialen Gruppen festgestellt.

Im nächsten Kapitel sollen die Umwelteffekte der Verzehrssituation im Jahr 2006 (Ist-Zustand) mit den Umwelteffekten verglichen werden, die verschiedene Ernährungsempfehlungen mit sich bringen würden (Soll-Zustand). Bedingt durch die Beobachtung, dass die größten Abweichungen vom Bundesdurchschnitt bezüglich der Altersgruppen festgestellt wurden, wurde dabei nicht nur der bundesdurchschnittliche Verzehr mit den Ernährungsempfehlungen verglichen, sondern auch ein altersgruppen- und geschlechtsspezifischer Vergleich vorgenommen, um ein genaueres Bild maximaler Umweltentlastungspotentiale zu erhalten.

Tab. 21. Soziodemographische Unterschiede im Vergleich (relative Abweichungen der Minima und Maxima vom Gruppendurchschnitt)

		Altersgruppe & Geschlecht				Soziale Gruppe & Geschlecht				Bundes-länder*	
		Männer		Frauen		Männer		Frauen		Max.	Min.
		Max.	Min.	Max.	Min.	Max.	Min.	Max.	Min.		
Verbrauch	in %	6,4	–11,1	4,0	–8,9	3,2	–2,3	4,9	–3,1	4,1	–6,0
		19–24	65–80	35–50	14–18	Untere Schicht	Ober-schicht	Ober-schicht	Untere Mittel-schicht	BY	RP
Treibhausgas-emissionen	in %	8,8	–11,8	2,4	–5,8	2,8	–5,0	2,8	–1,5	10,2	–8,2
		19–24	65–80	51–64	19–24	Untere Schicht	Ober-schicht	Ober-schicht	Mittel-schicht	MV	SL
Ammoniak-emissionen	in %	13,1	–14,8	1,6	–5,0	4,3	–8,2	2,3	–2,5	11,6	–9,8
		19–24	65–80	35–50	19–24	Untere Schicht	Ober-schicht	Untere Schicht	Obere Mittel-schicht	MV	SL
Flächenbedarf	in %	11,1	–14,0	1,9	–5,6	3,7	–6,5	1,2	–1,6	10,8	–8,4
		19–24	65–80	35–50	65–80	Untere Schicht	Ober-schicht	Ober-schicht	Obere Mittel-schicht	MV	SL
Wasserbedarf (blau)	in %	5,6	–9,6	14,8	–8,0	3,8	–0,9	10,2	–7,5	8,9	–8,4
		35–50	65–80	51–64	19–24	Ober-schicht	Obere Mittel-schicht	Ober-schicht	Untere Mittel-schicht	SA	BR
Phosphor-bedarf	in %	10,4	–12,6	1,8	–6,1	2,8	–5,8	2,3	–1,3	9,8	–7,5
		19–24	65–80	51–64	19–24	Untere Schicht	Ober-schicht	Ober-schicht	Obere Mittel-schicht	MV	SL
Primärener-gieverbrauch	in %	11,5	–11,8	2,0	–6,2	2,6	–4,8	3,5	–1,9	9,6	–8,6
		19–24	65–80	51–64	65–80	Untere Schicht	Ober-schicht	Ober-schicht	Mittel-schicht	MV	SL

▨ hellgrau markiert: geringste Abweichung vom entsprechenden Durchschnitt 2006
■ dunkelgrau markiert: höchste Abweichung vom entsprechenden Durchschnitt 2006
* ohne Produktgruppe Nüsse und Samen

3.5 Umwelteffekte von Ernährungsempfehlungen und Ernährungsweisen

Wie im letzten Kapitel gezeigt werden konnte, wurden die größten Abweichungen der ernährungsbedingten Umwelteffekte im Hinblick auf Altersgruppen und das Geschlecht identifiziert (vgl. Tab. 21).

Vor dem Hintergrund einer nicht nur ausreichenden, sondern optimalen Versorgung aller Bevölkerungsgruppen wurde deswegen ein altersgruppen- und geschlechtsspezifischer Vergleich mit diversen Ernährungsempfehlungen durchgeführt. Aus folgenden Gründen wurde keine ernährungsökologische Auswertung nach sozialen Gruppen und nach Bundesländern vorgenommen:

- geringere Schwankungsbreiten der Umwelteffekte innerhalb aller untersuchter soziodemographischer Faktoren beim Sozialstatus und der bundeslandspezifischen Auswertung
- keine geschlechtsspezifische Betrachtung innerhalb der bundeslandspezifischen Auswertung vorliegend.

Hohe Schwankungsbreiten im Verzehr und im Verbrauch können zudem am ehesten auf die Gefahr einer potentiellen Unter- und Überversorgung mit Nährstoffen hinweisen und sind daher nicht nur aus ernährungsökologischer, sondern auch aus allgemeingesundheitlicher Perspektive von großer Relevanz.

Ziel dieser Auswertung war es daher, mögliche altersgruppen- und geschlechtsspezifischen Umweltentlastungspotentiale zu quantifizieren. Dabei lag ein besonderer Fokus auf potentiell unterversorgten Bevölkerungsgruppen, da sich deren Verzehrsverhalten zwar positiv auf die Umwelt auswirken kann, dieses jedoch vor allem als Risiko im Bereich der öffentlichen Gesundheitsvorsorge diskutiert werden sollte.

Die beobachteten Umweltwirkungen (Ist-Zustand) werden im Folgenden mit den Umwelteffekten von Ernährungsempfehlungen und Ernährungsweisen (Soll-Zustand) verglichen, um gemeinsame Schnittmengen von ökologischen und gesundheitlichen Potentialen zu verdeutlichen und zu diskutieren. Vergleiche wurden dabei mit folgenden Empfehlungen vorgenommen:

- Empfehlungen der *Deutschen Gesellschaft für Ernährung* (DGE). Diese orientieren sich am Leitbild einer **vollwertigen Ernährung** (DGE 2008).
- Empfehlungen des *Verbands für Unabhängige Gesundheitsberatung* (UGB). Diese orientieren sich am Leitbild der **Vollwerternährung** bzw. einer **nachhaltigen Ernährung** (UGB 2011). Neben gesundheitlichen Abwägungen schlie-

ßen diese explizit ökologische und auch soziale Kriterien in den Empfehlungs-
katalog mit ein.

◆ Empfehlungen des US-amerikanischen Landwirtschafts- und Gesundheits-
departments (USDA[60], USDHHS[61]) zu einer **vegetarischen** (ovo-lacto) und
veganen Ernährungsweise (USDA, USDHHS 2010). Neben den Empfehlungen zu einer Standard-Kost beinhaltet die letzte Auflage der *Dietary Guidelines
for Americans* (ebd.) auch Empfehlungen zu mediterranen Kostformen, wobei
zwischen einem spanischen und einem griechischen Typ differenziert wird.
Allerdings wurden diese Empfehlungen nicht mit in die engere Auswahl der
in dieser Arbeit betrachteten Kostformen integriert, da sie nicht ausreichend
differenziert genug vorlagen, um diese ökobilanziell zu quantifizieren.

Neben einem Bezug zur Bevölkerung in Deutschland, der zumindest bei den
Empfehlungen der DGE und des UGB gegeben ist, waren folgende Kriterien bei
der Auswahl der ausgewerteten Ernährungsempfehlungen entscheidend:

◆ **Nahrungsmittelbezug:** die Empfehlungen sollten nicht nur in Form von zu
verzehrenden Makro- und Mikronährstoffen ausformuliert sein, sondern auch
in Form von konkreten Nahrungsmitteln bzw. Produktgruppen. Diese Art
der Empfehlungen werden im Gegensatz zu *Nutrient-based dietary guidelines*
(NBDG) als *Food-based dietary guidelines* (FBDG) bezeichnet.

◆ **Ausreichende Differenziertheit**, so dass die nahrungsmittelbezogenen Empfehlungen mit den in dieser Arbeit untersuchten Produktgruppen verglichen
werden können.

◆ **Quantifizierbarkeit:** die in den Empfehlungen gemachten Angaben beruhen
nicht nur auf der Anzahl der Portionen, die verzehrt werden sollten, sondern
äußern sich in eindeutig quantifizierbaren Einheiten auf Basis des Gewichts
oder des Volumens.

3.5.1 Anpassung der Verzehrssituation im Jahr 2006 an die Empfehlungen

Wie in Kapitel 3.1 erläutert, wurden die im bisherigen Teil der Arbeit erstellten
Umweltprofile an der Einteilung der Produktgruppen in der Nationalen Verzehrsstudie II (MRI 2008a) ausgerichtet, mit 17 Nahrungsmittel- und sieben Getränkegruppen. Dabei wurden auf Basis der amtlichen Statistik bei einigen Gruppen
(v. a. bei pflanzlichen Nahrungsmitteln und Getränken) Annahmen zu deren

---

60 *United States Department of Agriculture*
61 *United States Department of Health and Human Services*

heterogener Zusammensetzung getroffen. So setzten sich bspw. Süßwaren nicht nur aus Zucker, sondern auch aus pflanzlichen Ölen/Fetten, Milcherzeugnissen und Kakao zusammen. Die Anteile dieser Komponenten mussten im Rahmen der Einbettung in die nationale Versorgungsbilanz mit berücksichtigt werden, um die Umwelteffekte konsistent abzubilden.

Allerdings sind die meisten Aussagen in den nahrungsmittelbezogenen Verzehrsempfehlungen eher rohstoffbezogen und zudem einfacher gehalten, um dem Verbraucher einen gewissen Handlungskorridor zu garantieren. Beispielsweise formuliert die DGE im Bereich der Getränke: »*Insgesamt mindestens 1,5 l Flüssigkeit* [pro Tag und pro Person, Anm. des Autors], *bevorzugt energiearme Getränke*« (DGE 2008, S. 7). Zudem ist in der Empfehlung für Obst bereits der Obstverzehr über Getränke eingerechnet.

Aus diesen Gründen war es im Rahmen der empfehlungsbezogenen Betrachtung der Umwelteffekte notwendig, die bisherige Produkteinteilung an die homogenen Produktgruppen der Empfehlungen anzupassen. Dabei wurde der Zucker in den Erfrischungsgetränken, im Wein/Sekt und in den Getreideprodukten der entsprechenden Hauptgruppe Zucker zugeordnet. Während pflanzliche Öle/Fette in den Süßwaren auf die entsprechende Hauptgruppe übertragen wurden, wurden die in den Süßwaren enthaltenen Milcherzeugnisse der originären Gruppe der Milchprodukte zugeführt. Kakao, Kaffee und Tee (schwarz/grün, Kräuter/ Früchte) sowie Wein und Spirituosen blieben unberücksichtigt, da sich hierzu keine entsprechenden Referenzmengen in allen Empfehlungen fanden. So lagen zum Zeitpunkt des Verfassens dieser Arbeit keine Empfehlungen des UGBs zur Aufnahme von Alkohol vor. Die Übersetzung der Volumen- und Gewichtseinheiten in den US-amerikanischen Empfehlungen in Unzen *(ounces)* und Tassen *(cups)* erfolgte mit Hilfe der online verfügbaren US-amerikanischen Nährstoffdatenbank[62]. Um Interpretationsspielräume beim Vergleich der Verzehrsempfehlungen teilweise zu umgehen, wurden einerseits bei Angaben von Spannen immer die Mittelwerte verwendet. Anderseits wurden die in diesem Kapitel untersuchten Verzehrsweisen auf eine tägliche Kalorienaufnahme von 2000 kcal pro Person adjustiert, um auf dieser Basis den Vergleich der Umwelteffekte aufzubauen. Dabei wurde maßgeblich auf die produktgruppenspezifischen Kalorienangaben aus der nationalen Versorgungsbilanz *(food balance sheet)* für Deutschland im Jahr 2006 der FAO zurückgegriffen (FAO Stat 2011).

---

62 USDA *National Nutrient Database for Standard Reference* (http://ndb.nal.usda.gov/ndb/foods/list, zuletzt geprüft am 19.04.12)

Tab. 22. Vergleich des Nahrungsmittelverzehrs im Jahr 2006 mit diversen Ernährungs-
empfehlungen/-weisen (auf Basis von 2.000 kcal pro Person und Tag)

	Mittelwert Verzehr 2006		DGE (D-A-CH)		UGB		Ovo-lacto vegetarisch		Vegan	
	g (kcal) pro Person und Tag									
Butter[a]	12	(93)	11	(85)	10	(75)	8	(60)	–	–
Fettreiche Milchprodukte (Käse, Sahne etc.)[b]	46	(186)	55	(223)	75	(149)	628	(408)[d]	–	–
Fettarme Milchprodukte (Milch, Joghurt etc.)[c]	205	(181)	225	(133)	375	(222)			–	–
Vegane Milchprodukte[d],[e]	–	–	–	–	–	–	–	–	732	(407)
Fleischprodukte[f]	105	(153)	64	(84)	40	(52)	–	–	–	–
◆ Rind-, Kalbfleisch	19	(20)	12	(11)	7	(7)	–	–	–	–
◆ Schweinefleisch	58	(96)	35	(53)	22	(33)	–	–	–	–
◆ Geflügel	25	(33)	15	(18)	9	(11)	–	–	–	–
◆ Sonst. Fleisch	3	(4)	2	(2)	1	(1)	–	–	–	–
Eiprodukte	18	(26)	9	(13)	9	(13)	16	(23)	–	–
Fischprodukte	25	(25)	26	(27)	25	(25)	–	–	–	–
Getreideprodukte[g]	281	(673)	362	(816)	403	(734)	295	(665)	295	(665)
Gemüse	226	(59)	400	(104)	500	(130)	245	(64)	245	(64)
Hülsenfrüchte[h]	–	–	–	–	52	(72)	124	(174)	128	(180)
Früchte	338	(156)	250	(115)	200	(92)	250	(115)	250	(115)
Nüsse, Samen[i]	3	(11)	–	–	–	–	21	(64)	26	(82)
Kartoffelprodukte	80	(55)	112	(78)	82	(57)	107	(74)	107	(74)
Pflanzliche Öle, Fette	15	(134)	24	(209)	30	(264)	27	(238)	34	(300)
Zucker	70	(248)	32	(114)	32	(114)	32	(114)	32	(114)
Summe	**1425**	**(2000)**	**1571**	**(2000)**	**1833**	**(2000)**	**1754**	**(2000)**	**1850**	**(2000)**

[a] Butter (Fett: 82,7 %, Protein: 0,8 %, Energiegehalt: 754 kcal 100 g^{-1})

[b] Fettreiche Milchprodukte (Fett: 17,7 %, Protein: 22,2 %, Energiegehalt: 405 kcal 100 g^{-1}). Aufgrund der stärkeren Betonung fettreduzierter Produkte in den Empfehlungen des UGB für diese Kategorie wurde ein Energiegehalt von 198 kcal 100 g^{-1} angenommen.

[c] Fettarme Milchprodukte (Fett: 4,4 %, Protein: 4,1 %, Energiegehalt: 88 kcal 100 g^{-1}). Aufgrund der Empfehlungen der DGE und des UGB eher fettärmere Produkte zu verzehren, wurde ein reduzierter Energiegehalt von 59 kcal 100 g^{-1} angenommen.

[d] Die Angaben in USDA, USDHHS (2010), die in Tassen-Äquivalenten *(cup equivalents)* erfolgten, wurden in entsprechende Gewichts-einheiten umgerechnet. Bei 2000 kcal pro Person und Tag werden 3 Tassen empfohlen (entspricht bei 244 g pro Tasse 732 g pro Tag). Ein Tassen-Äquivalent entspricht bspw. einer Tasse Milch, einer Tasse Sojagetränk oder einer Tasse Joghurt bzw. 1,5–2 Unzen Käse (eine Unze = 28 g)

[e] Vegane Milchprodukte (Fett: 2,2 %, Protein: 3,7 %, Energiegehalt: 56 kcal 100 g^{-1} nach Birgersson et al. 2009)

Tab. 22 gibt einen Überblick über den Nahrungsmittelverzehr im Jahr 2006 und entsprechende Referenzmengen der untersuchten Verzehrsempfehlungen, bezogen auf eine tägliche Kalorienaufnahme von 2.000 kcal pro Person.

Während die Umweltdaten der neu hinzugekommenen Kategorie Hülsenfrüchte auf Basis der Umweltökonomischen Gesamtrechnungen (Schmidt & Osterburg 2010) ermittelt wurden, wurde das Umweltprofil der veganen Milchprodukte (Sojamilch) aus Angaben von Birgersson et al. (2009) und GEMIS (Öko-Institut 2010) modelliert. Da die Angaben zum Verzehr von Milchprodukten bzw. veganen Milchprodukten in den US-amerikanischen Empfehlungen (USDA, USDHHS 2010) auf der Basis von sog. Tassen-Äquivalenten *(cup-equivalents)* erfolgten, wobei eine Tasse 244 Gramm Vollmilch entspricht, wurde diese Einheit beibehalten. Daher sind die höheren Verzehrssummen der ovo-lacto-vegetarischen und der veganen Empfehlung nicht unbedingt mit den anderen Verzehrssummen vergleichbar, da entsprechende Produkte auch in konzentrierter Form (bspw. als Käse, Tofu) verzehrt werden können. Eine absolut höhere tägliche Verzehrsmenge ergibt sich lediglich aus den Empfehlungen der DGE und des UGB. Obwohl die Empfehlungen zur vegetarischen und veganen Ernährungsweise mit Mikronährstoffen angereicherte Produkte empfehlen (bspw. mit Vitamin B12 angereicherte Sojamilch), konnten, aufgrund mangelnder Daten dazu, entsprechende Effekte in den Umweltprofilen nicht berücksichtigt werden.

Die Berechnung der Umwelteffekte erfolgte unter Anwendung der gleichen Umrechnungsfaktoren von Verzehr in Verbrauch bzw. Versorgung, die bereits in den vorherigen Kapiteln benutzt wurden (vgl. Tab. 16, S. 97). Aufgrund Ermangelung konsistenter Umrechungsfaktoren für Hülsenfrüchte und vegane Milchprodukte wurden entsprechende Faktoren von Gemüse bzw. den Milchprodukten übertragen. Da keine amtlichen Selbstversorgungsgrade vorlagen, wurde der Selbstversorgungsgrad von Gemüse für beide Produktgruppen unterstellt (vgl. Tab. 33, S. 227).

---

[f] Zusammensetzung der Fleischprodukte nach Tierarten gemäß Bundesdurchschnitt im Jahr 2006. Aufgrund der Empfehlung eher fettarme Produkte zu verzehren, wurden bei den Empfehlungen der DGE und des UGB niedrigere Energiegehalte bei Fleisch- und Wurstprodukten angenommen (Verzehr 2006: 145 kcal 100 g^{-1}, DGE/UGB: 131 kcal 100 g^{-1}).

[g] Aufgrund eines zunehmenden Vollkorn-, und damit Ballaststoffanteils bei Getreideprodukten, wurden bei den Empfehlungen und den Verzehrsweisen geringere Energiegehalte angenommen (Verzehr 2006: 240 kcal 100 g^{-1}, DGE/vegetarisch/vegan: 226 kcal 100 g^{-1}, UGB: 182 kcal 100 g^{-1})

[h] Beim Verzehr 2006 und den Empfehlungen der DGE (D-A-CH) sind Hülsenfrüchte nicht separat ausgewiesen, jedoch in der Gruppe des Gemüses berücksichtigt.

[i] Für die Empfehlungen der DGE (D-A-CH) und des UGB lagen keine quantifizierbaren Mengen für Nüsse & Samen vor.

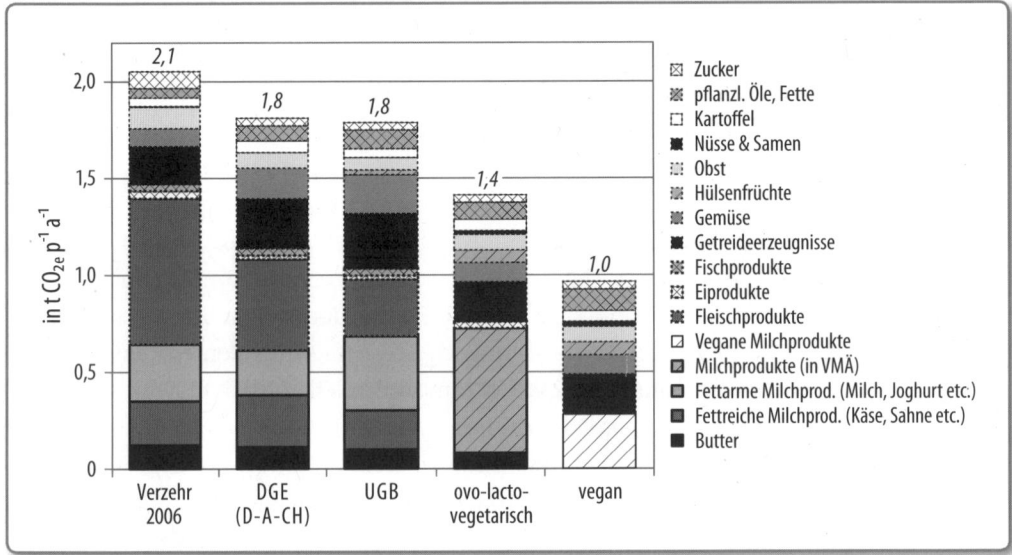

Abb. 56. *Treibhausgasemissionen der Ist-Situation im Jahr 2006 sowie von Empfehlungen und Ernährungsweisen, auf Basis von 2.000 kcal pro Person und Tag*

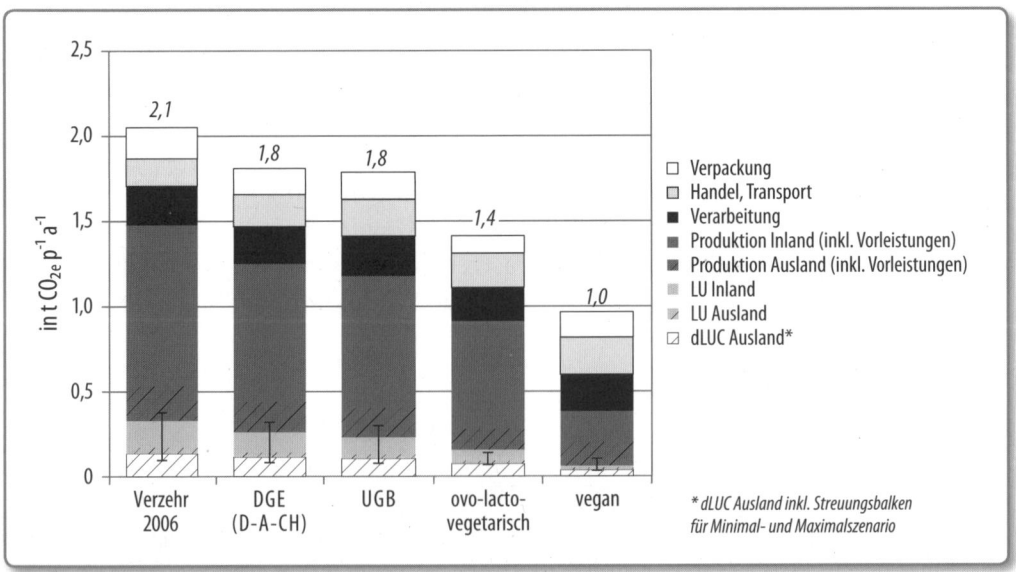

Abb. 57. *Ernährungsbedingte Treibhausgasemissionen im Jahr 2006 sowie von Empfehlungen und Ernährungsweisen (prozessspezifisch), auf Basis von 2.000 kcal pro Person und Tag*

Treibhausgasemissionen von Empfehlungen und Ernährungsweisen

Abb. 56 gibt einen Überblick über die produktspezifischen Treibhausgasprofile der untersuchten Ernährungsempfehlungen und Ernährungsweisen im Vergleich zur Verzehrssituation im Jahr 2006 auf Basis der Nationalen Verzehrsstudie II (MRI 2008a). Demnach ist das tatsächliche Verbrauchsprofil im Jahr 2006 (Ist-Zustand) mit den höchsten Treibhausgasemissionen verbunden. Dabei resultierten die höchsten Emissionen aus dem Verbrauch von Fleischprodukten, gefolgt von Milchprodukten.

Die Empfehlungen der DGE und des UGB resultieren gleichsam in einem moderaten Emissionsrückgang, allerdings mit einem unterschiedlichen Profil. So werden nach den Empfehlungen des UGB geringere Emissionen aus dem verminderten Verzehr von Fleischprodukten durch einen gesteigerten Verzehr von Milchprodukten teilweise ausgeglichen.

Deutliche Emissionseinsparungen sind mit einer ovo-lacto-vegetarischen Ernährung verbunden. Dabei werden ca. 50 Prozent der Gesamtemissionen durch den Verbrauch von Milchprodukten verursacht. Die vegane Kostform ist mit Abstand mit den geringsten Emissionen verbunden, was vor allem auf den zusätzlichen Ersatz von Milchprodukten durch vegane Produkte zurückzuführen ist (mit einem Einsparpotential von 53 Prozent).

Hinsichtlich des Entstehungsortes der Emissionen (prozessspezifische Darstellung in Abb. 57) ist zu beobachten, dass der Großteil der Treibhausgaseinsparungen in der landwirtschaftlichen Produktion im Inland stattfindet, gefolgt von verminderten Emissionen aus inländischer Landnutzung (LU), direktem Landnutzungswandel im Ausland (dLUC) sowie der direkten landwirtschaftlichen Produktion im Ausland. Emissionen aus der Verarbeitung und der Herstellung der Verpackungsmaterialien bleiben relativ unverändert.

Ammoniakemissionen von Empfehlungen und Ernährungsweisen

Der ammoniakbezogene Vergleich der Verzehrssituation im Jahr 2006 mit den Ernährungsempfehlungen und Ernährungsweisen zeigt ein ähnliches Bild wie das bezüglich der Treibhausgasemissionen im letzten Absatz; mit dem Unterschied, dass die zu erreichenden Einsparungen noch deutlicher sind. Bedingt durch die Tatsache, dass Ammoniakemissionen fast ausschließlich bei der Produktion tierischer Nahrungsmittel auftreten, würde eine vegane Ernährungsweise mit Abstand zu den geringsten Emissionen führen (mit einem Einsparpotential von 89 Prozent, Abb. 58). Mit der Ernährung nach der DGE bzw. des UGB ließen sich Emissionsminderungen von 22 Prozent bzw. 30 Prozent erzielen.

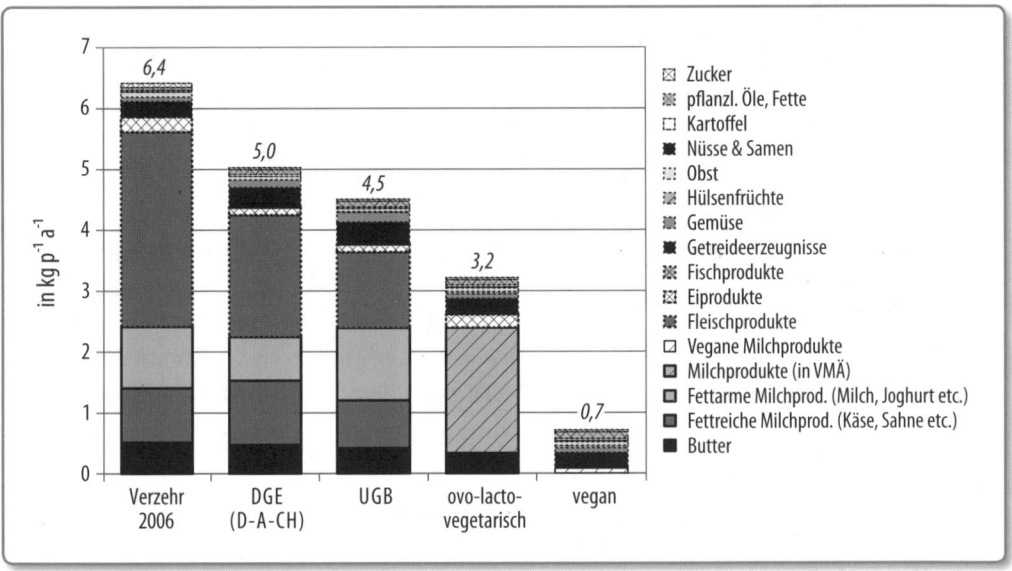

Abb. 58. *Ammoniakemissionen der Ist-Situation im Jahr 2006 sowie von Empfehlungen und Ernährungsweisen, auf Basis von 2.000 kcal pro Person und Tag*

Flächenbedarf von Empfehlungen und Ernährungsweisen

Im Gegensatz zu den im letzten Absatz verglichenen Ammoniakemissionen sind die Unterschiede im Hinblick auf die benötigte Landfläche weniger gravierend, aber dennoch deutlich ausgeprägt (Abb. 59). Während der Verzehr im Jahr 2006 den Großteil des damit verbundenen Flächenbedarfs für die Produktion tierischer Nahrungsmittel benötigte, sinkt dessen Anteil auf unter 50 Prozent bei der ovo-lacto-vegetarischen Ernährungsweise. Die größte Differenz bzw. Einsparung zur Verzehrssituation im Jahr 2006 sowie innerhalb der untersuchten Ernährungs-empfehlungen und Ernährungsweisen geht mit einem Wechsel zu einer veganen Kostform einher (Einsparpotential: 50 Prozent).

Einen genaueren Überblick über die Veränderungen des entsprechenden Flä-chenbedarfs gibt Abb. 60. Demnach führen die Empfehlungen der DGE und des UGB bei allen Flächentypen zu einem Rückgang, was sich bei den Acker- und Grünlandflächen auf einen verminderten Verzehr von Fleischprodukten (von Monogastriern und Wiederkäuern) zurückführen lässt. Der Rückgang bei den Dauerkulturen erklärt sich einerseits aus dem geringeren Verzehr von Obst, wobei die DGE 250 g pro Tag und der UGB 200 g pro Tag Obst empfehlen (vgl. Tab. 22, S. 136). Der Verzehr im Jahr 2006 lag deutlich darüber. Andererseits ist der gerin-

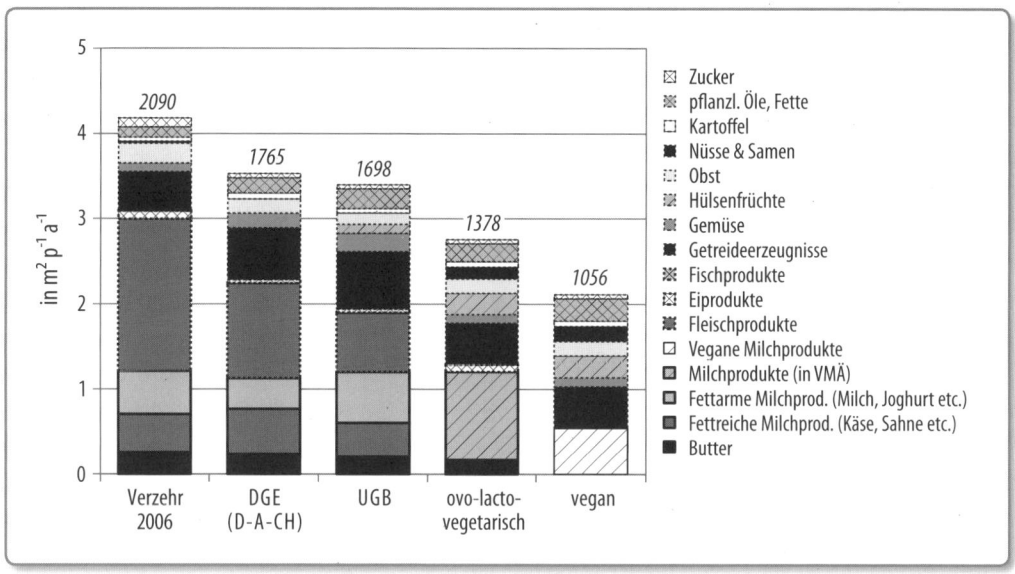

Abb. 59. *Flächenbedarf der Ist-Situation im Jahr 2006 sowie von Empfehlungen und Ernährungsweisen, auf Basis von 2.000 kcal pro Person und Tag*

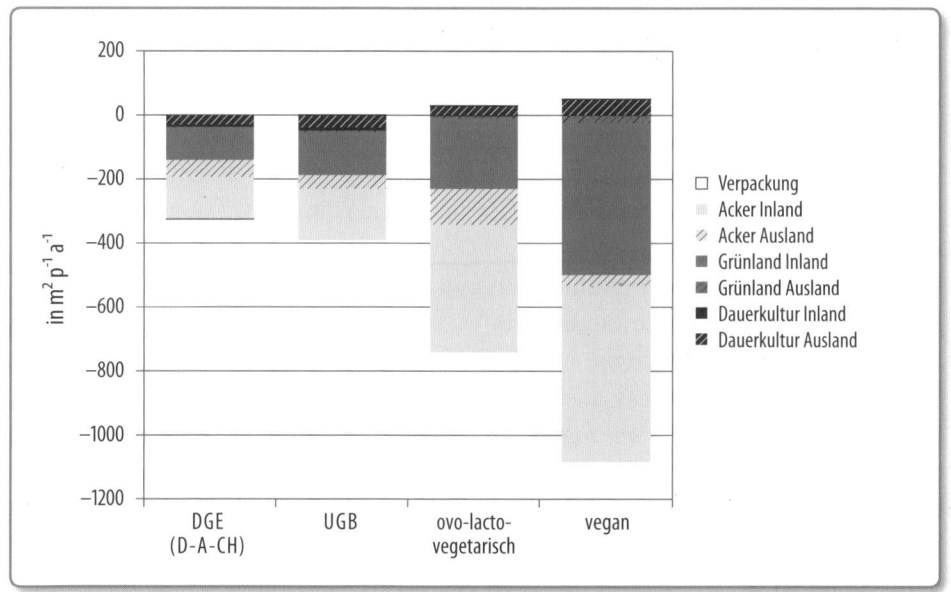

Abb. 60. *Unterschiede im Flächenbedarf der Empfehlungen und Ernährungsweisen im Vergleich zur Ist-Situation im Jahr 2006 (prozessspezifisch), auf Basis von 2.000 kcal pro Person und Tag*

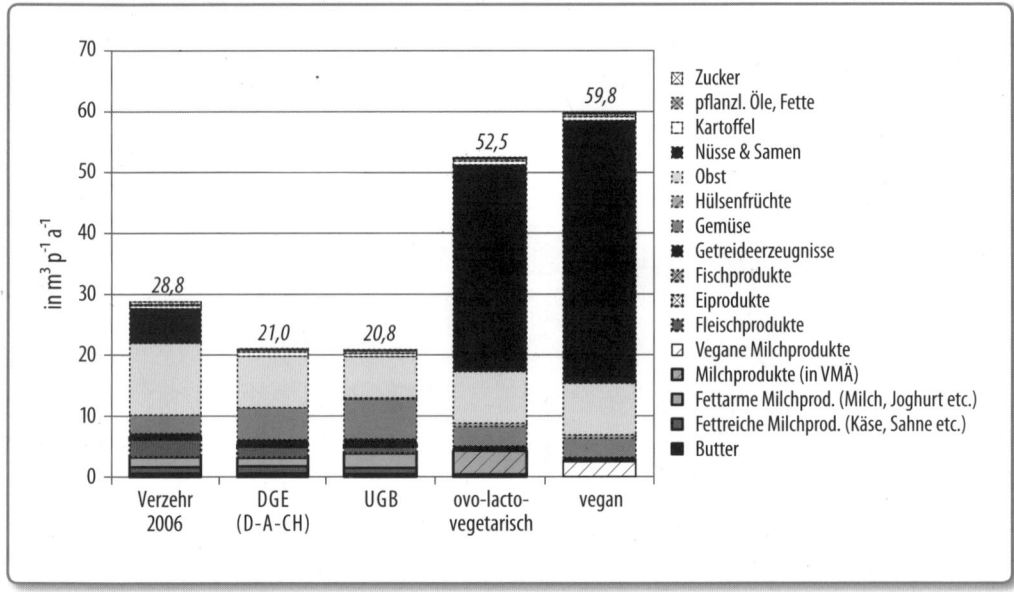

Abb. 61. *Wasserbedarf (blau) der Ist-Situation 2006 sowie von Empfehlungen und Ernährungsweisen, auf Basis von 2.000 kcal pro Person und Tag*

gere Flächenbedarf darauf zurückzuführen, dass für die Empfehlungen der DGE und des UGB keine quantifizierbaren Empfehlungen zu Nüssen & Samen vorlagen und somit diese Produktgruppe nicht explizit mit untersucht werden konnte; im Gegensatz zu den Empfehlungen der ovo-lacto-vegetarischen und veganen Ernährungsweise. Hierbei sind die Flächen aus Dauerkulturen leicht erhöht.

Wasserbedarf (blau) von Empfehlungen und Ernährungsweisen

Aus Abb. 61 geht der Bedarf an blauem Wasser hervor, welchen die konsequente Umsetzung der Empfehlungen und Ernährungsweisen nach sich ziehen würde. Dabei gilt zu beachten, dass die Produktgruppe Nüsse & Samen nicht als separate Gruppe in den Empfehlungen der DGE und des UGB erfasst ist, obwohl davon auszugehen ist, dass beide Institutionen den Verzehr von Nüssen & Samen befürworten. Der UGB empfiehlt: »*Etwa die Hälfte der Kost sollte aus unerhitzter Kost bestehen. Dazu zählt: […] Nüsse, Kerne, Ölsaaten*« (UGB 2011:1). Leider lag zum Zeitpunkt des Verfassens dieser Arbeit diesbezüglich keine quantifizierbare Aussage vor. Aus diesem Grund ist vermutlich auch bei den Empfehlungen der DGE und des UGB von einem höheren Wasserbedarf auszugehen.

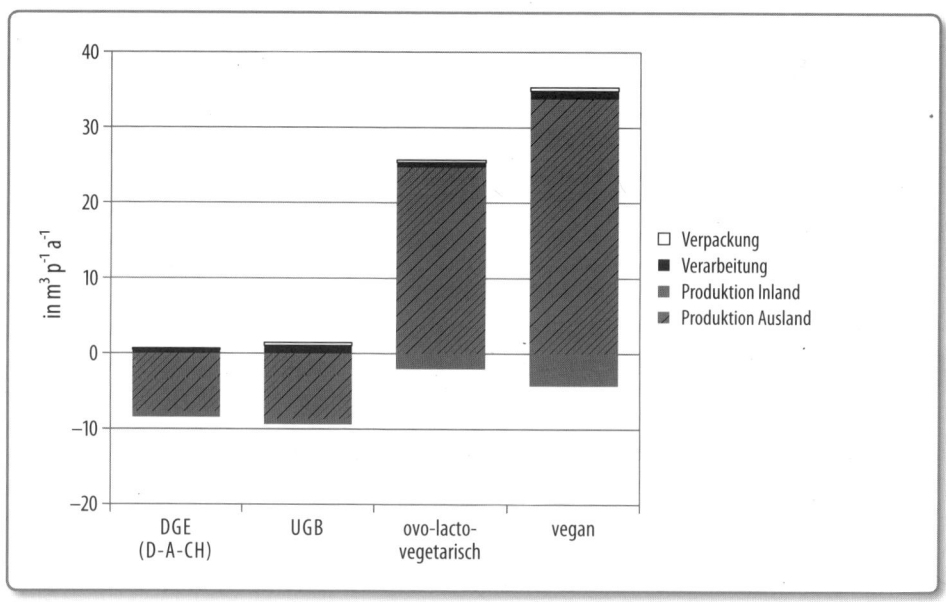

Abb. 62. *Unterschiede im Wasserbedarf (blau) der Empfehlungen und Ernährungsweisen im Vergleich zur Ist-Situation im Jahr 2006 (prozessspezifisch), auf Basis von 2.000 kcal pro Person und Tag*

Wie aus der Abbildung ersichtlich, ist mit Abstand der höchste Wasserbedarf aus der Bereitstellung von Nüssen & Samen verbunden, was dazu führt, dass die vegane Kostform mit dem höchsten Verbrauch an Nüssen & Samen den höchsten Bedarf an blauem Wasser nach sich zieht.

Bedingt durch die eingeschränkte Vergleichbarkeit der Empfehlungen der DGE und des UGB in Bezug auf den Wasserbedarf, sei der Fokus in Abb. 62 auf die ovo-lacto-vegetarische und vegane Ernährungsweise gerichtet. Beide Kostformen würden demnach einen verminderten Wasserbedarf im Inland nach sich ziehen. Der Großteil des Mehrbedarfs ist jedoch auf einen erhöhten Wasserbedarf im Ausland zurückzuführen. Dieser Effekt ist deutlicher bei der veganen Ernährungsweise zu beobachten (Wassermehrbedarf der veganen Kostform: 108 Prozent).

Phosphorbedarf von Empfehlungen und Ernährungsweisen
Die Verteilungsprofile des ernährungsbedingten Phosphorbedarfs im Jahr 2006 sowie der Empfehlungen und Ernährungsweisen ähneln dem Profil der Ammoniakemissionen; mit dem Unterschied, dass tierische Produkte die Bilanz zu geringeren Anteilen dominieren. Zudem ist der Anteil des Phosphorbedarfs in

der ausländischen Produktion höher. Mit der Zunahme des Anteils pflanzlicher Nahrungsmittel in der Kostform sinkt zwar der Gesamtphosphorbedarf, jedoch bleibt die Menge des Phosphors, der zur ausländischen Produktion benötigt wird, nahezu konstant. Im Vergleich zur Ist-Situation im Jahr 2006 wurde der größte Rückgang im Phosphorbedarf um 63 Prozent bei einer Umstellung auf die vegane Ernährungsweise beobachtet.

Primärenergieverbrauch von Empfehlungen und Ernährungsweisen

Beim kumulierten Primärenergieverbrauch (PEV), den die Ernährungsempfehlungen und Ernährungsweisen nach sich ziehen würden, wurden auch Einsparpotentiale festgestellt, allerdings fallen diese im Vergleich zu den anderen Umweltindikatoren am geringsten aus. In Abb. 63 sind die Gründe dafür erkennbar: der relativ hohe PEV, der mit der Bereitstellung von pflanzlichen Nahrungsmitteln verbunden ist, führt in der Bilanz zu einer teilweisen Kompensation des reduzierten Verbrauchs an tierischen Produkten. Dieser Umstand äußert sich am deutlichsten im Vergleich der DGE- und UGB-Empfehlung. Obwohl der PEV aus der Bereitstellung tierischer Nahrungsmittel leicht unter dem Niveau der DGE liegt, ist der Gesamt-PEV, der aus einer Ernährung nach den Empfehlungen des UGB resultieren würde, leicht erhöht. Dabei muss bedacht werden, dass

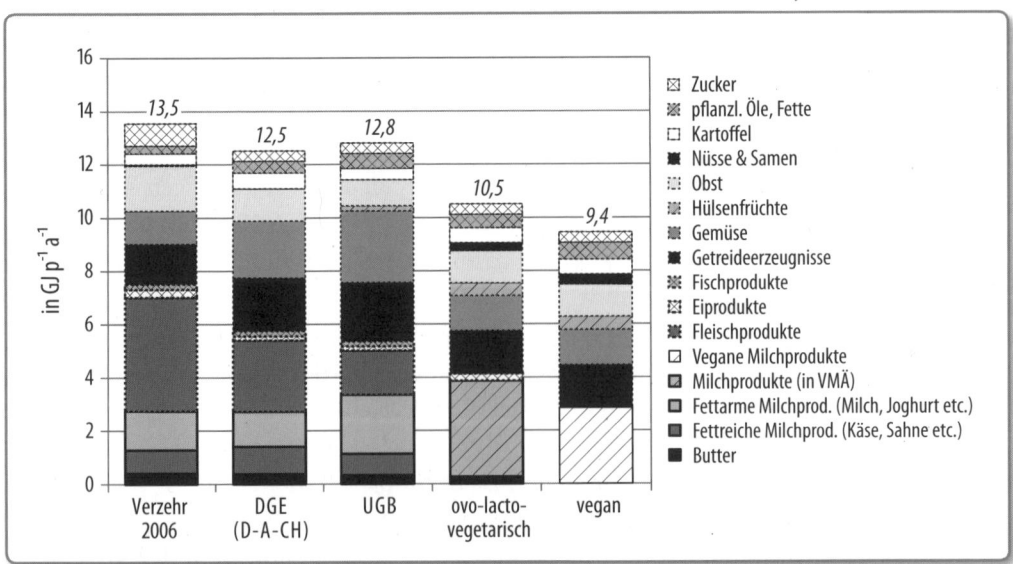

Abb. 63. *Primärenergieverbrauch der Ist-Situation im Jahr 2006 sowie von Empfehlungen und Ernährungsweisen auf Basis von 2.000 kcal pro Person und Tag*

für alle betrachteten Szenarien mit den gleichen produktspezifischen Umweltfaktoren gerechnet wurde. Geringere Verarbeitungstiefen und damit geringere
Energieverbräuche in der Verarbeitung, die der UGB in seinen Empfehlungen
explizit empfiehlt, wurden in dieser Arbeit nicht berücksichtigt.

Der prozessspezifische Vergleich zeigt, dass die größten Einsparpotentiale im
Bereich der inländischen landwirtschaftlichen Produktion zu erwarten wären,
gefolgt von der landwirtschaftlichen Produktion im Ausland. Im Gegensatz dazu
nimmt der PEV aus Handel und Transport zu, was auf längere Transportdistanzen einer eher im Ausland stattfindenden Produktion zurückzuführen ist. Dabei
muss beachtet werden, dass bei allen Ernährungsempfehlungen und -weisen die
Selbstversorgungsgrade und Transportdistanzen im Jahr 2006 unterstellt wurden.

Energiegehalt und Primärenergieverbrauch im Vergleich

Ähnlich des produktspezifischen Vergleichs des PEVs mit den zur Verfügung
gestellten Kalorien in Abb. 28 (S. 92) können nicht nur einzelne Nahrungsmittel und Getränke verglichen werden, sondern auch ganze Ernährungsweisen. In
Abb. 64 wurde ein entsprechender Vergleich der untersuchten Ernährungsempfehlungen und Ernährungsweisen mit der Ernährung im Jahr 2006 durchgeführt.
Dabei wurde beim Energiegehalt der Nahrungsmittel zwischen dem tatsächlich
verzehrten und dem agrarstatistisch zur Verfügung gestellten Energiegehalt (im
Rahmen der Versorgungsbilanz) unterschieden. Da es sich hierbei um die Versorgung bzw. den Verbrauch handelt, wurde dieser Balken in der Abbildung mit
›Energiegehalt Verbrauch‹ bezeichnet.

Der Vergleich zeigt, dass alle Verzehrsweisen mehr Energie zur Bereitstellung
der Nahrungsmittel verbrauchen (PEV), als diese letztendlich zur menschlichen
Ernährung zur Verfügung stellen. Allerdings ist das Verhältnis der verbrauchten
zur bereitgestellten Energie in allen untersuchten Ernährungsszenarien günstiger. Wurden zur Bereitstellung von ca. 3,1 GJ pro Person und Jahr (entspricht
2000 kcal pro Person und Tag) im Jahr 2006 (Ist-Zustand) die ca. 4,4-fache Menge
Energie benötigt, so wäre eine Ernährung nach der DGE und des UGB mit einem
ca. 4,1- bzw. 4,2-fachen PEV verbunden.

Während die ovo-lacto-vegetarische Kost das 3,4-Fache an Energie verbrauchen würde, wurde das günstigste Verhältnis bei der veganen Kostform mit einem
Faktor von lediglich 3,1 festgestellt. Der leicht ansteigende Trend des verbrauchs-
bezogenen Energiegehalts bei den untersuchten Ernährungsweisen erklärt sich
aus den relativ niedrigen Umrechnungsfaktoren von Nüssen/Samen und pflanzlichen Ölen/Fetten (vgl. Tab. 16, S. 97). Im Rahmen dieses Vergleichs ist zu berück-

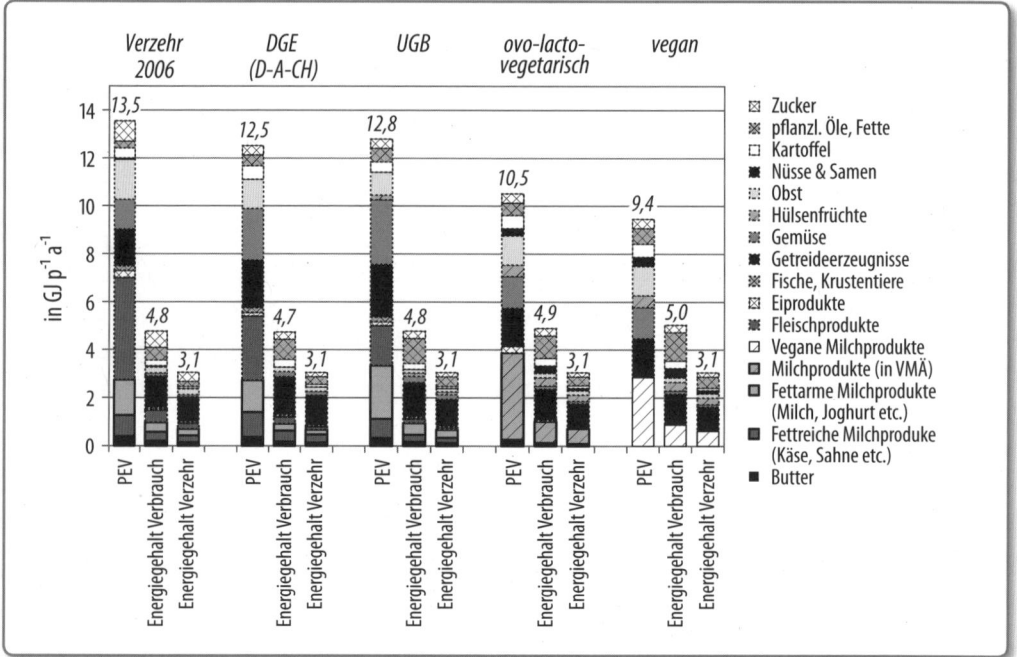

Abb. 64. *Primärenergieverbrauch und Energiegehalte (verbrauchs- und verzehrsspezifisch) im Vergleich*

sichtigen, dass gemäß der in dieser Arbeit betrachteten Systemgrenzen *cradle-to-store* der Energieverbrauch im Haushalt bzw. in der Gastronomie (Einkaufsfahrten, Kühlen, Kochen, Spülen etc.) und in der Abfallphase nicht mit untersucht wurde.

3.5.2 Zwischenfazit

In Tab. 23 werden die Ergebnisse aus der Umweltbilanzierung der Empfehlungen und Ernährungsweisen im Vergleich zur Ist-Situation im Jahr 2006 zusammengefasst. Dabei werden zum einen die Absolutwerte und zum anderen die prozentualen Abweichungen angegeben. Unterschiedlich grau hinterlegt sind die maximalen und minimalen Abweichungen, die aus einer Umsetzung der entsprechenden Ernährungsmuster resultieren würden.

Mit Ausnahme des Bedarfs an blauem Wasser sind demnach alle Ernährungsstile mit geringeren Umweltwirkungen verbunden, die in Abhängigkeit vom untersuchten Umweltindikator variieren. Während der geringste Einfluss hinsichtlich des Primärenergieverbrauchs festgestellt wurde, wurden die größten Unterschiede im Bereich des Wasserbedarfs, der Ammoniakemissionen und des Phos-

Tab. 23. Umwelteffekte der Ernährung 2006 (Ist-Zustand) und von Empfehlungen und Ernährungsweisen im Vergleich, auf Basis von 2000 kcal pro Person und Tag

		Verzehr 2006	DGE (D-A-CH)	UGB	ovo-lacto-vegetarisch	vegan
Treibhausgas-emissionen	t pro Person und Jahr	2,1	1,8	1,8	1,4	1,0
		100 %	−11,8 %	−12,8 %	−31,1 %	−53,0 %
Ammoniak-emissionen	kg pro Person und Jahr	6,4	5,0	4,5	3,2	0,7
		100 %	−21,6 %	−29,8 %	−49,9 %	−88,9 %
Flächenbedarf	m² pro Person und Jahr	2091	1766	1699	1379	1056
		100 %	−15,6 %	−18,8 %	−34,1 %	−49,5 %
Wasserbedarf (blau)	m³ pro Person und Jahr	28,8	21,0	20,9	52,5	59,8
		100 %	−27,0 %	−27,6 %	82,3 %	107,8 %
Phosphorbedarf	kg pro Person und Jahr	6,4	5,6	5,4	4,0	2,4
		100 %	−12,8 %	−15,6 %	−38,2 %	−62,8 %
Primärenergie-verbrauch (PEV)	GJ pro Person und Jahr	13,5	12,5	12,8	10,5	9,4
		100 %	−7,6 %	−5,6 %	−22,5 %	−30,3 %

hellgrau markiert: geringste Abweichung zum Ist-Zustand im Jahr 2006

dunkelgrau markiert: höchste Abweichung zum Ist-Zustand im Jahr 2006

phorbedarfs ermittelt. Mit Ausnahme des Bedarfs an blauem Wasser wurden die größten Einsparpotentiale in Verbindung mit der veganen Kostform ausgemacht. Die geringsten Abweichungen resultierten vornehmlich aus den Empfehlungen der DGE, wobei selbst diese zum Großteil im zweistelligen Prozentbereich liegen.

3.5.3   Umwelteffekte von Ernährungsempfehlungen und Ernährungsweisen nach Altersgruppen und Geschlecht

Während im letzten Kapitel Ernährungsempfehlungen und Ernährungsweisen mit der durchschnittlichen Ernährung im Jahr 2006 (auf Basis der Nationalen Verzehrsstudie II, MRI 2008a) verglichen wurden, werden in diesem Kapitel zudem die Rolle des Geschlechts und der Altersgruppen berücksichtigt. Bisher konnte

Tab. 24. *Vergleich der betrachteten mit der in der NVS II dokumentierten Energiezufuhr*

		Altersgruppen					
Männer		**14−18**	**19−24**	**25−34**	**35−50**	**51−64**	**65−80**
Berücksichtigte Energiezufuhr auf Basis der untersuchten Produktgruppen	kcal pro Person und Tag	2527	2501	2478	2395	2236	2064
Dokumentierte Energiezufuhr aus allen Nahrungsmitteln und Getränken in NVS II (MRI 2008a)		2883	2872	2783	2640	2400	2191
Differenz	in %	*12 %*	*13 %*	*11 %*	*9 %*	*7 %*	*6 %*
Frauen		**14−18**	**19−24**	**25−34**	**35−50**	**51−64**	**65−80**
Berücksichtigte Energiezufuhr auf Basis der untersuchten Produktgruppen	kcal pro Person und Tag	1886	1803	1845	1795	1753	1688
Dokumentierte Energiezufuhr aus allen Nahrungsmitteln und Getränken in NVS II (MRI 2008a)		2108	1996	2031	1948	1856	1753
Differenz	in %	*11 %*	*10 %*	*9 %*	*8 %*	*6 %*	*4 %*

NVS II: Nationale Verzehrsstudie II

gezeigt werden, dass, mit Ausnahme des Bedarfs an blauem Wasser, alle Empfehlungen und Ernährungsweisen zu geringeren Umwelteffekten führen. Um daran konkrete Handlungsstrategien zu knüpfen, soll in diesem Kapitel der Frage nachgegangen werden, in welchen Altersgruppen und bei welchem Geschlecht die größten Veränderungspotentiale zu finden sind. Methodisch wurde dabei folgendermaßen verfahren:

+ Anpassung der geschlechts- und altersgruppenspezifischen Verzehrsmengen an die Produktkategorien der Empfehlungen (entsprechend der im Kapitel 3.5.1 beschriebenen Methodik, S. 134)
+ Anpassung der Energiezufuhr (basierte der Vergleich im letzten Kapitel auf einer täglichen Kalorienaufnahme von 2.000 kcal pro Kopf, wurde in diesem Kapitel auf Basis der entsprechenden Energiezufuhr in den Altersgruppen verglichen, Tab. 24)

Bedingt dadurch, dass nicht alle Nahrungsmittel und Getränke vergleichbar waren, oftmals da ein entsprechendes Pendant in den Ernährungsempfehlungen fehlt, fällt die betrachtete Energiezufuhr geringer aus: mit Differenzen von 4 bis 13 Prozent. Die Differenzen, v. a. in den jüngeren Altersgruppen, erklären sich daraus, dass Kakao, Kaffee/Tee und Wein/Sekt, Spirituosen sowie der Verbrauch von Mineralwasser im Rahmen des Vergleichs mit den Empfehlungen und Ernährungsweisen nicht untersucht wurden.

Mögliche Einsparpotentiale durch den Vergleich mit entsprechenden **Referenzwerten der Energiezufuhr**, wie sie bspw. von der DGE herausgegeben werden (DGE 2008), wurden dadurch, dass nicht alle zur Energieversorgung beitragenden Nahrungsmittel und Getränke untersucht werden konnten, erschwert und aus diesem Grund nicht berücksichtigt. Daher konnten Fragen, inwiefern sich evtl. **hypo- oder hyperkalorische Ernährungsweisen** günstig oder ungünstig auf Umwelteffekte auswirken, nicht im Rahmen dieser Untersuchung beantwortet werden. Im Folgenden wird lediglich aufgezeigt, wie gravierend mögliche Umwelteffekte ausfielen, wenn die entsprechende Energiezufuhr mittels der Verzehrsmuster der Empfehlungen (DGE, UGB) bzw. der Verzehrsweisen (ovo-lacto-

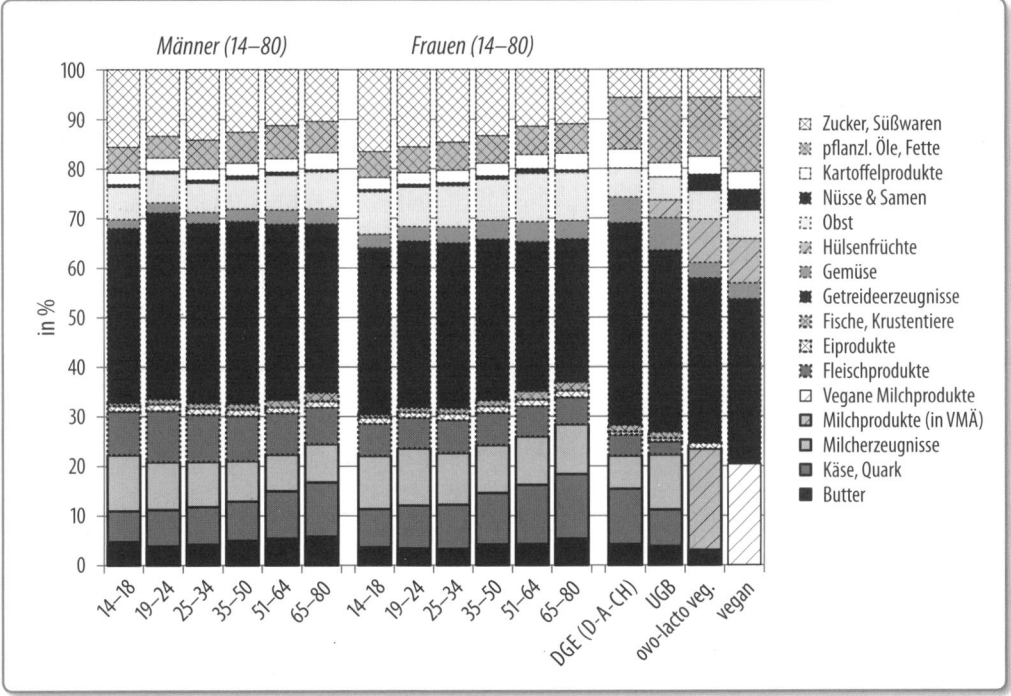

Abb. 65. *Energiezufuhr (in %) in den Altersgruppen (nach Geschlecht) sowie bei den Empfehlungen und Ernährungsweisen*

vegetarisch, vegan) bereitgestellt werden würde. In Abb. 65 ist die entsprechende
Kalorienzufuhr prozentual nach Nahrungsmittelgruppen dargestellt.

Innerhalb der untersuchten Altersgruppen wurden bei Männern und Frauen
ähnliche Trends festgestellt. Während Zunahmen mit dem Alter bei Milch- und
Fischprodukten sowie beim Obst festgestellt wurden, wurden Abnahmen vor
allem bei den Getreideprodukten, beim Zucker sowie bei den Fleischprodukten
beobachtet.

Im Vergleich zu den betrachteten Empfehlungen und Ernährungsweisen fallen
die produktspezifischen Anteile an der Energieversorgung unterschiedlich aus.
Neben größeren Anteilen bei Hülsenfrüchten, pflanzlichen Ölen/Fetten sowie
Nüssen/Samen (zumindest in der ovo-lacto-vegetarischen und veganen Ernäh-
rungsweise), resultieren geringere Verzehrsmengen bei Fleischprodukten sowie
Zucker in geringeren Anteilen an der Energieversorgung. Geringere Anteile an
Gemüse in der ovo-lacto-vegetarischen und veganen Ernährungsweise werden
durch steigende Zufuhrmengen an Hülsenfrüchten überkompensiert.

Zu welchen Veränderungen in den Umwelteffekten diese Unterschiede führen
würden, pro Kopf bezogen und hochgerechnet auf die entsprechende Altersgrup-
penstärke, soll indikatorspezifisch in den nächsten Absätzen vorgestellt werden.

Treibhausgasemissionen
In Abb. 66 werden die ernährungsbedingten Treibhausgasemissionen pro Kopf
im Jahr 2006 denen der Ernährungsempfehlungen und Ernährungsweisen gegen-
übergestellt. Während bei den Männern höhere Einsparpotentiale vor allem bei

Tab. 25. Bevölkerungsstärke in Altersgruppen im Jahr 2006 nach Destatis 2007a

		Altersgruppen					
Männer		14–18	19–24	25–34	35–50	51–64	65–80
Bevölkerungsstärke	in Millionen	2,4	3,0	4,9	10,9	6,9	5,9
Teilsumme		7,9					
Summe		33,9					
Frauen		14–18	19–24	25–34	35–50	51–64	65–80
Bevölkerungsstärke	in Millionen	2,3	2,9	4,8	10,4	7,0	7,1
Teilsumme		7,6					
Summe		34,5					

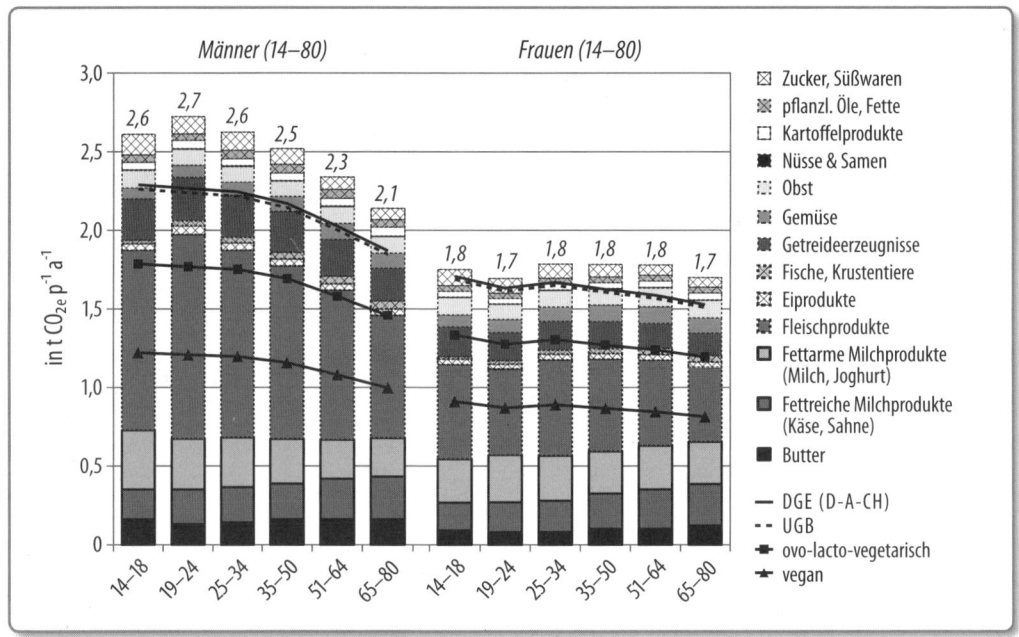

Abb. 66. Treibhausgasemissionen nach Altersgruppen und Geschlecht im Vergleich zu den Empfehlungen und Ernährungsweisen

den jüngeren Altersgruppen zu erwarten sind, sind die Einsparpotentiale bei den Frauen geringer und zudem gleichmäßiger über alle Altersgruppen verteilt.

In Abb. 67 wurden entsprechende Unterschiede der ernährungsbedingten Treibhausgasemissionen auf die entsprechende Bevölkerung in den Altersgruppen im Jahr 2006 hochgerechnet – auf Basis offizieller Daten aus der Bevölkerungsfortschreibung (Destatis 2007a). Somit können die zu erwartenden Einsparpotentiale nicht nur auf Pro-Kopf-Ebene, sondern auch bezogen auf ganze Bevölkerungsgruppen geschlechtsspezifisch dargestellt werden. Zudem ist der Beitrag der einzelnen Produktgruppen an den veränderten Umwelteffekten ersichtlich. In Tab. 25 sind die entsprechenden Bevölkerungszahlen in den untersuchten Altersgruppen zusammengefasst. Bedingt durch die ungleiche Aufteilung der Altersgruppen, die sich jedoch durch die Übernahme der Aufteilung aus den Ergebnisberichten der Nationalen Verzehrsstudie II (MRI 2008, MRI 2008a) nicht vermeiden ließ, ist ein altersgruppenspezifischer Vergleich nur eingeschränkt möglich. Aus diesem Grund wurde in der Tabelle und in allen folgenden Abbildungen die Teilsumme aus der Altersgruppe der 19- bis 24- und der 25- bis 34-Jährigen gebildet, da sich somit, mit Ausnahme der jüngsten Altersgruppe der 14- bis

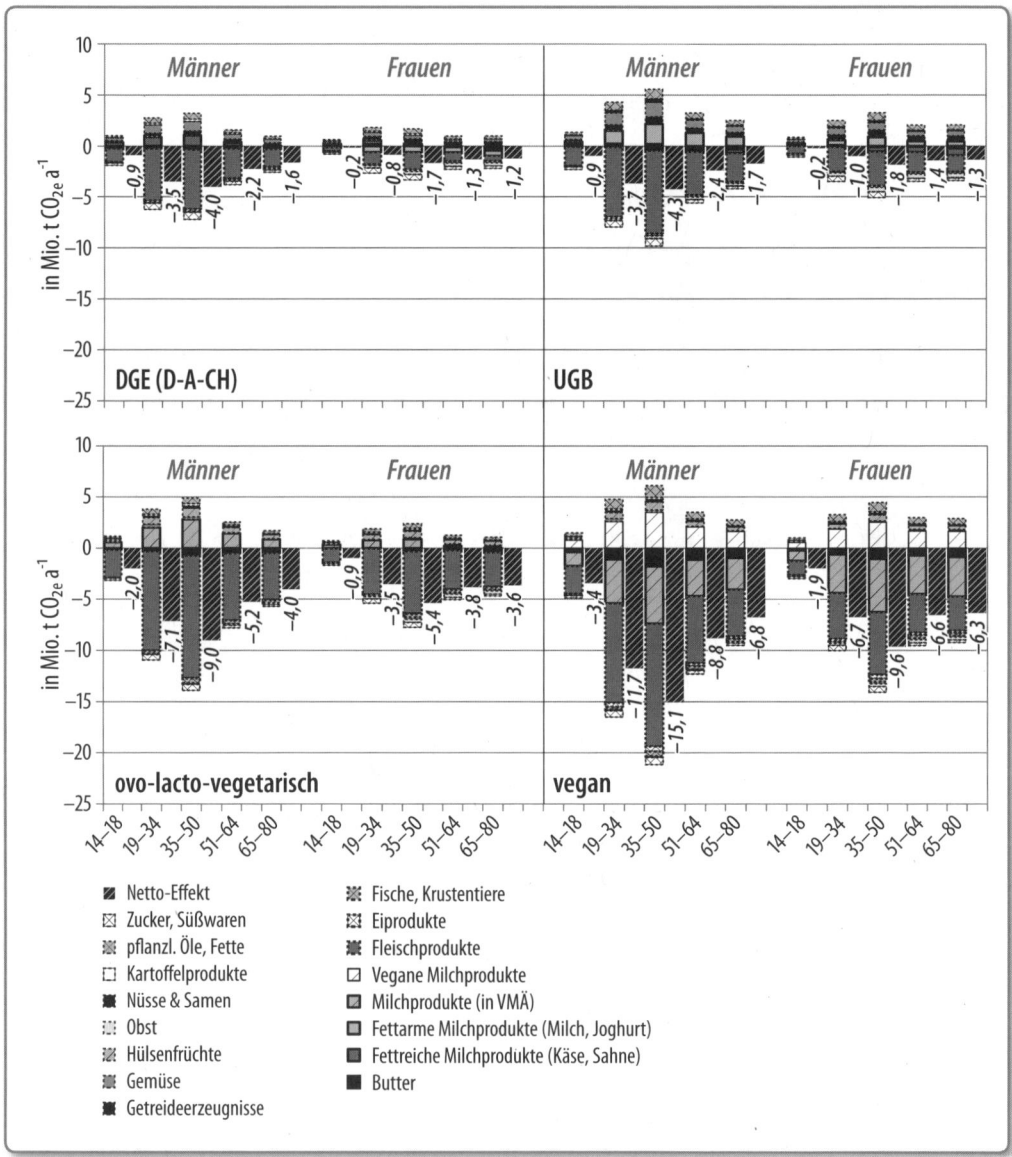

Abb. 67. *Treibhausgas-Einsparpotentiale von Empfehlungen und Ernährungsweisen nach Altersgruppen und Geschlecht (im Vergleich zum Ist-Zustand im Jahr 2006)*

18-Jährigen, vier nahezu gleichmäßig aufgeteilte Altersgruppen ergeben (19–34, 35–50, 51–64, 65–80).

Der absolute altersgruppen- und geschlechtsspezifische Vergleich in Abb. 67 zeigt, dass sich mit allen Empfehlungen und Ernährungsweisen in allen Altersgruppen Treibhausgaseinsparungen ergeben würden, wobei diese in Abhängigkeit von den Empfehlungen bzw. Ernährungsweisen deutlich variieren (vegan > ovo-lacto-veg. > UGB > DGE).

Trotz Zusammenfassung der Einsparpotentiale der Gruppen der 19- bis 24- und 25- bis 35-Jährigen, liegt das größte Einsparpotential in der Gruppe der 35- bis 50-Jährigen; und das, obwohl, zumindest bei den Männern, die höchsten ernährungsbedingten Treibhausgasemissionen pro Kopf in den jüngeren Altersgruppen der 19- bis 24- und 25- bis 34-Jährigen beobachtet wurden (vgl. Abb. 66). Die geringsten Einsparpotentiale sind tendenziell bei den jüngeren Frauen feststellbar.

Während bei den Empfehlungen der DGE und des UGB sowie der ovo-lacto-vegetarischen Ernährungsweise ein Großteil der Einsparungen durch den Austausch von Fleischprodukten erreicht werden würde, resultiert das größte Einsparpotential mit der veganen Ernährungsweise in dem zusätzlichen Ersatz von Milchprodukten durch pflanzliche Alternativen.

Ammoniakemissionen
Der Vergleich der Ammoniakemissionen, die aus den Verzehrsmustern der Ernährungsempfehlungen und Ernährungsweisen resultieren, mit den entsprechenden Emissionen der Ist-Situation im Jahr 2006 zeigt deutliche Einsparpotentiale (vegan >> ovo-lacto-vegetarisch > UGB > DGE), wobei auch hier die Einsparpotentiale bei den Männern höher sind.

Ähnlich wie bei den absoluten Einsparpotentialen bei den Treibhausgasemissionen sind die höchsten Emissionseinsparungen durch veränderte Verzehrsmuster bei den Männern in der Gruppe der 35- bis 50-Jährigen zu erwarten; und das, obwohl die absoluten Pro-Kopf-Emissionen am höchsten in der Gruppe der 19- bis 24- und der 25- bis 34-Jährigen sind. Auch bei den Ammoniakemissionen sind die geringsten Einsparpotentiale tendenziell bei den jüngeren Frauen feststellbar.

Flächenbedarf

Einen Überblick über den ernährungsbedingten Flächenbedarf im Vergleich zu Ernährungsempfehlungen und Ernährungsweisen gibt Abb. 68. Auch dabei sind mit allen Empfehlungen und Ernährungsweisen deutliche Flächeneinsparungen verbunden (vegan > ovo-lacto-vegetarisch > UGB > DGE). Während bei den Männern die höchsten pro Kopf bezogenen Einsparungen bei den jüngeren Altersgruppen zu erwarten sind, treten diese bei den Frauen eher bei den älteren Altersgruppen auf.

Insgesamt jedoch sind die möglichen Flächeneinsparungen durch veränderte Verzehrsmuster der Männer deutlich höher (Abb. 69). Aus der folgenden Abbildung geht zudem hervor, dass, ähnlich wie bei den vorangegangen Treibhausgas- und Ammoniakemissionen, die höchsten Flächeneinsparpotentiale in der Altersgruppe der 35- bis 50-Jährigen bei beiden Geschlechtern vorliegen, obwohl, zumindest bei den Männern, der höchste ernährungsbedingte Flächenbedarf pro Kopf bei den 19- bis 24- und 25- bis 34-Jährigen beobachtet wurde. Dem verminderten Verzehr von Fleischprodukten kommt dabei die größte Bedeutung zu.

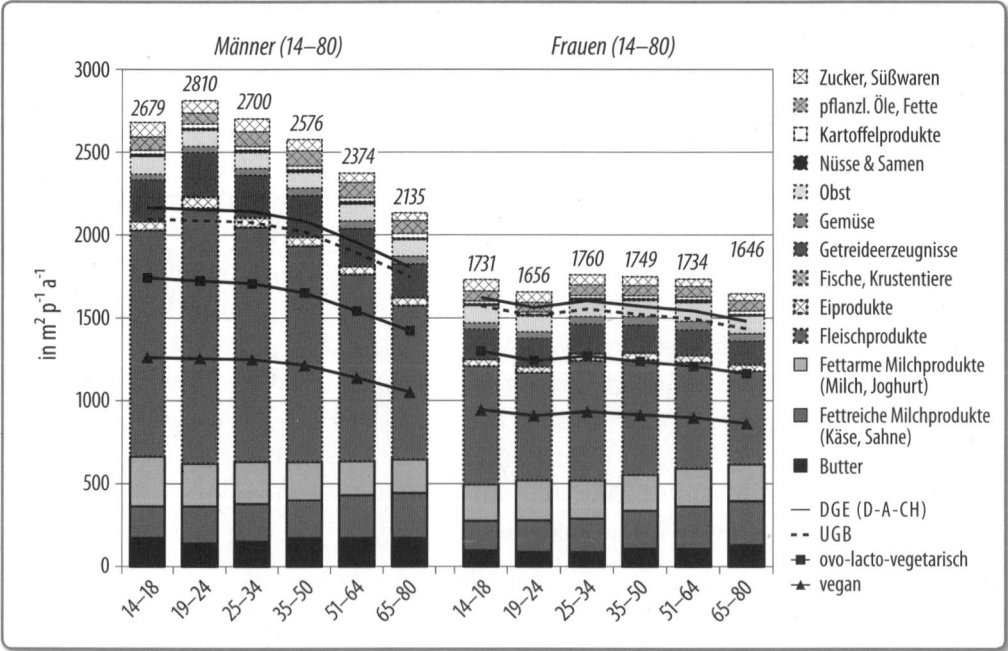

Abb. 68. Flächenbedarf nach Altersgruppen und Geschlecht im Vergleich zu Ernährungsempfehlungen und Ernährungsweisen

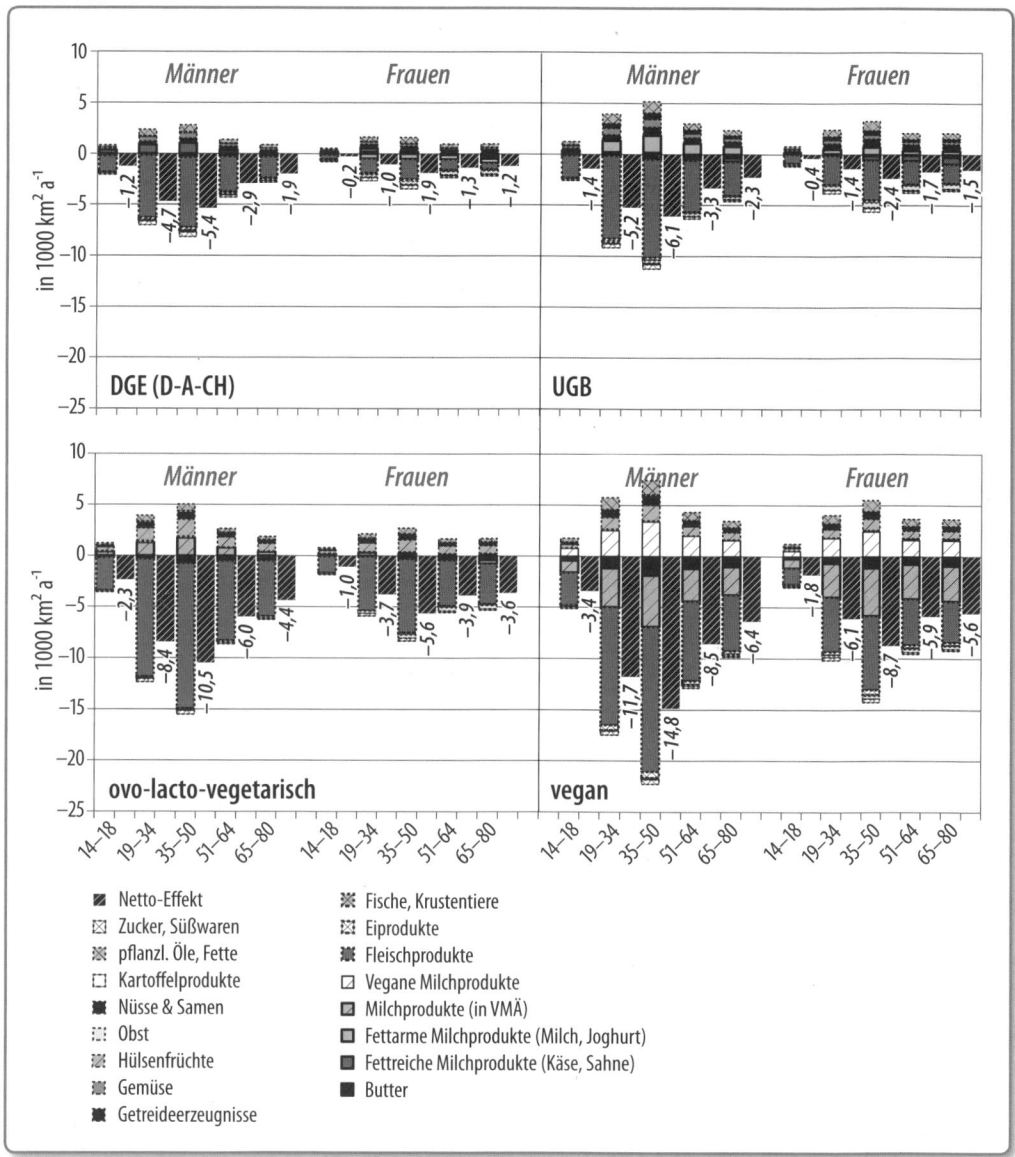

Abb. 69. Flächen-Einsparpotentiale von Empfehlungen und Ernährungsweisen nach Altersgruppen und Geschlecht (im Vergleich zum Ist-Zustand im Jahr 2006)

Bedarf an blauem Wasser

In Abb. 70 wird der ernährungsbedingte Bedarf an blauem Wasser im Vergleich
zum entsprechenden Wasserbedarf der Ernährungsempfehlungen und Ernährungsweisen gezeigt. Dabei ist ein Vergleich mit den Empfehlungen der DGE
(D-A-CH) und dem UGB nur bedingt möglich, da, wie in Kapitel 3.5 (S. 142 f.)
erwähnt, konkrete und quantifizierbare Mengenempfehlungen für die sehr wasserintensiven Nüsse & Samen nicht vorlagen. Betrachtet man aus diesem Grund
lediglich die ovo-lacto-vegetarische und vegane Ernährungsweise, ergeben sich
für alle Altersgruppen bei beiden Geschlechtern deutliche Zunahmen im Bedarf
an blauem Wasser (vegan > ovo-lacto-vegetarisch), wobei der Mehrbedarf bei den
jüngeren Altersgruppen pro Kopf besonders hoch wäre. Betrachtet man die Differenzen zur Ist-Situation im Jahr 2006 und extrapoliert diese gemäß der Bevölkerungsstärke in den einzelnen Altersgruppen (Abb. 71), wäre der größte Mehrbedarf (bei der ovo-lacto-vegetarischen und veganen Ernährungsweise) durch
den Verzehr der 35- bis 50-Jährigen zu erwarten. Das Gros des Mehrbedarfs wäre
durch einen vermehrten Verzehr von Nüssen und Samen induziert.

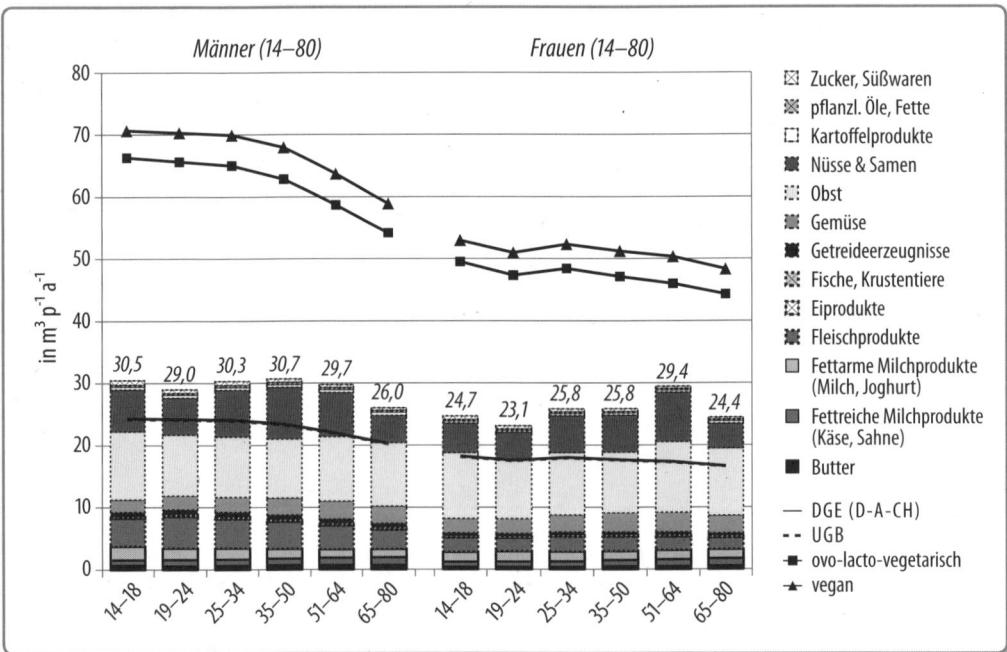

Abb. 70. *Bedarf an blauem Wasser nach Altersgruppen und Geschlecht im Vergleich
zu Ernährungsempfehlungen und Ernährungsweisen*

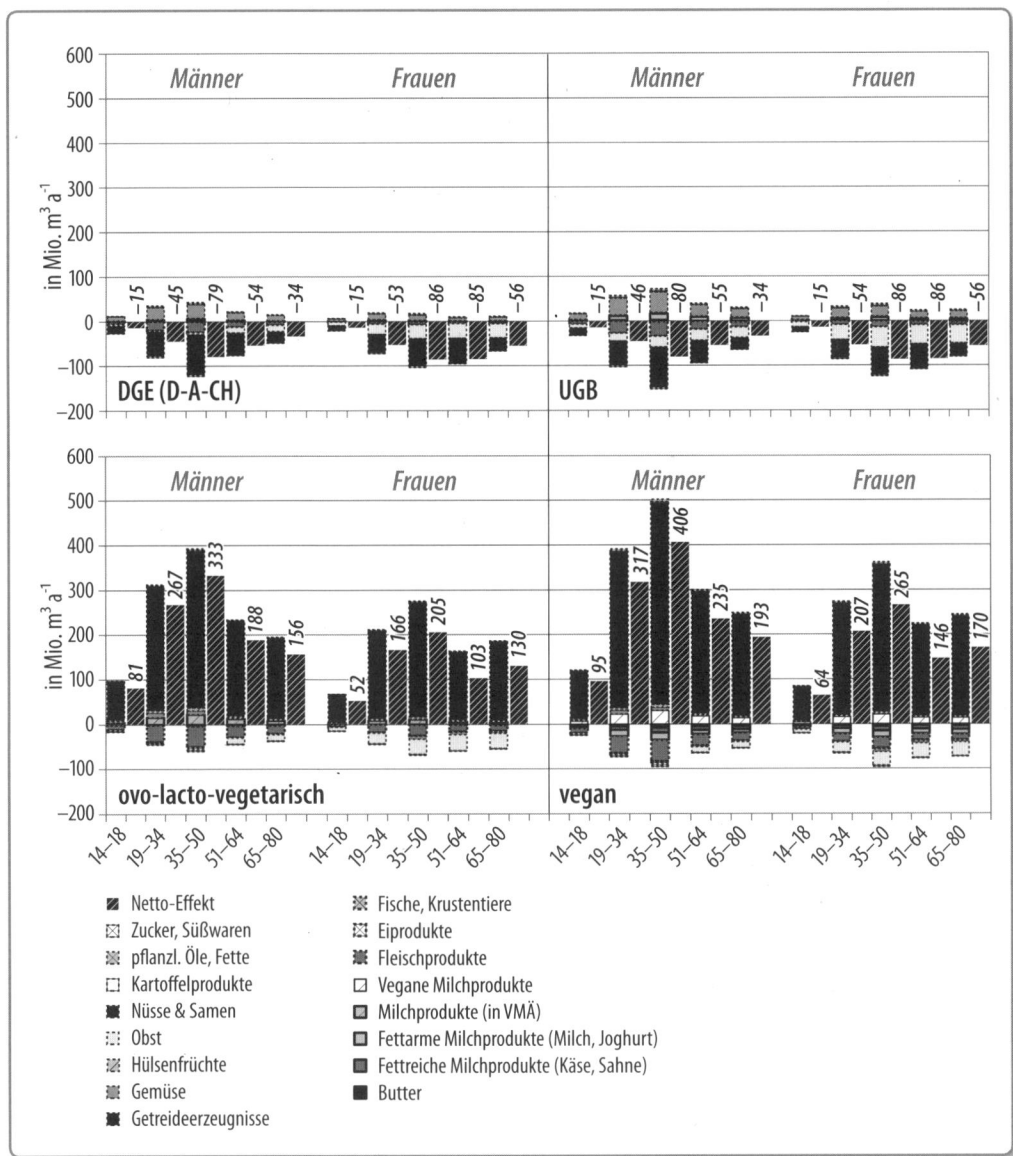

Abb. 71. Einsparpotentiale des Bedarfs an blauem Wasser von Empfehlungen und Ernährungsweisen nach Altersgruppen und Geschlecht (im Vergleich zum Ist-Zustand im Jahr 2006)

Phosphorbedarf

Beim Phosphorbedarf sind prozentual ähnliche Einsparpotentiale wie bei den Treibhausgasemissionen und beim Flächenbedarf erkennbar (vegan >> ovo-lacto-vegetarisch > UGB > DGE). Während die höchsten Einsparpotentiale pro Kopf bei den jüngeren Männern, gefolgt von den älteren Männern und älteren Frauen zu erwarten sind, sind potentielle Einsparungen bei den jüngeren Frauen am geringsten. Hochgerechnet auf die entsprechende Bevölkerung in den Altersgruppen sind mögliche Phosphoreinsparungen durch veränderte Verzehrsmuster der Männer deutlich höher. Aus der folgenden Tab. 26 geht zudem hervor, dass, ähnlich wie bei den bisher untersuchten Treibhausgasemissionen und beim Flächenbedarf, die höchsten Einsparpotentiale in der Altersgruppe der 35- bis 50-Jährigen bei beiden Geschlechtern vorliegen, obwohl, zumindest bei den Männern, der höchste ernährungsbedingte Phosphorbedarf pro Kopf bei den jüngeren Altersgruppen beobachtet wurde (vgl. Meier 2013). Dem verminderten Verzehr von Fleischprodukten kommt dabei die größte Bedeutung zu.

Primärenergieverbrauch

Der Vergleich des Primärenergieverbrauchs (PEV) der Ernährung im Jahr 2006 mit dem entsprechenden Energieverbrauch der Ernährungsempfehlungen und Ernährungsweisen zeigt geringere Einsparpotentiale als bei den in den vorherigen Absätzen untersuchten Treibhausgas- und Ammoniakemissionen sowie beim Flächen- und Phosphorbedarf. Während bei jenen Indikatoren die geringsten Einsparpotentiale immer mit der Ernährungsempfehlung der DGE verbunden waren, weißt beim PEV die Empfehlung des UGB die geringsten Einsparpotentiale auf (vegan > ovo-lacto-vegetarisch > DGE > UGB). In Bezug auf mögliche Einsparungen pro Kopf sind ähnliche Tendenzen wie bei den bisher untersuchten Treibhausgas- und Ammoniakemissionen sowie beim Flächen- und Phosphorbedarf ersichtlich: jüngere Männer > ältere Männer > ältere Frauen > jüngere Frauen.

Betrachtet man die Differenzen zur Ist-Situation im Jahr 2006 und rechnet diese auf die Bevölkerungsstärke in den einzelnen Altersgruppen hoch, sind die größten energetischen Einsparpotentiale durch einen veränderten Verzehr in der größten Bevölkerungsgruppe der 35- bis 50-Jährigen vorhanden. Insgesamt kommt jedoch hier der Umstand mehr zum tragen, dass mögliche Netto-Einsparungen durch einen vermehrten Verzehr von Milchprodukten, Gemüse und Hülsenfrüchten sowie pflanzlichen Öle/Fetten stärker kompensiert werden, da auch die Bereitstellung dieser Produkte relativ energieintensiv ist.

Zwischenfazit

In der Tab. 26 werden die Ergebnisse des Vergleichs der ernährungsbedingten Umweltwirkungen im Jahr 2006 (Ist-Zustand) auf Bundesebene mit den Umweltwirkungen von Ernährungsempfehlungen und Ernährungsweisen nach Altersgruppen und Geschlecht zusammengefasst. In dieser Tabelle sind die Umweltentlastungs- bzw. Umweltbelastungspotentiale nach Altersgruppen ersichtlich.

In diesem Kapitel konnte gezeigt werden, dass die höchsten Umweltentlastungs- und Umweltbelastungspotentiale bei beiden Geschlechtern in der bevölkerungsreichsten Gruppe der 35- bis 50-Jährigen zu erreichen wären; und das, obwohl, zumindest bei den Männern, die höchsten ernährungsbedingten Umwelteffekte pro Kopf in den jüngeren Altersgruppen der 19- bis 24- und 25- bis 34-Jährigen beobachtet wurden.

Mit Ausnahme des Bedarfs an blauem Wasser wurden bei allen untersuchten Umweltindikatoren deutliche Einsparpotentiale festgestellt, die in der Regel am deutlichsten durch eine vegane, gefolgt von einer vegetarischen Ernährungsweise zu erreichen wären. Geringere, aber dennoch erhebliche Umweltentlastungspotentiale würden durch Umsetzung der Ernährungsempfehlungen des UGB und der DGE (D-A-CH) erzielt werden, wobei, mit Ausnahme des Energieverbrauchs (PEV), die Umweltentlastungen durch die Empfehlungen des UGB etwas günstiger ausfielen.

			Altersgruppen Männer						Summe Männer
			14–18	19–24	25–34	35–50	51–64	65–80	
Treibhaus-gas-emissionen	2006 (Ist-Zustand)	in Mio. t CO$_{2e}$ pro Jahr	6,1	7,9	12,8	27,1	15,9	12,4	**82,2**
	DGE (D-A-CH)		−0,9	−1,5	−2,0	−4,0	−2,2	−1,6	**−12,3**
	UGB		−0,9	−1,5	−2,2	−4,3	−2,4	−1,7	**−13,0**
	ovo-lacto-vegetarisch		−2,0	−2,8	−4,3	−9,0	−5,2	−4,0	**−27,3**
	vegan		−3,4	−4,6	−7,2	−15,1	−8,8	−6,8	**−45,7**
Ammoniak-emissionen	2006 (Ist-Zustand)	in 1000 t pro Jahr	19,8	26,2	41,6	88,0	51,3	39,2	**266,2**
	DGE (D-A-CH)		−4,9	−7,7	−11,0	−22,3	−12,2	−8,5	**−66,6**
	UGB		−6,3	−9,5	−13,9	−28,4	−15,9	−11,4	**−85,3**
	ovo-lacto-vegetarisch		−10,2	−14,5	−22,2	−46,6	−26,8	−20,0	**−140,4**
	vegan		−17,8	−23,8	−37,5	−79,2	−46,1	−35,1	**−239,4**
Flächen-bedarf	2006 (Ist-Zustand)	in 1000 km^2 pro Jahr	6,4	8,3	13,3	28,1	16,4	12,5	**85,0**
	DGE (D-A-CH)		−1,2	−1,9	−2,7	−5,4	−2,9	−1,9	**−16,1**
	UGB		−1,4	−2,1	−3,1	−6,1	−3,3	−2,3	**−18,3**
	ovo-lacto-vegetarisch		−2,3	−3,4	−5,1	−10,5	−6,0	−4,4	**−31,5**
	vegan		−3,4	−4,6	−7,1	−14,8	−8,5	−6,4	**−44,9**
Wasser-bedarf (blau)	2006 (Ist-Zustand)	in Mio. m^3 pro Jahr	72	86	149	334	205	153	**1000**
	DGE (D-A-CH)		−15	−14	−31	−79	−54	−34	**−226**
	UGB		−15	−15	−31	−80	−55	−34	**−230**
	ovo-lacto-vegetarisch		81	104	163	333	188	156	**1025**
	vegan		95	122	195	406	235	193	**1247**
Phosphor-bedarf	2006 (Ist-Zustand)	in 1000 t pro Jahr	19,3	25,3	40,4	85,6	50,3	38,8	**259,7**
	DGE (D-A-CH)		−3,0	−5,0	−6,9	−13,5	−7,5	−5,1	**−41,0**
	UGB		−3,4	−5,6	−7,8	−15,5	−8,7	−6,0	**−46,9**
	ovo-lacto-vegetarisch		−7,7	−10,9	−16,7	−35,0	−20,4	−15,3	**−106,0**
	vegan		−12,6	−16,9	−26,6	−55,9	−32,7	−24,9	**−169,6**
Energie-verbrauch	2006 (Ist-Zustand)	in PJ pro Jahr	39,2	50,7	81,5	173,1	102,1	79,2	**525,8**
	DGE (D-A-CH)		−4,0	−7,1	−9,3	−17,7	−9,7	−6,6	**−54,5**
	UGB		−3,3	−6,1	−7,7	−14,2	−7,6	−4,9	**−43,8**
	ovo-lacto-vegetarisch		−8,7	−13,3	−19,6	−40,9	−24,0	−18,0	**−124,4**
	vegan		−13,1	−18,2	−27,8	−57,5	−33,3	−25,2	**−175,0**

▫ hellgrau markiert: geringste Abweichung zum Ist-Zustand im Jahr 2006
■ dunkelgrau markiert: höchste Abweichung zum Ist-Zustand im Jahr 2006
* Aufgrund der altersgruppenspezifischen Hochrechnung auf Bundesebene können die berechneten Prozentwerte geringfügig von denen in Tab. 23 (S. 147) abweichen.

Altersgruppen Frauen						Summe Frauen	Summe	
14–18	19–24	25–34	35–50	51–64	65–80		TOTAL	in %*
3,9	4,8	8,4	18,3	12,3	11,9	59,6	141,8	100 %
−0,2	−0,2	−0,6	−1,7	−1,3	−1,2	−5,2	−17,5	−12,3 %
−0,2	−0,3	−0,7	−1,8	−1,4	−1,3	−5,8	−18,8	−13,2 %
−0,9	−1,2	−2,3	−5,4	−3,8	−3,6	−17,2	−44,6	−31,0 %
−1,9	−2,4	−4,3	−9,6	−6,6	−6,3	−31,2	−77,0	−54,3 %
11,7	14,3	25,4	55,8	37,3	36,2	180,6	446,9	100 %
−1,1	−1,3	−3,1	−8,3	−5,9	−5,6	−25,4	−92,0	−20,6 %
−2,1	−2,6	−5,2	−12,7	−8,8	−8,5	−39,9	−125,2	−28,0 %
−5,0	−6,1	11,4	−26,1	−17,8	−17,1	−83,5	−223,9	−49,8 %
−10,3	−12,6	−22,4	−49,4	−33,0	−32,1	−159,8	−399,2	−89,3 %
3,9	4,7	8,4	18,3	12,2	11,7	59,2	144,2	100 %
−0,2	−0,3	−0,7	−1,9	−1,3	−1,2	−5,6	−21,7	−15,1 %
−0,4	−0,4	−1,0	−2,4	−1,7	−1,5	−7,3	−25,6	−17,7 %
−1,0	−1,3	−2,5	−5,6	−3,9	−3,6	−17,9	−49,4	−33,8 %
−1,8	−2,1	−4,0	−8,7	−5,9	−5,6	−28,0	−72,9	−50,5 %
56	66	124	270	206	174	895	1895	100 %
−15	−16	−37	−86	−85	−56	−294	−520	−27,4 %
−15	−16	−38	−86	−86	−56	−297	−527	−27,8 %
52	65	100	205	103	130	656	1681	83,7 %
64	80	127	265	146	170	852	2099	110,8 %
11,8	14,4	25,6	55,9	37,3	36,3	181,2	440,9	100 %
−0,1	−0,2	−1,2	−3,8	−3,0	−2,8	−11,1	−52,1	−11,8 %
−0,5	−0,6	−1,8	−5,2	−3,9	−3,7	−15,7	−62,6	−14,2 %
−3,5	−4,4	−8,5	−19,6	−13,6	−13,0	−62,5	−168,5	−37,6 %
−7,0	−8,5	−15,5	−34,4	−23,2	−22,5	−111,1	−280,6	−63,7 %
26,5	32,0	56,6	122,1	81,9	78,3	397,4	923,1	100 %
−1,4	−1,5	−4,0	−9,9	−7,9	−6,1	−30,8	−85,3	−9,2 %
−0,8	−0,8	−2,9	−7,4	−6,2	−4,5	−22,5	−66,3	−7,2 %
−4,9	−5,9	−12,0	−27,7	−20,2	−18,7	−88,6	−213,0	−22,4 %
−7,8	−9,3	−17,5	−38,6	−26,8	−24,6	−124,6	−299,6	−32,5 %

Tab. 26.
Umwelteffekte der Ernährung 2006 (Ist-Zustand) und Differenzen zu den Empfehlungen und Ernährungsweisen auf Bundesebene (nach Altersgruppen und Geschlecht)

3.6   Umweltwirkungen der Ernährung von 1961 bis 2007

Um die bisherigen Ergebnisse besser in einen zeitlichen Kontext einordnen zu können, werden in diesem Kapitel, aufbauend auf den Versorgungsstatistiken der FAO[63], die Resultate der ernährungsbedingten Umweltwirkungen in einer langen Reihe von 1961 bis 2007 vorgestellt. Beginnend im Jahr 1961 stellt die FAO für 183 verschiedene Länder spezifische Versorgungsdaten zur menschlichen Ernährung zur Verfügung (FAO Stat 2011). Diese bauen maßgeblich auf den Meldungen der nationalen Statistikbehörden der Mitgliederländer auf. Dabei kommt in Deutschland der BLE, die auch für die Erstellung der amtlichen Agrarstatistiken auf Bundesebene verantwortlich ist, die Aufgabe der Datenübergabe an die FAO zu. FAO-intern werden die übermittelten Daten auf Konsistenz und Vergleichbarkeit geprüft, um standardisierte sowie weitgehend widerspruchsfreie Daten im Jahresvergleich zur Verfügung zu stellen. Diese werden u. a. genutzt, um die Versorgungsbilanzen zur menschlichen Ernährung *(food balance sheets)* zu erstellen, die neben den Versorgungsmengen auch Angaben zu Energie-, Protein- und Fettaufnahme machen, um den Versorgungsstatus einer Bevölkerung auch unter ernährungsphysiologischen Gesichtspunkten betrachten zu können (FAO Stat 2011).

Allerdings bedingt der relativ lange Betrachtungszeitraum, die unterschiedlichen Qualitäten der übermittelten Nationaldaten sowie veränderte methodische Verfahren in der Datenerfassung und -aufbereitung, dass auch die FAO-Daten mit Restriktionen verbunden sind, die bei deren Interpretation berücksichtigt werden sollten (FAO 2001). Ein weiterer Nachteil der FAO-Daten liegt in dem 4- bis 5-jährigen Verzug bis diese abrufbar sind. Zum Zeitpunkt des Verfassens der Arbeit standen Daten zur Versorgung *(food supply)* und zu den Versorgungsbilanzen *(food balance sheets)* bis zum Jahr 2007 zur Verfügung.

In Tab. 27 werden die durchschnittlichen Verbrauchsmengen, die in Deutschland pro Kopf zur menschlichen Ernährung von 1961 bis 2007 zur Verfügung standen, dargestellt. Dabei wurden die Werte von 1961 bis 1964 im Vierjahresmittel und die von 1965 bis 2004 jeweils in Fünfjahresmitteln wiedergegeben. Bei Kaffee und Tee (schwarz, grün) wurden aus Gründen der Vergleichbarkeit die trinkfertigen Mengen wiedergegeben. Der Verbrauch von Wasser, sowohl von Mineralwasser als auch sonstigem Wasser, von Erfrischungsgetränken, Säften/Nektaren und von Kräuter-/Früchtetee wird in den FAO-Statistiken nicht wiedergegeben. Daher tauchen diese Produktgruppen in Tab. 27 und allen folgenden

---

63 *Food and Agriculture Organization* (Ernährungs- und Landwirtschaftsorganisation der UNO, Sitz: Rom)

Tab. 27. Durchschnittlicher Nahrungsmittel- und Getränkeverbrauch in Deutschland von 1961 bis 2007* in kg pro Person und Jahr nach FAO Stat (2011)

	1961– 64	1965– 69	1970– 74	1975– 79	1980– 84	1985– 89	1990– 94	1995– 99	2000– 04	2005	2006	2007
Butter	9,6	9,5	9,0	8,5	8,8	9,3	6,9	7,0	6,7	6,5	7,0	6,4
Käse, Quark	7,7	8,8	10,4	11,9	13,4	16,0	17,1	18,3	19,8	20,1	20,2	20,7
Sahne	1,8	2,2	2,8	3,3	3,4	3,9	5,4	7,0	7,1	6,3	6,7	6,4
Milchgetränke	81,5	73,9	67,8	55,2	65,3	76,1	72,5	65,2	68,3	75,4	69,7	70,1
Rind, Kalbfleisch	24,6	24,9	27,1	26,7	26,1	26,1	22,5	17,0	13,5	13,8	13,9	14,5
sonst. Fleisch	2,0	1,8	2,0	2,4	2,5	2,1	2,3	3,5	4,7	2,6	2,9	3,7
Schweinefleisch	44,5	49,2	56,7	63,6	70,0	71,7	63,6	61,2	60,3	60,1	60,2	61,3
Geflügelfleisch	6,2	7,4	9,4	10,5	11,1	11,6	13,5	14,8	15,7	16,4	15,7	17,1
Eiprodukte	12,5	13,9	16,3	16,9	17,2	16,5	13,5	12,7	12,4	11,8	12,3	12,0
Fischprodukte	10,1	11,0	11,8	11,2	11,5	11,7	14,1	13,9	14,3	14,8	14,8	14,8
Getreide- erzeugnisse	97,3	100,6	95,9	96,2	101,2	105,7	94,3	95,8	109,8	114,8	115,5	114,3
Gemüse	52,5	55,5	63,5	67,6	72,8	77,1	77,6	86,7	92,9	88,5	90,2	95,1
Obst**	86,0	101,8	106,1	104,1	102,1	112,8	113,7	103,3	102,3	99,1	85,5	88,0
Nüsse & Samen	3,1	3,9	3,5	3,6	3,8	4,4	5,8	5,9	6,5	7,0	7,0	7,1
Kartoffelprodukte	133,5	119,9	109,6	98,9	91,3	94,5	80,4	78,4	75,5	76,3	68,8	69,5
Pflanzl. Öle, Fette	10,9	11,3	11,6	11,9	12,2	12,1	15,3	17,6	17,0	16,3	17,4	17,3
Zucker, Süßwaren	37,8	39,5	44,0	45,4	47,3	48,1	46,5	46,2	50,3	55,0	53,2	54,8
Kaffee, Tee (schwarz/ grün), trinkfertig	116,2	133,3	148,9	172,1	209,8	225,0	248,8	234,1	244,6	239,2	279,5	287,0
Bier	100,2	118,1	136,9	143,0	146,9	144,0	139,2	124,4	115,6	102,5	109,7	106,1
Wein, Sekt	10,4	12,8	17,2	20,8	22,8	22,7	24,3	23,9	24,7	24,6	24,8	24,7
Spirituosen	3,4	4,6	6,2	7,3	7,9	7,7	5,9	6,1	6,2	6,0	5,9	5,8
Summe	**852**	**904**	**957**	**981**	**1047**	**1099**	**1083**	**1043**	**1068**	**1057**	**1081**	**1097**

* bis 1989 als Mittel des Verbrauchs in beiden deutschen Republiken
** Verbrauchsrückgänge beim Obst seit Ende der 1990er Jahre sind u.a. darauf zurückzuführen, dass lediglich Verbrauchsdaten bezüglich des Marktobstbaus, jedoch nicht mehr aus Selbstversorgung (Kleingärten etc.), statistisch erfasst und übermittelt werden (BMELV StatJB 2009).

Abbildungen nicht auf. Der Verbrauch von Obst und Zucker durch Erfrischungsgetränke und Säfte/Nektare ist unter den entsprechenden Produktgruppen subsumiert. Zudem benutzt die FAO eine andere Einteilung bei den Milchprodukten, wobei, neben Butter und Käse, zwischen Sahne und Vollmilch differenziert
wird. Aus diesem Grund sind im Vergleich zur Einteilung, die im restlichen Teil
der Arbeit in Anlehnung an die NVS II (MRI 2008a) erfolgte, die Werte bei den
Milch/-getränken höher, da hierunter auch Dickmilch, Joghurt etc. subsumiert
werden, und die bei den Milcherzeugnissen, da lediglich Sahne darunter fällt,
geringer.

Von 1961–64 bis 1985–89 ist ein stetiger Anstieg des Gesamtverbrauchs feststellbar, der mit der Wiedervereinigung Deutschlands 1989/90 leicht abfiel und
innerhalb der letzten Jahre nahezu wieder auf das Niveau Ende der 1980er Jahre
kletterte. Neben absoluten Mengenveränderungen sind zudem relative Veränderungen in den Verbrauchsmustern ersichtlich. Dabei sind innerhalb der letzten
fünf Dekaden die Anteilszuwächse bei Kaffee & Tee (schwarz, grün) evident, gefolgt von Zuwächsen bei Zucker/Süßwaren, Gemüse und Geflügelfleisch sowie
bei Fischprodukten und Käse/Quark. Stattdessen gingen die Anteile beim Bier,
den Kartoffelprodukten, beim Rindfleisch sowie bei Eiprodukten zurück. Leicht
zurückgehende Anteile innerhalb der letzten Jahre wurden zudem beim Obst
festgestellt, wobei entsprechende Rückgänge darauf zurückzuführen sind, dass
lediglich Verbrauchsdaten bezüglich des Marktobstbaus, jedoch nicht mehr aus
Selbstversorgung (Kleingärten etc.), statistisch erfasst und an die FAO übermittelt werden (BMELV StatJB 2009).

Welchen Einfluss diese absoluten und relativen Verbrauchsänderungen auf die
in dieser Arbeit fokussierten Umweltindikatoren hatten, wurde explorativ untersucht. Die Resultate werden in den nächsten Abschnitten vorgestellt.

3.6.1 Einfacher, explorativer Ansatz

Ausgehend von den in der letzten Tabelle genannten Verbrauchswerten (Tab. 27)
wurden entsprechende Umwelteffekte ermittelt, wobei ein vereinfachter explora-
tiver Ansatz zur Anwendung kam. Hierbei musste dem Umstand Rechnung ge-
tragen werden, dass für die untersuchten Jahre keine entsprechenden Umweltfaktoren vorlagen. Deren Ermittlung wäre ein anspruchsvolles Unterfangen, welches
den zeitlichen Rahmen dieser Arbeit gesprengt hätte. **Aus diesem Grund wurden
die nahrungsmittel- bzw. getränkespezifischen Umweltfaktoren verwendet, die
auch im restlichen Teil der Arbeit zur Anwendung kamen, obwohl sich diese in
der Regel auf das Jahr 2003 beziehen** (vgl. dazu vertiefend Meier 2013). Effizienz-

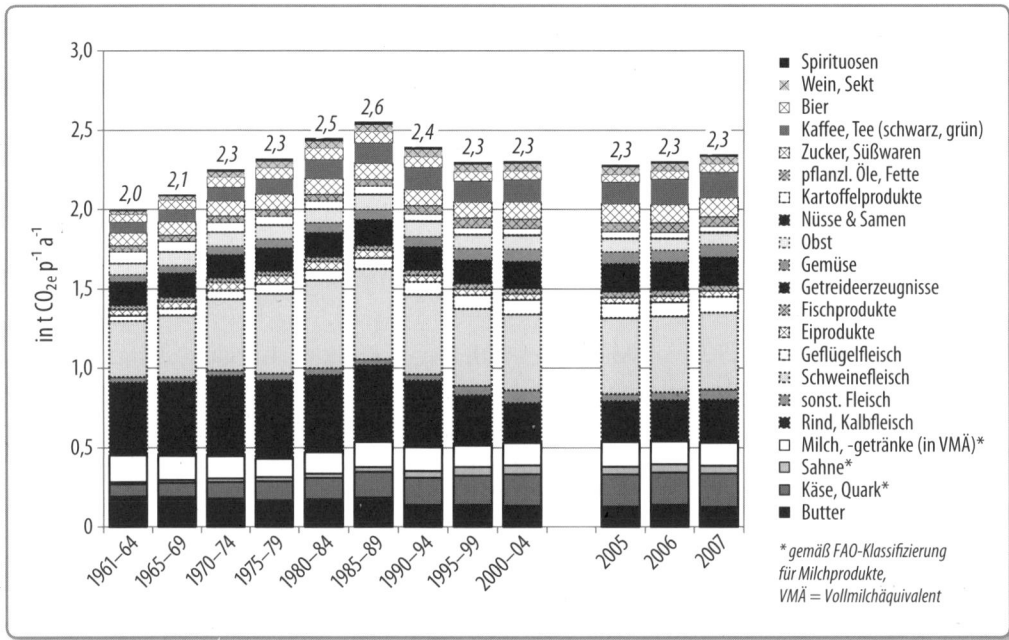

Abb. 72. Treibhausgasemissionen der Ernährung in Deutschland von 1961 bis 2007

fortschritte (in Produktionstechnik, Verarbeitung etc.), aber auch Effizienzrück-schritte durch Rebound-Effekte (vermehrte Tiefkühlung, mehr Transporte etc.) im Agrar- und Ernährungssektor innerhalb der letzten fünf Jahrzehnte konnten demnach nicht entsprechend berücksichtigt werden. Zudem blieb der Einfluss der Artenzusammensetzung und der Produktherkunft innerhalb der Produkt-gruppen unberücksichtigt, was die Ergebnisqualität vor allem bei stark aggre-gierten Produktgruppen (Obst, Gemüse, Nüsse/Samen) deutlich einschränkt. Der mögliche Einfluss dieser Faktoren wird vertiefend in der Diskussion erörtert.

Eine Anpassung an die FAO-Klassifizierung wurde im Bereich der Milchprodukte vorgenommen, da eine direkte Übertragung der Umweltfaktoren nicht möglich war. In der Abb. 72 werden die ernährungsbedingten **Treibhausgasemissionen** pro Kopf von 1961 bis 2007 dargestellt. Dabei ist bis 1985–89 ein stetiger Anstieg der Emissionen auf 2,6 t CO_{2e} pro Person und Jahr feststellbar.

Maßgeblich zurückzuführen auf einen geringeren Rind-/Kalbfleischkonsum fallen diese in den Folgejahren auf ein zweites Minimum von 2,28 t pro Jahr im Jahr 2005 ab (Rückgang um 11 Prozent). Innerhalb der letzten drei betrachteten

Jahre 2005, 2006 und 2007 ist stattdessen wieder ein leichter Aufwärtstrend zu beobachten. Offenkundige Emissionszunahmen innerhalb der letzten fünf Jahrzehnte resultierten aus einem gestiegenen Verbrauch von Käse/Quark, Schweine- und Geflügelfleisch sowie Zucker/Süßwaren, Kaffee, Tee (schwarz, grün) und Wein/Sekt. Eindeutige Emissionsrückgänge sind aus einem verringerten Verbrauch von Butter, Rind-/Kalbfleisch und Kartoffeln zu beobachten.

Die Entwicklung der ernährungsbedingten **Ammoniakemissionen** mit einem Maximum in den Jahren 1985–89 ist mit der Entwicklung bei den Treibhausgasemissionen vergleichbar. Allerdings fällt der Emissionsrückgang Anfang der 1990er Jahre bis zu einem zweiten Minimum im Jahr 2005 mit 16 Prozent etwas stärker aus, was auf den größeren Einfluss von tierischen Produkten (hier v. a. Rind-/Kalbfleisch) zurückzuführen ist. Von 2005 bis 2007 wurde ein leichter Anstieg der pro Kopf bezogenen Emissionen beobachtet.

Die Entwicklung des ernährungsbedingten **Flächenbedarfs** pro Kopf in Abb. 73 zeigt, ebenso wie die Entwicklungen bei den Treibhausgas- und Ammoniake-

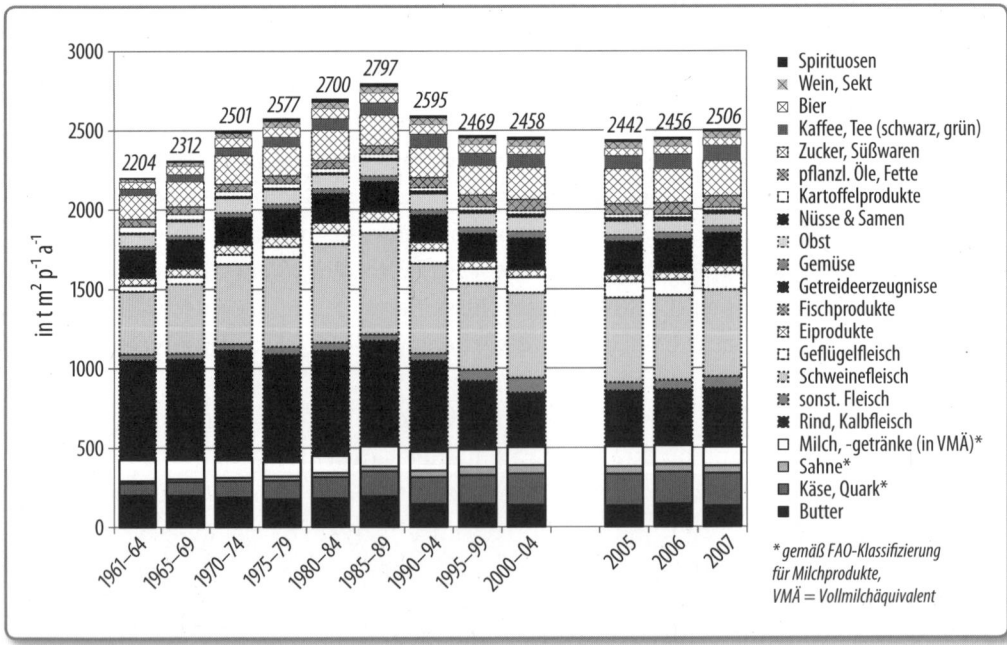

Abb. 73. *Flächenbedarf der Ernährung in Deutschland von 1961 von 2007*

missionen, das Minimum in den Jahren 1961–64 und das Maximum 1985–89. Maßgeblich zurückzuführen auf einen verringerten Flächenbedarf beim Rind-/ Kalbfleisch ging der gesamte Flächenbedarf in den 1990er Jahren bis zum Jahr 2005 zurück (Rückgang um 13 Prozent), stieg jedoch innerhalb der drei letzten Betrachtungsjahre wieder leicht an.

Allerdings sind in Anbetracht der Ertragssteigerungen bei wichtigen Kulturpflanzen innerhalb der letzten fünf Jahrzehnte die in Abb. 73 dargestellten Werte, v. a. der weiter zurückliegenden Jahre, unter Vorbehalt zu verstehen. Es ist eher zu vermuten, dass der ernährungsbedingte Flächenbedarf in den weiter zurückliegenden Jahren höher war, da bei nahezu allen Kulturpflanzen deutliche Ertragssteigerungen erzielt wurden. Kulturart-, jahres- und landesspezifisch sind die Hektarerträge unter FAO Stat (2011b) abrufbar.

Im Vergleich zu den drei vorherigen Umweltindikatoren unterscheidet sich die Entwicklung beim ernährungsbedingten **Bedarf an blauem Wasser** dahingehend, dass mit den 1990er Jahren kein Rückgang im Bedarf festzustellen ist. Der ernährungsbedingte Wasserbedarf stagniert stattdessen auf hohem Niveau (Abb. 74).

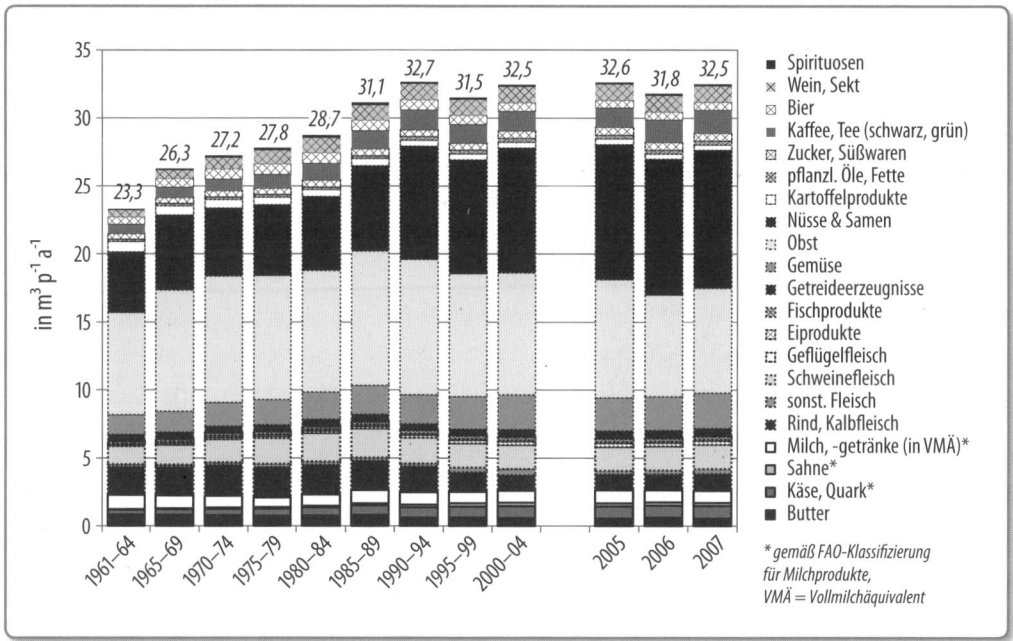

Abb. 74. Bedarf an blauem Wasser der Ernährung in Deutschland von 1961 von 2007

Vor allem dem gestiegenen Verbrauch an Nüssen und Samen kommt dabei die größte Rolle zu.

Wie erwähnt, sind die Ergebnisse in diesem Kapitel, vor allem der weiter zurückliegenden Jahre, im Kontext der verwendeten einfachen, explorativen Methodik zu interpretieren, die den Einfluss der Artenzusammensetzung, der Produktherkunft und der Produktionstechnik innerhalb der Produktgruppen in den einzelnen Jahren unberücksichtigt ließ.

Die Entwicklung des ernährungsbedingten **Phosphorbedarfs** zeigt Ähnlichkeiten zur Entwicklung der pro Kopf bezogenen Treibhausgas- und Ammoniakemissionen. Allerdings geht der Phosphorbedarf nach dem Maximum in den Jahren 1985–89 deutlicher zurück als entsprechende Treibhausgasemissionen. Dabei fällt im Jahr 2005 der Phosphorbedarf wieder auf das Niveau der 1960er Jahre und ging damit um 16 Prozent bezogen auf das Maximum 1985–89 zurück. Maßgeblich ist diese Entwicklung auf den reduzierten Rind-/Kalbfleischverbrauch zurückzuführen. Innerhalb der drei letzten betrachteten Jahre (2005–2007) wurde wiederum ein leichter Anstieg des Bedarfs beobachtet.

Der Verlauf des ernährungsbedingten **Primärenergieverbrauchs** (PEV) ist mit den Entwicklungen der anderen Umweltindikatoren (Ausnahme: blaues Wasser) vergleichbar. Allerdings fällt der Rückgang nach dem Maximum in den Jahren 1985 bis 1989 um 8 Prozent deutlich geringer aus. Dieser geringere Rückgang ist dem Umstand geschuldet, dass dem Konsum von pflanzlichen Nahrungsmitteln und Getränken primärenergetisch innerhalb der betrachteten Systemgrenzen *cradle-to-store* eine größere Bedeutung zukommt. Daher wurden Rückgänge im PEV, maßgeblich durch einen verringerten Verbrauch von Rind-/Kalbfleisch, teilweise durch einen gestiegenen Konsum pflanzlicher Produkte konterkariert.

3.7 Umweltwirkungen auf Basis der Ersten Nationalen Verzehrsstudie (1985–1989)

In diesem Kapitel des Ergebnisteils wird ein spezifischer Rückblick auf die Umwelteffekte der Ernährung in den Jahren 1985–1989 gegeben. Ein Vergleich mit diesem Zeitraum bot sich aus zweierlei Hinsicht an. Einerseits wurde in diesem Zeitraum die Erste Nationale Verzehrsstudie **in den alten Bundesländern** (NVSI, Kübler et al. 1995) erhoben (vgl. Tab. 6, S. 32), zum anderen wurden in dieser Zeit die höchsten ernährungsbedingten Umwelteffekte innerhalb des untersuchten Zeitraums von 1961 bis 2007 festgestellt. Aus Sicht der NVSI ist dabei die Tatsache interessant, dass im Rahmen der Umweltbilanzierung bevölkerungs- gruppenspezifische Verzehrswerte betrachtet werden können. Dazu mussten die Verzehrsdaten der NVSI, die als *public-use-file* zur Verfügung standen (Adolf 1994), derart an die Verzehrsdaten aus der NVS II angepasst werden, dass ein Ver- gleich möglich war. **Im Folgenden werden die Verzehrsmengen nach Geschlecht miteinander verglichen.** Dafür wurde die untersuchte Altersspanne in der NVSI (4 – >80 Jahre) an die der NVS II (14–80 Jahre) angepasst. Ein Großteil der Ver- zehrsdaten aus der NVS II musste aus dem entsprechenden Ergebnisbericht (MRI 2008a) entnommen werden, da zum Zeitpunkt des Verfassens dieser Arbeit keine exakteren Daten zur Verfügung standen. Genauere Daten lagen für Butter sowie Fleisch- und Wurstprodukte (nach Tierarten) vor.

Grafisch werden die prozentualen Verzehrsunterschiede in Abb. 75 dargestellt. Neben den geschlechtsspezifischen Differenzen wurde zudem der Mittelwert der Unterschiede angegeben, der als gewichtetes arithmetisches Mittel des Vorkom- mens von Männern und Frauen in Deutschland in den Jahren 1985–89 und 2006 bestimmt wurde (Destatis 2007a, Destatis 2012b). Aufgrund der Nichtvergleich- barkeit von ›Kräuter-, Früchtetee, Kaffeeersatz‹ wurde der Unterschied in dieser Produktgruppe nicht dargestellt. Bei Mineralwasser wird lediglich der Unter- schied der Mittelwerte dargestellt, da keine geschlechtsspezifischen Werte für die NVS II vorlagen.

Mit Ausnahme der Spirituosen zeigten alle Veränderungen von Männern und Frauen in ihrem Verzehrsverhalten in die gleiche Richtung. Dabei wurden Ver- zehrssteigerungen vor allem beim Obst, beim Gemüse, bei Nüssen / Samen sowie bei den Milchprodukten (ohne Butter), Fischprodukten, beim Geflügelfleisch und bei Zucker / Süßwaren festgestellt, wobei die Frauen in der Regel überdurch- schnittliche Verzehrszunahmen verzeichneten (mit Ausnahmen bei Nüssen & Samen, Zucker / Süßwaren und beim Geflügelfleisch).

Verringerte Verzehrsmengen und damit negative Verzehrsunterschiede wur- den vornehmlich bei Butter, Rind-/ Kalbfleisch, Schweinefleisch, Eiprodukten sowie Kartoffelprodukten und pflanzlichen Fetten / Ölen beobachtet. Auch dabei wiesen wiederum Frauen in der Regel größere Differenzen auf, was darauf hin- deutet, dass Frauen innerhalb des Vergleichzeitraums ihr Verzehrsverhalten stär- ker geändert haben als Männer.

Bei den Getränken wurden verringerte Trinkmengen bei Bier und Wein / Sekt beobachtet, wobei auch hier bei den Frauen stärkere Rückgänge zu verzeichnen waren. Deutliche Verzehrszunahmen fanden dagegen bei Mineralwasser, Erfri-

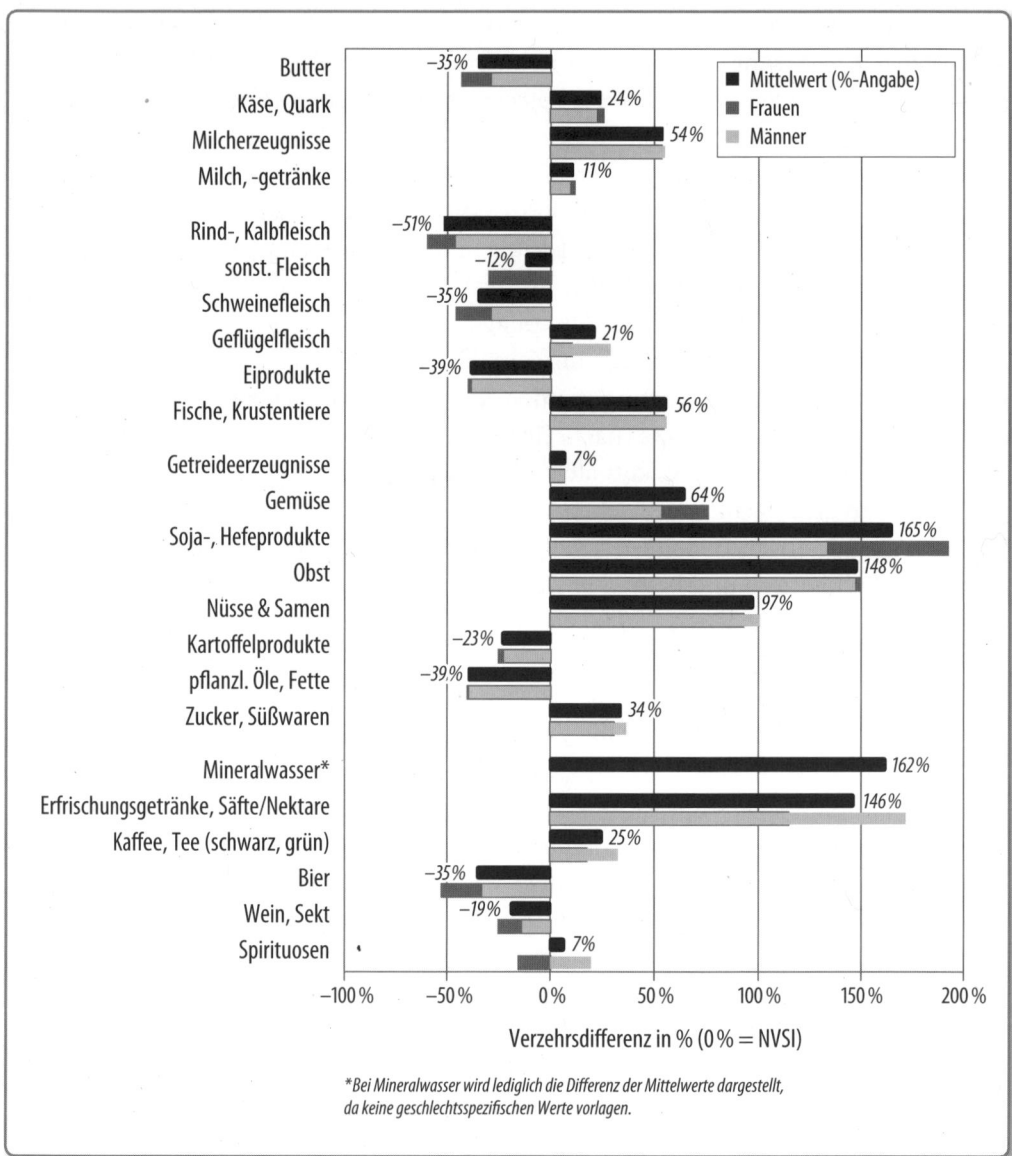

Abb. 75. *Prozentuale Verzehrsunterschiede der NVSII von der NVSI nach Geschlecht und Mittelwert*

schungsgetränken und Säften/Nektaren sowie Kaffee und Tee (grün, schwarz) statt, wobei hier Männer überdurchschnittliche Zunahmen zeigten. Beim Spirituosenverzehr zeigten Männer, im Gegensatz zu den Frauen, leichte Zunahmen. Bei der Interpretation des Getränkevergleichs sollte berücksichtigt werden, dass sich der heiße Sommer 2006 vermutlich in den Trinkmengen widergespiegelt hat. Dazu im Ergebnisbericht der NVS II (MRI 2008a, S. XXIII): »*Vor allem Wasser und Obstsäfte/Nektare werden vermehrt getrunken, seltener hingegen Kräuter- und Früchtetees.*«

3.7.1 Umweltbilanzierung

Ausgehend von den in den Nationalen Verzehrsstudien genannten Verzehrsdaten wurden entsprechende Umwelteffekte ermittelt. Die durchschnittlichen Umweltwirkungen der Ernährung in den Jahren 1985–89 und 2006 wurden bereits im letzten Kapitel innerhalb der Jahre von 1961 bis 2007 vorgestellt. Ziel der Umweltbilanzierung war es nun, zu bestimmen, wie stark Männer und Frauen zu den Veränderungen der ernährungsbedingten Umwelteffekte beitrugen. Zudem sollte der Einfluss veränderter Verluste in der Land- und Ernährungswirtschaft sowie Abfälle im Handel und im Haushalt im Jahr 2006 gegenüber den Jahren 1985–89 untersucht werden.

Da eine derartige Abgrenzung mit FAO-Daten nicht möglich ist, wurde auf entsprechende Zahlen aus dem agrarstatistischen Jahrbuch zurückgegriffen (BML StatJB 1991) und damit nach der gleichen Umrechnungsmethode von Verzehr in Verbrauch/Versorgung wie in Kap. 3.2 (S. 96 ff.) verfahren. Nach der Umrechnung konnten die ernährungsbedingten Umwelteffekte von Männern und Frauen bestimmt werden. Dazu wurden die entsprechenden Umweltprofildaten aus Kap. 3.1 (S. 63 ff.) verwendet. Da die in der NVS I gebildete Produktgruppe ›Kräuter-, Früchtetee, Kaffeeersatz‹ nicht disaggregiert untersucht werden konnte, wurde für diese Gruppe mit den Umweltprofildaten der NVS II-Gruppe ›Kräuter-, Früchtetee‹ gerechnet. In Tab. 28 werden die Ergebnisse dieser Betrachtung vorgestellt. Maximale Abweichungen der Umwelteffekte im Jahr 2006 gegenüber 1985–89 sind dabei grau hinterlegt.

Mit Ausnahme des Bedarfs an blauem Wasser zeigten alle Umweltindikatoren der Jahre 1985–89 gegenüber 2006 deutliche Rückgänge (Tab. 28, letzte Spalte): am stärksten beim Phosphorbedarf, den Ammoniakemissionen und dem Flächenbedarf, gefolgt von den Treibhausgasemissionen und dem Energieverbrauch. Dabei zeigten die Frauen bei allen Indikatoren, im Gegensatz zu den Männern, überdurchschnittliche Verminderungen. Steigerungen wurden lediglich beim Bedarf

Tab. 28. Ernährungsbedingte Umwelteffekte von Männern und Frauen auf Basis der ersten
und zweiten nationalen Verzehrsstudie

		Männer (14–80)			Frauen (14–80)			Gewichtetes Mittel		
		NVS I 1985–89	NVS II 2006	Abweichung in %	NVS I 1985–89	NVS II 2006	Abweichung in %	NVS I 1985–89	NVS II 2006	Abweichung in %
Treibhaus-gasemissio-nen	in t CO_{2e} pro Person und Jahr	2,8	2,7	−4,5 %	2,1	1,9	−11,8 %	2,5	2,3	−7,4 %
Ammoniak-emissionen	in kg pro Person und Jahr	8,7	7,9	−8,6 %	6,5	5,3	−18,8 %	7,6	6,6	−12,7 %
Flächen-bedarf	in m^2 pro Person und Jahr	2999	2765	−7,8 %	2262	1896	−16,2 %	2618	2327	−11,1 %
Wasser-bedarf (blau)	in m^3 pro Person und Jahr	30,9	35,0	13,2 %	27,0	29,7	10,2 %	28,9	32,4	12,0 %
Phosphor-bedarf	in kg pro Person und Jahr	8,9	7,9	−11,1 %	6,7	5,5	−18,7 %	7,8	6,7	−14,1 %
Primär-energiever-brauch	in GJ pro Person und Jahr	17,2	17,3	0,6 %	13,2	12,5	−5,2 %	15,1	14,9	−1,6 %

■ grau markiert: maximale Veränderung gegenüber NVS I (1985–89)

an blauem Wasser beobachtet, mit einem überdurchschnittlichen Anstieg bei
den Männern.

Ein Vergleich der gewichteten Mittelwerte aus Tab. 28 mit den ernährungsbedingten Umwelteffekten der langen Reihe von 1961–2007 im letzten Kapitel zeigte
eine hohe Übereinstimmung der Werte, wobei sich geringfügige Abweichungen
einerseits aus den verschiedenen Produktkategorien ergeben. Auf der anderen
Seite erklären sich Abweichungen aus der Tatsache, dass in der langen Reihe auch
für die Jahre 1985–89 und das Jahr 2006 mit Verbrauchsdaten der FAO gerechnet
wurde, die sich geringfügig von entsprechenden Nationaldaten unterscheiden,
obwohl die FAO-Daten aus diesen generiert wurden (vgl. FAO [2001] bezüglich
der Datenqualität in Versorgungsbilanzen).

Neben veränderten Verzehrsmustern in den Jahren 1985–89 und 2006 konnte letztlich durch die Verwendung produktspezifischer Umrechnungsfaktoren
(Verzehr, Verbrauch und Versorgung) der Einfluss von **Nahrungsverlusten und**

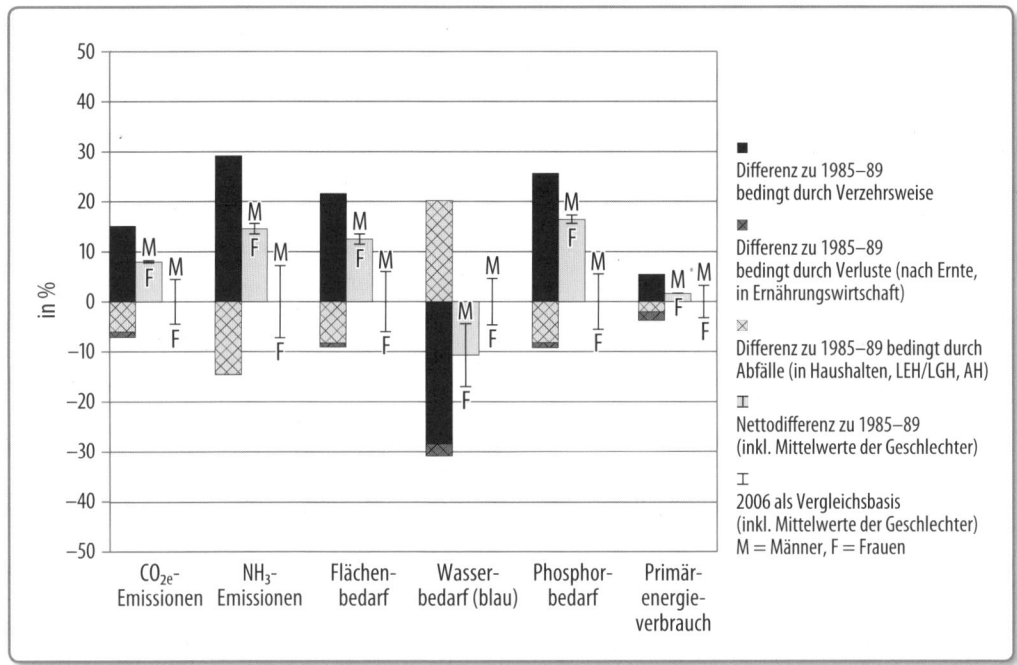

Abb. 76. *Prozentuale Veränderungen der Umwelteffekte in den Jahren 1985–89 gegenüber 2006[64]
(inkl. Geschlechter sowie des Einflusses des Verzehrs sowie von Nahrungsverlusten und -abfällen)*

Nahrungsabfällen entlang der Wertschöpfungskette ernähungsökologisch untersucht werden. Neben effizienzsteigernden Maßnahmen (technische Innovationen etc.) und veränderten Verzehrsweisen, stellen verringerte Nahrungsverluste
und -abfälle eine entscheidende Strategie dar, die zu einer konsistenten Umwelt-
entlastung im Agrar- und Ernährungssystem beitragen kann. Effizienzsteigernde
Maßnahmen und deren Einfluss auf die Umwelteffekte innerhalb der letzten
20 Jahre wurden jedoch aus zeitlichen und kapazitären Gründen im Rahmen dieser Arbeit nicht untersucht. Weidema et al. (2008) und McMichael et al. (2007)
kommen jedoch zu dem Schluss, dass das Umweltentlastungspotential von technischen Maßnahmen, und hierzu zählen diese bereits verringerte Verluste und
Abfälle, unter 20 Prozent liegt.

In Abb. 76 werden die Einflüsse der Verzehrsweise und veränderter Verluste
und Abfälle auf entsprechende Umwelteffekte dargestellt. Wie in Tab. 7 (S. 34)

---

64 Abb. 76 ist nur bedingt mit Abb. 77 (S.197) vergleichbar, da in letzterer ein schmaleres Produktspektrum als
Basis diente, um ein Vergleich mit den Empfehlungen und Ernährungsweisen zu ermöglichen.

erwähnt, fallen Nahrungsmittelverluste nach der Ernte und in der Ernährungswirtschaft an. Abfälle entstehen im Haushalt, aber auch in der Außerhausverpfle-
gung und im Lebensmittelgroß- und Einzelhandel. In der Abbildung dient das
Jahr 2006 als Vergleichsbasis. Zudem werden geschlechtspezifische Abweichungen dargestellt, um Veränderungstendenzen differenzierter betrachten zu können.

Aus Abb. 76 geht hervor, dass ein Großteil der Veränderungen bei allen Umweltindikatoren auf einen veränderten Verzehr zurückzuführen ist. Der Einfluss
der Nahrungsverluste und -abfälle war demgegenüber nicht nur deutlich geringer, sondern auch großteils entgegengesetzt, was auf höhere Verlust- und Abfall-
raten im Jahr 2006 und damit höhere Umweltbelastungen (Ausnahme: blaues
Wasser) hindeutet. Beim Wasserbedarf ist die Entwicklung innerhalb der letzten 20 Jahre umgekehrt. Neben der Tatsache, dass eine Zunahme im Bedarf an
blauem Wasser beobachtet wurde, ist diese maßgeblich auf eine veränderte Verzehrsweise mit einem gesteigerten Verbrauch von v. a. Obst, Gemüse sowie Nüssen und Samen zurückzuführen. Vor allem beim Obst und Gemüse haben jedoch geringere Abfälle in der Wertschöpfungskette gegenüber 1985–89 dazu
geführt, dass der Mehrbedarf teilweise ausgeglichen wurde. Niedrigere Abfall-
raten könnten speziell bei diesen Produkten darauf zurückzuführen sein, dass mit
Reformen der Gemeinsamen Agrarpolitik (GAP) in der EU Anfang der 1990er
Jahre Überproduktionskapazitäten sukzessive abgebaut wurden. Andererseits
könnte die Einführung der Handelsklassen und Vermarktungsnormen in den
1980er und 90er Jahren in der EU erklären, warum gerade umweltbelastende
Effekte aus Nachernte- und Verarbeitungsverlusten bei allen Indikatoren geringfügig zunahmen.

Hinsichtlich der Differenzierung zwischen Männern und Frauen wurde in der
Abbildung lediglich der Effekt der unterschiedlichen Verzehrsmuster untersucht.
Daten zu geschlechtsspezifischen Nahrungsmittelabfällen lagen nicht vor. Um
den Einfluss unterschiedlicher ernährungsphysiologischer Anforderungen von
Männern und Frauen (unterschiedlicher Leistungs- und Grundumsatz etc.) bei
diesem Vergleich auszuschließen, da dies zu Ergebnisverzerrungen geführt hätte,
wurde für beide Verzehrsmuster je Betrachtungszeitraum die gleiche mittlere
Energieaufnahme angenommen (1985–89: 2.172 kcal pro Person und Tag, 2006:
2.271 kcal pro Person und Tag). Somit konnte innerhalb der Betrachtungszeit-
räume der ausschließliche Effekt der Verzehrsmuster untersucht werden. Interessant ist dabei zudem die Tatsache, dass die durchschnittliche Energieaufnahme
im Jahr 2006 ca. 100 kcal pro Person und Tag höher als 1985–89 war. Dieser
Umstand wurde jedoch ernährungsökologisch nicht explizit untersucht.

Mit Ausnahme des Bedarfs an blauem Wasser sind die Differenzen der ernährungsbedingten Umwelteffekte zwischen Männern und Frauen in den Jahren 1985–89 gegenüber 2006 geringer. Somit sind ernährungsbedingte Veränderungen der Umwelteffekte innerhalb der letzten 20 Jahre eher auf einen veränderten Verzehr der Frauen zurückzuführen, was sich mit Ausnahme des Wasserbedarfs ökologisch positiv ausgewirkt hat.

3.7.2 Zwischenfazit

Werden die Ergebnisse dieses Kapitels, nämlich des Vergleichs der Umweltwirkungen der NVS I mit der NVS II, im Kontext der Einsparpotentiale, die sich aus den Ernährungsempfehlungen und Ernährungsweisen ergeben, gesehen, wird folgendes ersichtlich: in Anbetracht der in dieser Arbeit ausgewerteten soziodemographischen Faktoren sind einerseits die größten Einsparpotentiale bei der männlichen Bevölkerung vorhanden (vgl. Tab. 26, S. 160). Andererseits sind jedoch gerade die Männer, was die Veränderung ihrer Ernährungsmuster und daran gekoppelter Umwelteffekte im Vergleich der letzten 20 Jahre anbetrifft, veränderungsresistenter. Werden konsumentenorientierte Empfehlungen und Handlungsstrategien im Bereich der Ernährung ausgearbeitet, sollte dieser Umstand berücksichtigt werden.

Zudem trugen die höheren Verlustraten gerade bei ressourcenintensiv produzierten Nahrungsmitteln im Jahr 2006 gegenüber 1985–89 dazu bei, dass die Umwelt unnötig belastet wurde. Obwohl mit dem in dieser Arbeit elaborierten Ansatz nicht exakt bestimmt werden kann, an welcher Stelle in der Wertschöpfungskette die Verluste bzw. Abfälle auftreten, konnte gezeigt werden, dass durch eine Reduzierung von Nahrungsmittelabfällen (in Haushalten, im LEH/LGH und in der Außerhaus-Verpflegung) die höchsten Umweltentlastungspotentiale ausgeschöpft werden könnten. Jüngere Arbeiten, bspw. Kranert et al. (2012), könnten genutzt werden, um die Umweltentlastungspotentiale von vermeidbaren Nahrungsmittelabfällen akteursspezifischer zu untersuchen.

4 Diskussion

In diesem Kapitel werden die Ergebnisse der Arbeit diskutiert. Dabei werden im ersten Teil der Diskussion die Ergebnisse im Kontext von vergleichbaren Ergebnissen anderer Autoren eingeordnet. Im zweiten Teil dieses Kapitels werden der Arbeit zu Grunde liegende Annahmen und sich daraus ergebende Einschränkungen zusammengefasst, um den Interpretationsspielraum der Ergebnisse zu konkretisieren.

4.1 Vergleich der Ergebnisse

Die Ergebnisse der in der Literaturanalyse genannten Arbeiten (Kap. 1.1, S. 9 ff.) werden im Folgenden mit den eigenen Ergebnissen verglichen. Zudem werden besonders diskussionswürdige Punkte herausgegriffen und besprochen.

Werden unterschiedliche Zeit- und Ortsbezüge sowie unterschiedliche Systemgrenzen und Bilanzierungsansätze (LCA, Input-Output-Analyse) in Betracht gezogen, sind die in dieser Arbeit präsentierten Ergebnisse mit denen anderer Autoren vergleichbar. Um die im Folgenden vorgestellten Resultate aus Vergleichsarbeiten besser einordnen zu können, werden die verwendeten Arten von Systemgrenzen kurz zusammengefasst:

- *cradle-to-gate*: landwirtschaftliche Produktion inkl. Vorkette (dLUC/LU, Düngemittel- und PSM-Produktion, Gebäude- und Maschinenmanagement etc.) bis Hoftor
- *cradle-to-store*: *cradle-to-gate* + Verarbeitung + Verpackung + Transport bis Groß-/Einzelhandel und Verkauf der Produkte an Endverbraucher bzw. Gastronomiebetrieb
- *cradle-to-fork*: *cradle-to-store* + Haushaltsphase (Einkauf, Lagerung, Zubereitung im Haushalt bzw. Gastronomiebetrieb)
- *cradle-to-grave*: *cradle-to-fork* + Abfallphase (Abwasserbehandlung, Müllbeseitigung etc.).

In vorliegender Arbeit wurde der Untersuchungsrahmen *cradle-to-store* gewählt.

4.1.1 Treibhausgasemissionen

Muñoz et al. (2010) ermittelten in einer Ökobilanz den durchschnittlichen Treibhausgasfußabdruck *(carbon footprint)*, den ein Spanier pro Jahr hinterlässt. Einschließlich der Treibhausgasemissionen, die während der Haushalts- und Abfallphase (einschließlich Abwasserbehandlung) anfallen *(cradle-to-grave)*, jedoch ohne Berücksichtigung von Emissionen aus direktem Landnutzungswandel (dLUC) und Landnutzung (LU) ermittelten diese einen ernährungsbedingten *carbon footprint* in Höhe von 2,1 t CO_{2e} pro Person und Jahr. Werden Emissionen aus direkten Landnutzungsänderungen und Landnutzung, die in dieser Arbeit explizit mit untersucht wurden, außer acht gelassen, resultiert der durchschnittliche *carbon footprint* der Ernährung in Deutschland im Jahr 2006 in 1,94 t CO_{2e} pro Person. Allerdings wurden in dieser Arbeit die Systemgrenzen *cradle-to-store* gesetzt und damit Umwelteffekte aus der Haushalts- und Abfallphase nicht mit untersucht, wodurch sich die Differenz zu Muñoz et al. (2010) erklären lässt. Ernährungsbedingte Treibhausgasemissionen aus direkten Landnutzungsänderungen (dLUC) und Landnutzung (LU) wurden in dieser Arbeit in Höhe von 0,35 t CO_{2e} pro Person und Jahr ermittelt (0,15 t aus dLUC und 0,2 t aus LU), was 15 Prozent der betrachteten Gesamtemissionen in Höhe von 2,29 t CO_{2e} pro Person und Jahr entspricht (Systemgrenzen: *cradle-to-store*!).

Jungbluth et al. (2011) kombinierten einen klassischen Ökobilanzansatz mit einer makroökonomischen Input-Output-Analyse (Hybrid-Methode) und untersuchten die Umweltwirkungen des gesamten Konsums in der Schweiz. Dabei bezifferten sie den Anteil der Ernährung auf 17 Prozent, was bei 12 t CO_{2e} Gesamtemissionen pro Kopf und Jahr einer Menge von 2,0 t CO_{2e} für den Bereich der Ernährung entspricht. Allerdings wurden auch von Jungbluth et al. (2011) Emissionen aus direkten Landnutzungsänderungen und Landnutzung nicht mit untersucht.

Pro Haushalt bilanzierten Wiegmann et al. (2005) in dem Projekt Ernährungswende die ernährungsbedingten Treibhausgasemissionen *cradle-to-fork* in Deutschland mit 4,4 t CO_{2e} für das Jahr 2000. Legt man die typische Haushaltsgröße von 2,2 Personen pro Haushalt im Jahr 2000 zu Grunde (ebd.), ergibt sich daraus ein *carbon footprint* von 2,0 t CO_{2e} pro Person und Jahr. Dabei arbeiteten Wiegmann et al. (2005) mit der Ökobilanzierungssoftware GEMIS.

Andere Vergleichsarbeiten, jedoch mit einem älteren Zeitbezug, sind die von Taylor (2000) und Carlsson-Kanyama (1998). Einen Ökobilanzansatz anwendend untersuchte Taylor (2000) die Treibhausgasemissionen des Ernährungssystems in Deutschland sowie die pro Kopf bezogenen Emissionen verschiedener Ernährungsweisen (Mischkost, Vollwertkost, ovo-lacto-vegetarische Kost) und Produktionsverfahren (konventionell/kontrolliert biologisch). Dabei ermittelte sie innerhalb der Systemgrenzen *cradle-to-fork* für Mischköstler jährliche Treibhausgasemissionen in Höhe von 1,8 t CO_{2e} pro Kopf. Von Carlsson-Kanyama (1998) wurden verschiedene Ernährungsweisen in Schweden untersucht, mit einer Schwankungsbreite der pro Kopf bezogenen Treibhausgasemissionen von 0,4 bis 3,8 t CO_{2e} pro Jahr. Emissionen aus direkten Landnutzungsänderungen und Landnutzung wurden in den drei letztgenannten Arbeiten nicht mit untersucht.

In Tab. 29 werden die Ergebnisse verschiedener Autoren zu den nationalen Treibhausgasemissionen im Agrar- und Ernährungsbereich in Deutschland vorgestellt. Betrachtet man die Systemgrenzen *cradle-to-store* und den Umstand, dass in dieser Arbeit Emissionen aus direkten Landnutzungsänderungen (dLUC) und Landnutzung (LU) mit berücksichtigt wurden, sind die Ergebnisse vergleichbar. Zöge man die Emissionen aus der Haushaltsphase, die in den anderen Arbeiten ermittelt wurden, noch mit hinzu, ergäbe sich eine Summe *(cradle-to-fork)* in Höhe von 216 bis 264 Mio. t CO_{2e}.

Reichert & Reichardt (2011) untersuchten die Treibhausgasemissionen, die mit dem Import von Soja und dem Koppelprodukt Sojaextraktionsschrot in Deutschland im Durchschnitt der Jahre 2007 und 2008 verbunden waren. Dabei differenzierten sie zwischen direkten landwirtschaftlichen Emissionen und Emissionen aus dLUC. Ausgehend von einer Importmenge an Soja (in Sojaschrotäquivalent) von 6,2 Mio. t im Jahr 2008 ermittelten diese Treibhausgasemissionen in Höhe von 20,6 bis 22,3 Mio. t CO_{2e}. Die Schwankungsbreite erklärt sich aus unterschiedlichen dLUC-Faktoren, die die Autoren aus Angaben vom brasilianischen Ministerium für Wissenschaft und Technologie (MCT 2010) und Fargione et al. (2008) übernommen haben. Der Unterschied zu dem in dieser Arbeit ermittelten Wert in Höhe von 17,6 Mio. t CO_{2e} erklärt sich zum einen aus einer niedrigeren Importmenge (4,4 Mio. t Sojaschrot und 1,0 Mio. t Sojaöl im Jahr 2006 nach BMELV StatJB 2009, FAO Stat 2011b). Zum anderen wurde in dieser Arbeit mit einem produktspezifischen Emissionsfaktor für Sojaschrot in Höhe von 2,97 kg CO_{2e} kg^{-1} gerechnet – im Gegensatz zu den Werten in Reichert & Reichardt (2011) von 3,33 bis 3,60 kg CO_{2e} kg^{-1}.

Lediglich den Verbrauch tierischer Produkte (ohne Fisch und ohne sonstiges Fleisch) im Jahr 2002 in Deutschland in Betracht ziehend, kommt Woitowitz (2007) zu durchschnittlichen Treibhausgasemissionen in Höhe von 0,79 t CO_{2e} pro Person und Jahr. Wird der Verbrauch von Fisch und sonstigem Fleisch, der

Tab. 29. *Literaturübersicht –*
Treibhausgasemissionen im Agrar- und Ernährungsbereich in Deutschland in Mio. t CO$_{2e}$

	Enquete-Kommission (1995)	Taylor (2000)*	Quack, Rüdenauer (2004)	Quack, Rüdenauer (2007)	BMELV (2008)**	diese Arbeit
Jahresbezug	1991	1996	2001	2005	1991–2005	2006
in Millionen t CO$_{2e}$						
dLUC, LU					42	29
dar. dLUC, LU Ausland						15
dar. LU Inland						14
Landwirtschaft, inkl. Vorleistungen (cradle-to-gate)	135	103***	134****		115	108
dar. Vorleistungen					32	21
dar. Landw. direkt					83	87
◆ Inland						59
◆ Ausland						28
Verarbeitung	15				11	21
Handel / Transport	22	9			22	14
Verpackung	13	6	9		13	18
Zwischensumme (cradle-to-store)	185	118	143	125	203	189
Haushalt	75	27	36	37	75	
Summe (cradle-to-fork)	260	145	179	162		

* unter Handel / Transport keine Emissionen aus Lagerung und Gebäudeunterhaltung berücksichtigt
** Emissionen aus dLUC/LU, Landw. und Verarbeitung sind produktions- und nicht verbrauchsbezogen; Emissionen aus Handel/Transport, Verpackung und Haushalt von Enquete-Kommission (1995) übernommen
*** inkl. Emissionen aus Verarbeitung
**** inkl. Emissionen aus Verarbeitung und Handel / Transport

insgesamt in vorliegender Arbeit zu Emissionen in Höhe von 0,09 t CO$_{2e}$ pro Person und Jahr geführt hat, außen vor gelassen, wurden pro Kopf 1,42 t CO$_{2e}$ pro Jahr ermittelt. Der Unterschied in Höhe von 0,63 t CO$_{2e}$ pro Person und Jahr erklärt sich vor allem daraus, dass in dieser Arbeit Emissionen aus dLUC, LU sowie Emissionen aus dem Groß- und Einzelhandel zusätzlich untersucht wurden. Ein weiterer Grund für den relativ großen Unterschied dürfte dem Umstand geschuldet sein, dass die Angaben in Woitowitz (2007) auf klassischen *bottom-up* Ökobilanzdaten aus Einzeluntersuchungen beruhen.

Auf Basis nährstoffspezifischer Zufuhrempfehlungen der DGE für Männer und Frauen ermittelte der Autor zudem ein nationales Treibhausgaseinsparpotential bei konventioneller Produktion in Höhe von 29 Mio. t CO_{2e} durch einen verringerten Verzehr von tierischen Produkten. Dabei wurden bei den untersuchten Produktgruppen folgende Verzehrseinschränkungen unterstellt: minus 66 Prozent bei Fleisch- und Wurstwaren, minus 33 Prozent bei Milchprodukten und minus 50 Prozent bei Eiprodukten. Wird zum Vergleich mit vorliegender Arbeit derselbe Produktumfang angenommen, beläuft sich das mögliche Treibhausgaseinsparpotential bei einer Ausrichtung an den Leitlinien der DGE lediglich auf 24 Mio. t CO_{2e}. Allerdings bezieht sich dieser Wert lediglich auf die in dieser Arbeit untersuchte Alterspanne der 14- bis 80-Jährigen sowie auf eine Reduktion ausschließlich tierischer Produkte. Wird das gesamte Produktspektrum einbezogen, ergeben sich Einsparungen in Höhe von ca. 17 Mio. t CO_{2e}. Dieser geringere Wert erklärt sich daraus, dass bei Zugrundelegung der Empfehlungen der DGE, gegenüber dem beschriebenen verringerten Verzehr von tierischen Produkten, höhere Emissionen aus einem vermehrten Verzehr von Gemüse, Getreideprodukten etc. zu erwarten wären.

Ein weiterer Grund für die Differenz dürfte in der Art der untersuchten Empfehlungen zu finden sein. Baute Woitowitz (2007) seine Kalkulation auf den nährstoffbezogenen Empfehlungen auf (NBDG), wurde in dieser Arbeit auf die nahrungsmittelbezogenen Empfehlungen (FBDG) zurückgegriffen (DGE 2008; vgl. Kap. 3.5, S. 133). Dadurch konnte innerhalb der untersuchten Milchprodukte eine spezifischere Auswertung erfolgen, und zudem war ein Vergleich mit weiteren nahrungsmittelbezogenen Empfehlungen möglich (UGB, ovo-lacto-vegetarisch, vegan).

4.1.2 Ammoniakemissionen

Andere Arbeiten zu verbrauchsbedingten Ammoniakemissionen sind im Vergleich zu den Treibhausgasemissionen relativ rar. Im Rahmen des *European Nitrogen Assessment* (Sutton et al. 2011), welches auf dem Bilanzierungsmodell CAPRI aufbaut, wurden für Deutschland verbrauchsbedingte Ammoniakemissionen in Höhe von ca. 4,7 kg pro Person und Jahr ermittelt. Allerdings werden für das Modell CAPRI, im Vergleich zu nationalen Berichterstattungen, Unterschätzungen bei Ammoniakemissionen konstatiert (Leip et al. 2010). Werden die in dieser Arbeit ermittelten pro Kopf bezogenen Ammoniakemissionen in Höhe von

6,6 kg pro Jahr auf Bundesebene übertragen, resultieren daraus 544 kt verbrauchs-bedingte Ammoniakemissionen pro Jahr. Dabei lagen der Bilanzierung in dieser Arbeit produktionsbedingte Ammoniakemission für das Jahr 2003 in Höhe von 559 kt zu Grunde (Schmidt & Osterburg 2010).

Während die nationale Berichterstattung (Destatis 2012a) für den Bereich Land-wirtschaft für jenes Jahr nahezu identische Emissionen in Höhe von 557 kt pro Jahr ausgibt, bilanzierte CAPRI für den deutschen Tierhaltungssektor im Jahr 2004, der jedoch für ca. 95 Prozent aller Ammoniakemissionen verantwortlich ist, lediglich 410 kt pro Jahr (Leip et al. 2010).

4.1.3 Flächenbedarf

In Bezug auf den ernährungsbedingten Flächenbedarf zielten entsprechende Vergleichsarbeiten entweder auf den durchschnittlichen Flächenbedarf, auf den Gesamtflächenbedarf oder auf den Flächenbedarf verschiedener Ernährungs-weisen ab.

In dem Projekt Ernährungswende bezifferten Wiegmann et al. (2005) den ernährungsbedingten Flächenbedarf pro Kopf im Jahr 2000 in Deutschland mit 2396 m², wobei nach verschiedenen Flächentypen differenziert wurde. Allerdings wurde nicht nach Flächen im In- und Ausland unterschieden. Gerbens-Leenes (2006) berechnete einen etwas niedrigeren Wert in Höhe von 1909 m² pro Person und Jahr, allerdings für die Niederlande und das Jahr 1990. Peters et al. (2007) analysierten für 42 verschiedene Ernährungsmuster den ernährungsbedingten Flächenbedarf mit einer Schwankungsbreite von 1800 bis 8600 m² pro Person und Jahr, wobei der Anteil von Fleisch, Eiern und Fetten die größten Unterschiede bewirkte. Der durchschnittliche pro Kopf bezogene Flächenbedarf, der in dieser Arbeit mit 2327 m² pro Jahr ermittelt wurde, stimmt am ehesten mit dem erst-genannten Wert von Wiegmann et al. (2005) überein, was in Anbetracht unter-schiedlicher Ansätze (LCA, Input-Output-Analyse), Datenbanken (GEMIS, UGR) und Bezugszeiträume die Plausibilität beider Arbeiten unterstreicht.

Im Vergleich zu Woitowitz (2007), der den Flächenbedarf des Verbrauchs tie-rischer Produkte untersuchte (ohne Fisch und ohne sonstiges Fleisch), ist die entsprechende Fläche in vorliegender Arbeit um 21 Prozent erhöht (1525 m² im Gegensatz zu 1204 m² pro Person und Jahr). Neben unterschiedlichen Betrach-tungszeiträumen liegen die Ursachen hierfür vor allem in unterschiedlichen Bilanzierungsansätzen und daraus resultierenden Flächenfaktoren. Basieren die Berechnungen von Woitowitz (2007), der neben einer konventionellen auch eine ökologische und eine explizit ressourcenschonende Wirtschaftsweise untersucht

Tab. 30. Literaturübersicht – Flächenfaktoren verschiedener tierischer Nahrungsmittel

	Vorliegende Arbeit	Woitowitz (2007)	Vries & Boer (2010)
	m²/kg		
Milch in VMÄ	1,7	1,6	1,2–1,9
Rind-/ Kalbfleisch	25,4	13,6	22,8–38,5
Schweinefleisch	8,9	7,1	5,4–15
Geflügelfleisch	6,2	4,5	5,5–7,3
Eier	3,8	4,8	4,5–7,8

VMÄ: Vollmilchäquivalent

hat, vornehmlich auf klassischen *bottom-up* Untersuchungen, wurde in dieser Arbeit im landwirtschaftlichen Bereich ein *top-down* Ansatz gewählt.

Ein Vergleich mit der Metaanalyse von Vries & Boer (2010), die verschiedene europäische und eine neuseeländische LCA-Studie auswerteten, zeigt insgesamt eine höhere Übereinstimmung mit den Werten, die den Berechnungen in vorliegender Arbeit zu Grunde liegen (Tab. 30). Lediglich bei Eiern wurde in dieser Arbeit ein niedrigerer Wert ermittelt. Gründe hierfür können wiederum im gewählten Bilanzierungsansatz *(top-down, bottom-up)* und im Bezugsort gefunden werden. Die zwei Vergleichsarbeiten zur Eiproduktion in Vries & Boer (2010) beziehen sich auf die Niederlande und Großbritannien (Mollenhorst et al. 2006, Williams et al. 2006).

Witzke et al. (2011) ermittelten auf Basis durchschnittlicher Werte für die Jahre 2008–2010 einen virtuellen Landimport in Höhe von 79.700 km², resultierend aus dem Verbrauch von Nahrungsmitteln und anderen agrarischen Rohstoffen in Deutschland.

Davon wurden 25.800 km² für den Anbau von Soja, 1.900 km² für Baumwolle und 400 km² für die Tabakproduktion beansprucht. Neben der Tatsache, dass in vorliegender Arbeit die Produkte Baumwolle und Tabak nicht untersucht wurden, kann der Unterschied zu den in dieser Arbeit ermittelten 64.300 km² teilweise durch eine geringere Sojaanbaufläche in Höhe von 23.020 km² (anteilig 18.800 km² für Sojaschrot + 4220 km² für Sojaöl) erklärt werden (vgl. Abb. 20, S. 78). Gründe für die verbleibende Restdifferenz können in den unterschiedlichen Betrachtungszeiträumen und in der Berechnungsmethodik zu finden sein. Erwähnenswert ist der Umstand, dass der höhere virtuelle Nettoflächenimport in den Jahren 2008–2010 statistisch mit einer seit 2006 kontinuierlich ausgebauten

Tierproduktion und steigenden Fleischexporten korreliert. Während Deutschland im Jahr 2006 erstmals seit 1961 ein Nettoexporteur von Fleischprodukten
darstellte, erreichte der Selbstversorgungsgrad bei Fleischprodukten im Jahr 2008
einen Wert von 107 Prozent. Im Jahr 2010, dem letzten statistisch ausgewerteten
Jahr lag der Selbstversorgungsgrad bei 113 Prozent (BMELV StatJB 2011). Pro
Kopf errechneten Witzke et al. (2011) einen durchschnittlichen Flächenbedarf in
Höhe von 1030 m² pro Jahr, der aus dem Verbrauch von Fleischprodukten resul-
tiert. Werden ebenfalls lediglich Fleischprodukte berücksichtigt, wurde in dieser
Arbeit ein Flächenbedarf in Höhe von 952 m² pro Person und Jahr ermittelt.
Die geringfügige Differenz lässt sich aus dem Umstand erklären, dass der durch-
schnittliche Fleischverbrauch in den Jahren 2008–2010 bei 88 kg pro Person lag.
Im Jahr 2006, dem Referenzjahr in dieser Arbeit, wurden 86 kg pro Person und
Jahr dokumentiert.

4.1.4 Wasserbedarf (blau)

Beim Vergleich des ernährungsbedingten Wasserbedarfs muss betont werden,
dass Vergleichsarbeiten von Sonnenberg et al. (2009), Gerbens-Leenes (2006)
und Hoekstra & Chapagain (2006) nicht nur blaues Wasser, sondern dieses zusammen mit grünem und ggf. grauem Wasser betrachtet wurde. Zum einen aufgrund der fehlenden Einbettung von grünem und grauem Wasser in amtliche Statistiken, zudem aufgrund der Trivialität der ungewichteten Aufsummierung von
blauem, grünem und grauem Wasser wurde in dieser Arbeit ausschließlich der
Bedarf an blauem Wasser untersucht (zur methodischen Abgrenzung dieser drei
Wasserarten, vgl. Kap. 2.8, S. 51 ff.).

Zum Zeitpunkt des Verfassens dieser Arbeit war in der wissenschaftlichen
Debatte über den adäquaten Umgang mit den verschiedenen Wassertypen in
Umweltanalysen noch kein hinlänglicher Konsens erreicht (vgl. Boulay et al. 2011;
Pfister et al. 2009; Milà i Canals et al. 2009) und noch kein international standar-
disiertes Verfahren entwickelt (ISO 14046 2012). Berger & Finkbeiner (2012) ver-
treten ebenfalls die Ansicht, dass die pauschale Aufsummierung unterschiedli-
cher volumetrischer Wasserangaben nicht hinreichend sei, um daran gekoppelte
Umweltlasten adäquat abbilden zu können.

In Anbetracht dieser Umstände ist der durchschnittliche ernährungsbedingte
Bedarf an blauem Wasser in dieser Arbeit in Höhe von 32 m³ pro Person und Jahr
nur bedingt mit dem Bedarf an blauem und grünen Wasser in Höhe von 1.038 m³
pro Person und Jahr vergleichbar, den Hoekstra & Chapagain (2006) im Mittel der
Jahre 1997–2001 für Deutschland errechneten. Dabei wurde nicht zwischen grü-

nem und blauem Wasser differenziert, sondern lediglich die Summe angegeben. Relativiert werden die Unterschiede durch den Umstand, dass das blaue Wasser am Gesamtwasserbedarf einen relativ kleinen Teil ausmacht (Mekonnen & Hoekstra 2010), wobei entsprechende Unterschiede im Rahmen dieser Arbeit aufgrund der oben genannten Gründe nicht weiter untersucht wurden.

4.1.5 Phosphorbedarf

Vergleichsarbeiten im Bereich des ernährungsbedingten pro Kopf bezogenen Bedarfs an Phosphor sind rar. So existieren einige jüngere Arbeiten, die in Stoffflussanalysen auf globaler, regionaler oder lokaler Ebene den Einsatz von Phosphor bilanzieren (Cordell et al. 2009, Lamprecht et al. 2011, Suh & Yee 2011, Li et al. 2011), allerdings wurden pro Kopf bezogene Aussagen ausschließlich bei Cordell et al. (2009) gefunden. Zwar differenzieren die Autoren zwischen einer fleischbetonten *(meat-based)* und einer vegetarischen Ernährungsweise, geben jedoch nicht den Phosphorbedarf in ihrer Arbeit an, sondern den Phosphorgehalt der benötigten Nahrungsmittel und Futtermittel: mit 8,0 kg Phosphor pro Person und Jahr für die fleischbetonte und 1,8 kg Phosphor pro Person und Jahr für die vegetarische Ernährungsweise. In dieser Arbeit wurde auf Basis von 2.000 kcal pro Person und Tag für die Durchschnittskost im Jahr 2006 (mit Fleisch) ein P-Bedarf in Höhe von 6,4 kg pro Person und Jahr und für eine ovo-lacto-vegetarische Ernährungsweise ein P-Bedarf in Höhe von 4,0 kg pro Person und Jahr berechnet. Während demnach eine vegetarische Ernährungsweise nach Cordell et al. (2009) mit einer 80-prozentigen Reduktion des Einsatzes von Phosphor einherginge, ließen sich nach den Berechnungen in diese Arbeit lediglich 38 Prozent einsparen. Neben verschiedenen Allokationsmethoden, könnten die Ursachen für diesen deutlichen Unterschied in den unterschiedlichen Zusammensetzungen der Verzehrsprofile zu finden sein. Allerdings sind diesbezügliche Angaben in Cordell et al. (2009) sehr oberflächlich.

4.1.6 Energieverbrauch

Beim energetischen Vergleich der Ergebnisse verschiedener Autoren sind die verschiedenen Energieformen und Systemgrenzen zu berücksichtigen. Neben anderen Einteilungsformen, kann zum einen zwischen einer primär- und einer endenergetischen Betrachtung unterschieden werden, wobei sich der Terminus Primärenergie auf den Energiegehalt der eingesetzten Rohstoffe ohne Umwandlungsverluste bezieht. Endenergie steht nach Abzug der Umwandlungsverluste in der Regel dem Endverbraucher zur Verfügung. Zudem wird in der Umweltbilan-

Tab. 31. Literaturübersicht –
Primärenergieverbrauch im Agrar- und Ernährungsbereich in Deutschland in PJ

	Enquete-Kommission (1995)	Taylor (2000)	Quack, Rüdenauer (2004)*	Quack, Rüdenauer (2007)*	Destatis (2012c)**	diese Arbeit
Jahresbezug	1991	1996	2001	2005	2007	2006
in PJ						
Landwirtschaft, inkl. Vorleistungen (cradle-to-gate)	600***	826***	666****			651
dar. Vorleistungen						397
dar. Landw. direkt					160	254
Verarbeitung					224	195
Handel / Transport	140	115				166
Verpackung	170	106	129			219
Zwischensumme (cradle-to-store)	910	1047	795	1524		1231
Haushalt		401	592	573		
Summe (cradle-to-fork)		1448	1388	2097		

* untersuchten den kumulierten Energieaufwand (KEA)
** Energieverbrauch in Landwirtschaft und Verarbeitung nicht verbrauchs-, sondern produktionsbezogen
*** inkl. Verarbeitung
**** inkl. Verarbeitung und Handel, Transport

zierung zwischen dem kumulierten (Primär-)Energie*aufwand* (KEA) und dem kumulierten (Primär-)Energie*verbrauch* (KEV bzw. PEV) unterschieden. Während beim KEA die Energiemenge der funktionellen Einheit, also des untersuchten Produkts, mit berücksichtigt wird, werden beim letzteren lediglich die Energieverbräuche berücksichtigt, die zur Bereitstellung des Produkts extern benötigt werden (zur Vertiefung vgl. Klöpffer & Grahl 2009).

Einen Vergleich mit anderen Autoren zum ernährungsbedingten Energieverbrauch in Deutschland gibt Tab. 31. Dabei wurden ausschließlich Arbeiten mit einem primärenergetischen Bezug zu Rate gezogen. Neben der detaillierten Auflösung auf die einzelnen Prozessabschnitte liegt die ermittelte Summe in dieser Arbeit im Mittelfeld der sich ergebenden Ergebnisspanne. Auf Ebene des Ver-

brauchers ergibt sich somit ein durchschnittlicher ernährungsbedingter Primärenergieverbrauch in Höhe von 14,9 GJ pro Person im Jahr 2006 (Systemgrenzen:
cradle-to-store).

4.2 Einschränkungen bei der Interpretation der Ergebnisse

Um die in dieser Arbeit genannten Ergebnisse besser interpretieren zu können,
werden in diesem Abschnitt relevante Einschränkungen genannt und diskutiert,
die sich nolens volens aus unterstellten Annahmen ergaben.

Obwohl die ISO-Norm 14040/14044 (2006) für Ökobilanzierungen die Betrachtung des **gesamten Lebensweges** *(cradle-to-grave)* empfiehlt, wurden in
dieser Arbeit die Umwelteffekte lediglich *cradle-to-store* untersucht. Aus Ermangelung belastbarer soziodemographischer Daten zu Umwelteffekten in der Haus-
halts- und der Abfallphase wurden diese nicht mit untersucht. Andererseits sind
die in dieser Arbeit gewählten Systemgrenzen **verbraucherfreundlicher,** da die
Daten jene Umweltlasten widerspiegeln, die der Verbraucher beim Einkauf der
Produkte vorfindet.

Aus Ermangelung belastbarer Daten in der ausländischen Produktion wurden
bei den Treibhausgas- und Ammoniakemissionen sowie beim Phosphorbedarf
und dem Primärenergieverbrauch importierte Produkte großteils wie inländisch
produzierte betrachtet, wobei der zusätzliche Transportaufwand mit bilanziert
wurde. Lediglich beim Bedarf an blauem Wasser und beim Flächenbedarf konnten entsprechende Daten in den Herkunftsländern vollständig betrachtet werden (vgl. Tab. 34, S. 228). Mittlerweile stehen umfassendere Umweltdaten zu den
Produktionsbedingungen in anderen Ländern bzw. Regionen zur Verfügung, die
bei verbrauchsspezifischen Betrachtungen zukünftig mit berücksichtigt werden
sollten – vgl. dazu die EXIOBASE-Datenbank (Mongelli et al. 2011, Koning et al.
2008) und MEXALCA (Nemecek et al. 2011).

Unterschiedliche Allokationsarten beim Umgang mit Koppelprodukten (Rind-
fleisch/Milch, Rapsschrot/Rapsöl oder Rübenmelasse/Rübenzucker) ließen sich
bei der Bewertung von Emissionen aus direkten Landnutzungsänderungen
(dLUC) und Landnutzung (LU) nicht vermeiden, da entsprechende Daten in
Leip et al. (2010) mittels einer Allokation auf Basis des N-Gehaltes bestimmt
wurden. In dieser Arbeit wurde stattdessen auf Basis der Masse alloziert.

Obwohl in dieser Arbeit in der Ökobilanzierung ein attributiver Ansatz verwendet wurde, musste aufgrund Ermangelung belastbarer Daten bei Fischen und
Krustentieren auf Ökobilanzdaten zurückgegriffen werden, die mittels eines fol-

georientierten Ansatzes *(consequential approach)* generiert wurden (Nielsen et al. 2003). In Anbetracht des verhältnismäßig kleinen Anteils von Fischprodukten am gesamten Nahrungsmittelverbrauch, dürften daraus lediglich marginale Ergebnisverzerrungen resultieren. Schwerer dürfte die Tatsache wiegen, dass bei der Szenariobetrachtung der untersuchten Ernährungsempfehlungen und Ernährungsweisen ein folgeorientierter Ansatz besser geeignet gewesen wäre. Arbeiten mit einem folgeorientierten Ansatz (Tukker et al. 2011, Dalgaard 2007, Dalgaard et al. 2008, Cederberg & Stadig 2003) lassen erkennen, dass Änderungen in den Konsumgewohnheiten nicht automatisch und linear zu Veränderungen der Produktionsbedingungen und damit zusammenhängenden Umweltwirkungen führen, da Märkte in der Realität komplex auf mögliche Nachfrageänderungen reagieren. Während komplett ausgewertete Verzehrsdaten für die Nationale Verzehrsstudie I (Adolf 1994) als *public-use-file* zur Verfügung standen, musste bei den jüngeren Verzehrsdaten aus der Nationalen Verzehrsstudie II teilweise auf noch nicht vollständig ausgewertete Daten aus den beiden Ergebnisberichten (MRI 2008, MRI 2008a) zurückgegriffen werden. Exakte Verzehrsdaten im Rahmen eines *scientific-use-file* lagen lediglich für Fleisch- und Wurstprodukte (nach Tierarten) sowie Butter vor.

Beim rückblickenden Vergleich der Umwelteffekte der Ernährung von 1961 bis 2007 ist zu berücksichtigen, dass in dieser Arbeit für alle Jahre mit den gleichen produktgruppen-, jedoch nicht jahresspezifischen Umweltfaktoren gerechnet wurde. Technische Entwicklungen im Agrar- und Ernährungsbereich, die zu Effizienzsteigerungen, aber auch Effizienzrückschritten geführt haben könnten, wurden daher in dieser Betrachtung nicht mit einbezogen. Folgende einflusshabende Faktoren sind dabei denkbar und seien an dieser Stelle exemplarisch erwähnt:

◆ Pflanzenbau: Ertragssteigerungen durch Fortschritte in Züchtung, Düngung und Pflanzenschutz
◆ Tierproduktion: Ertragssteigerungen durch Fortschritte in Züchtung und Tierhaltung sowie durch Futteroptimierung einerseits; andererseits jedoch Effizienzverluste durch den Züchtungstrend, eher fettreduzierte und muskelfleischbetonte Tierrassen (v.a. in Schweine- und Rindermast) zu produzieren, die bedingt durch eine höhere proteininduzierte Thermogenese einen höheren metabolischen Umsatz aufweisen, was zu einer gesteigerten Wärmeproduktion und damit einer verringerten Ressourceneffizienz führt (vgl. Smil 2002)
◆ Effizienzfortschritte in Ernährungsgewerbe, Handel und Transport durch den Einsatz effizienterer Technik (Verarbeitung, Kühlung etc.) einerseits, jedoch

andererseits Effizienzverluste durch einen höheren Verarbeitungsgrad, längere Transportdistanzen und die Zunahme an Tief-/Kühlung in der Wertschöpfungskette

- Nationale Energieversorgung: die sich verändernden Anteile von Energieträgern und der steigende Anteil erneuerbarer Energie am Primärenergieverbrauch führten zu Veränderungen der damit verbunden Umweltwirkungen (bspw. Treibhausgasemissionen).

Diese Faktoren blieben im Rahmen dieser Arbeit unberücksichtigt. Zudem ist zu erwähnen, dass die Reichweite und der Einfluss verschiedener Produktionsweisen (konventionell, ökologisch, konv.-/ökol.-optimiert) und deren Einfluss auf die Umwelt nicht spezifisch in dieser Arbeit untersucht wurden. Da jedoch die Umweltökonomischen Gesamtrechnungen für den Bereich Landwirtschaft (Schmidt & Osterburg 2010) auf dem Testbetriebsnetz aufbauen, welches neben konventionell wirtschaftenden Betrieben sowohl integriert als auch ökologisch bewirtschaftete abdeckt, sind deren Einflüsse einteilig in den Aufbau des Berichtsmoduls eingegangen.

Die Auswirkungen der Ernährungsempfehlungen und Ernährungsweisen auf die öffentliche Gesundheit wurden in dieser Arbeit lediglich auf Basis der untersuchten Produktgruppen, nicht aber auf Basis von Makro- und Mikronährstoffen, untersucht. Fragen zur Versorgung mit spezifischen im öffentlichen Interesse stehenden Nährstoffen (Eiweiß, Vitamin B_{12}, Vitamin B_2, Eisen, Calcium, Zink, Omega-3-Fettsäuren, Kreatin etc.) in Abhängigkeit von der Bevölkerungsgruppe konnten damit nicht hinreichend beantwortet werden. Gerade im Bereich einer veganen Ernährung mit einem zusätzlichen Verzicht auf Milch- und Eiprodukte sollten entsprechende Analysen durchgeführt werden, um die Grenzen und Potentiale einer gesundheitlich, aber auch ökologisch optimalen Ernährung weiter auszuloten (vgl. Scarborough et al. 2012, Millward & Garnett 2010, Hoffmann 2002).

5 Fazit

In Abhängigkeit vom untersuchten Umweltindikator trägt der Agrar- und Ernährungssektor ganz wesentlich zu verschiedenen Umweltwirkungen in Deutschland bei. Um entsprechende Zielvorgaben im Umweltschutz (Klima-, Ressourcen-, Biodiversitätsschutz etc.) möglichst effektiv zu verfolgen, sollte der Sektor aufgrund seines großen Einflusspotentials als Gesamtsystem betrachtet werden. Zur Reduzierung umweltbelastender Effekte stehen dabei prinzipiell drei Strategien zur Verfügung:

1) **Effizienzsteigerungen** durch a) **Produktionstechnik** in Landwirtschaft, vorgelagerter Industrie und Ernährungsgewerbe sowie in Gastronomie und Haushalten, durch b) **landwirtschaftliche Produktionsweise** (konventionell, ökologisch, konv.-/ökol.-optimiert). Dabei sind jedoch Reboundeffekte möglich.
2) **Vermeidung von Nahrungsmittelverlusten und -abfällen** in Produktion und Verarbeitung sowie im Lebensmittelhandel und beim Verbraucher
3) **Umstellung von Ernährungsmustern** durch den Austausch ressourcenintensiver durch ressourceneffizientere Nahrungsmittel und Getränke.

Obwohl in dieser Arbeit nicht direkt untersucht, werden die Einsparpotentiale von technischen Maßnahmen (Effizienzsteigerungen) von anderen Autoren auf unter 20 Prozent geschätzt (McMichael et al. 2007, Weidema et al. 2008). Die Ergebnisse dieser Arbeit haben gezeigt, dass die Einsparpotentiale von veränderten Ernährungsmustern deutlich darüber liegen und in Abhängigkeit vom untersuchten Indikator bis zu 90 Prozent betragen können. Durch eine Verringerung vermeidbarer Nahrungsmittelabfälle können zudem Einsparpotentiale bis zu 20 Prozent erreicht werden. Insgesamt betrachtet, sind somit verbrauchsseitige Veränderungen wirksamer als produktionsseitige Maßnahmen.

Demnach sollten alle drei Strategien gleichermaßen verfolgt werden, um damit produktions- aber auch verbrauchsseitige Minderungspotentiale auszuschöpfen.

Werden von Seiten der Politik, der Wirtschaft oder anderen Institutionen und Verbänden Maßnahmen ergriffen, um verbrauchsseitige Minderungspotentiale auszunutzen, sollte berücksichtigt werden, dass nicht alle Verbraucher gleichermaßen zu ernährungsbedingten Umweltentlastungen beitragen würden, sondern als Zielgruppe vornehmlich Männer im jüngeren und mittleren Alter angesprochen werden müssten. Legt man relativ moderate Ernährungsänderungen nach der DGE oder des UGB zu Grunde, sind nichtsdestotrotz auch Einsparpotentiale bei der weiblichen Bevölkerung vorhanden. Der Vergleich mit der Verzehrssituation in den alten Bundesländern Ende der 1980er hat gezeigt, dass innerhalb von 20 Jahren Verzehrsänderungen stattfanden, die zu deutlichen Umweltentlastungen von 19 Prozent bei den Ammoniakemissionen, 16 Prozent beim Flächenbedarf bis zu 11 Prozent bei den Treibhausgasemissionen geführt haben (Ausnahme: Bedarf an blauem Wasser, vgl. Abb. 77, S. 197).

Die größten Umweltentlastungspotentiale würden sich aus einer veganen, gefolgt von einer ovo-lacto-vegetarischen Ernährungsweise ergeben (Ausnahme: Bedarf an blauem Wasser). Bei den derzeitigen Produktionsstrukturen im deutschen Agrar- und Ernährungssektor wären diese Ernährungsweisen, landesweit umgesetzt, mit einer **teilweisen Verlagerung der Produktion und daran gekoppelter Umweltwirkungen ins Ausland verbunden**. Mit Ausnahme des Bedarfs an blauem Wasser sind jedoch die Umweltentlastungspotentiale im Inland deutlich größer als die zusätzliche Umweltbelastung, die im Ausland anfallen würde. Um die Verlagerung ins Ausland zu vermeiden, müsste dieser positive Nettoeffekt mittels steuerungspolitischer Maßnahmen derart flankiert werden, dass Produktionsanreize bei den entsprechenden Agrargütern für hiesige Erzeuger geschaffen werden. Entsprechende Agrargüter bei denen ein Ausbau der Produktionskapazitäten im Inland möglich wäre, sind: Hülsenfrüchte/Leguminosen (zur menschlichen Ernährung), Gemüseerzeugnisse sowie Nüsse und Samen.

Aus Sicht des öffentlichen Gesundheitsschutzes sollte die Empfehlung einer veganen Ernährungsweise jedoch genau geprüft werden, da das Risiko einer potentiellen Unterversorgung bei bestimmten Bevölkerungsgruppen (Säuglinge, Kinder, Kranke, Schwangere, Stillende, ältere Menschen) höher ist als bei anderen Ernährungsweisen.

Nichtsdestotrotz zeigt die Praxis in den USA (USDA, USDHHS 2010), dass Empfehlungen bezüglich einer ovo-lacto-vegetarischen, aber auch einer veganen Ernährungsweise in den **offiziellen Katalog der Ernährungsrichtlinien** aufgenommen werden können. Dabei gelten die Empfehlungen unter bestimmten Einschränkungen dort ab dem zweiten Lebensjahr. In Anbetracht der gravierenden

Umweltschutzpotentiale, die sich aus diesen beiden Ernährungsweisen ergeben, sollte über eine entsprechende Erwähnung in den Richtlinien der Deutschen Gesellschaft für Ernährung (DGE) nachgedacht werden. Um die Risiken einer möglichen Untersorgung mit essentiellen Nährstoffen (Eiweiß, Vitamin B_{12}, Vitamin B_2, Eisen, Calcium, Zink, Omega-3-Fettsäuren, Kreatin etc.) in potentiell unterversorgten Bevölkerungsgruppen bei einer veganen Ernährung zu minimieren, sollten entsprechende Empfehlungen gruppenspezifisch in Abhängigkeit vom jeweiligen Versorgungsstatus ausformuliert werden. Parallel dazu müssten gangbare Strategien entwickelt werden, um die generelle Versorgungssituation mit einer veganen Ernährung zu verbessern. In den US-amerikanischen Empfehlungen (USDA, USDHHS 2010) werden zur veganen Ernährung bspw. bei den Milcherzeugnissen ausschließlich mit Mikronährstoffen angereicherte Produkte angeraten.

Daneben ergeben sich Schlussfolgerungen im Bereich der **Datengrundlage**. Politische Entscheidungen sollten **evidenzbasiert** sein und setzen daher eine solide Beurteilungsgrundlage voraus. In diese Arbeit sind aus dem Bereich der nationalstaatlichen Ressortforschung die Ergebnisse aus den beiden in Deutschland durchgeführten Nationalen Verzehrsstudien (FDG 1992, MRI 2008, MRI 2008a) und die Ergebnisse aus den Umweltökonomischen Gesamtrechnungen im Bereich Landwirtschaft (Schmidt & Osterburg 2009, 2010), die um Angaben aus der offiziellen Agrarstatistik ergänzt wurden, eingegangen. Um ernährungsökologische Fragestellungen mit nationaler Reichweite zukünftig weiterhin beantworten zu können, sollten die genannten Datengrundlagen nicht nur regelmäßig aktualisiert werden, sondern um weitere Aspekte ergänzt werden. Für **Verzehrsstudien** sind folgende Punkte zu nennen:

- Erhebung weiterer soziodemographischer Daten mit ernährungsökologischer Relevanz:
  - ▷ Angaben zum Einkaufsverhalten (Transportmittel, Regelmäßigkeit etc.)
  - ▷ Angaben zur Ausstattung der Haushalte mit Kühl- und Spülgeräten (Art, Effizienzklassen etc.)
  - ▷ Angaben zur Ausstattung der Haushalte mit Kochgeräten (Art, Energieversorgung (Gas, Strom), Effizienzklassen etc.)
  - ▷ Angaben zum Einkauf von Produkten aus kontrolliert-biologischem Anbau (differenziert nach Anbauverbänden)
  - ▷ Angaben zur Selbstversorgung aus Haus- und Schrebergärten (Art der Nahrungsmittel, Menge, Bewirtschaftungsform)
  - ▷ Angaben zur Selbstversorgung von Gemeinflächen (Wiesen, Wälder etc.)

▷ Angaben zur Selbstversorgung aus Sport- und Hobbyfischerei

▷ Angaben zu Nahrungsmittelabfällen (Menge, Nahrungsmittel, Entsorgung)

▷ Angaben zur Verwendung von Nahrungsmitteln als (Heim-)Tierfutter (differenziert nach Tierart)

▷ Angaben zur Energieversorgung im Haushalt (Energieträger, Anteil erneuerbarer Energien).

Für die **Umweltökonomischen Gesamtrechnungen im Bereich Landwirtschaft** wären folgende Punkte wichtig:

◆ Fortschreibungen über das Jahr 2007 hinaus

◆ Aufnahme weiterer Umweltindikatoren, um eine detaillierte Wirkungsabschätzung durchführen zu können (vollständige Auswirkungen auf menschliche Gesundheit, Ökosysteme und Ressourcen)

◆ verbesserte Darstellung von Umwelteffekten aus der vorgelagerten Industrie (Düngemittel-, PSM-Produktion, Gebäude, Maschinen, Dienstleistungen etc.)

◆ Aufnahme von Emissionen aus Landnutzungsänderungen und Landnutzung

◆ Aufnahme von Indikatoren, um den Einfluss der landwirtschaftlichen Produktion auf Agro- und Biodiversität abschätzen zu können

◆ Aufnahme der Fischereiwirtschaft (Binnen- und Hochseefischerei)

◆ Differenzierung zwischen verschiedenen Produktionsweisen (konventionell, ökologisch, konv.-/ökol.-optimiert)

◆ Integration von importierten und exportierten Agrargütern (v.a. von Futtermitteln)

◆ Umweltprofilerstellung nicht nur auf sektoraler und rohproduktspezifischer Ebene, sondern auch auf Endproduktebene (bisher wurden nur vier Endprodukte, nämlich Weizen, Schweinefleisch, Kuhmilch und Eier, auf Endproduktebene beschrieben)

◆ Konsistente produktspezifische Erweiterung um den nachgelagerten Bereich des Ernährungsgewerbes.

Um ernährungsökologische Analysen, und ferner Nachhaltigkeitsanalysen, zu routinieren und fest in wirtschaftliche und politische Entscheidungen einzubinden, wäre es auf nationaler, europäischer und internationaler Ebene von Vorteil, wenn in der amtlichen Statistik Daten mit ökologischer und sozialer Tragweite mehr Platz eingeräumt werden würde.

6 Zusammenfassung

»Essen ist nicht nur eine landwirtschaftliche,
sondern auch eine ökologische und politische Tätigkeit.«
Wendel Berry (1934), Michael Pollan (1955)

Ziel

Im Mittelpunkt der Arbeit stand das Ziel, den Nahrungsmittel- und Getränkeverzehr in Deutschland auf Basis repräsentativer Daten ökologisch auszuwerten.
Dabei konnte auf Verzehrsdaten aus der letzten nationalen Verzehrsstudie (NVS II)
im Jahr 2006 zurückgegriffen werden, die eine Auswertung nach Geschlecht,
Altersgruppen, sozialer Gruppe und Bundesländern ermöglichte.

Zudem wurde das Ernährungsverhalten im Jahr 2006 im Vergleich zu früheren
Verbrauchsdaten (1961–2007) sowie im Kontext von Ernährungsempfehlungen
(DGE, UGB) und Ernährungsweisen (ovo-lacto-vegetarisch, vegan) ökobilanziell ausgewertet, um Umweltentlastungspotentiale zu bestimmen und Anknüp-
fungspunkte für umweltpolitische Entscheidungen zu identifizieren.

Material und Methoden

Aufbauend auf repräsentativen Verbrauchs- und Verzehrsstatistiken wurde eine
attributive Input-Output Ökobilanz nach ISO 14040/14044 (2006) durchgeführt.
Im Bereich der agrarökologischen Bewertung konnte dabei auf das Berichtsmodul ›Landwirtschaft und Umwelt‹ aus den Umweltökonomischen Gesamtrechnungen zugegriffen werden, welches um Ökobilanzdaten aus landwirtschaftlichen
Vorleistungen sowie aus nachgelagerten Bereichen (Verarbeitung, Handel/Trans-
port, Verpackung) erweitert wurde (**Untersuchungsrahmen: cradle-to-store**).
Zudem konnten Emissionen aus direkten Landnutzungsänderungen und Land-
nutzung (dLUC, LU) berücksichtigt werden. Die **funktionelle Einheit** wurde in
der Arbeit definiert mit einem Kilogramm verbrauchtem Nahrungsmittel bzw.
Getränk. Innerhalb der Analyse wurde zwischen 17 Nahrungsmittel- und sieben
Getränkegruppen differenziert. In Bezug auf Umwelteffekte wurden folgende
Indikatoren untersucht: Treibhausgas- und Ammoniakemissionen, Flächenbedarf,
Bedarf an blauem Wasser, Phosphorbedarf sowie der Primärenergieverbrauch
(PEV).

Ergebnisse

Der Ergebnisteil untergliedert sich in drei Bereiche. **Erstens** konnten produkt-gruppenspezifische Umweltprofile erstellt werden, die im groben die Ergebnisse anderer Autoren widerspiegeln: höhere Umweltbelastungen bei tierischen Pro-dukten und niedrigere Belastungen durch die Bereitstellung von pflanzlichen Pro-dukten (Ausnahme: Bedarf an blauem Wasser). Aufbauend auf amtlichen Produk-tions-, Handels- und Verbrauchsdaten konnten diese umweltspezifischen Faktoren genutzt werden, um **zweitens** auf Bundesebene zu extrapolieren und die Effekte von Im- und Exporten des deutschen Agrar-Ernährungssektors ernährungsöko-logisch zu untersuchen. **Drittens** wurden die erstellten Umweltprofildaten genutzt, um die Verzehrsdaten aus den beiden Nationalen Verzehrsstudien soziodemo-graphisch sowie im Kontext von Ernährungsempfehlungen und Ernährungswei-sen zu untersuchen. Einen gebündelten Überblick über die pro Kopf bezogenen Umwelteffekte im Jahr 2006, 1985–89 sowie von den Ernährungsempfehlungen und den Ernährungsweisen gibt Tab. 32. In Abb. 77 werden die Unterschiede prozentual dargestellt.

In den untersuchten Szenarien ergeben sich die größten Veränderungspoten-tiale aus der veganen und ovo-lacto-vegetarischen Ernährungsweise. Die immer noch deutlichen Veränderungspotentiale der Ernährungsempfehlungen des UGB

Tab. 32. *Umwelteffekte der Ernährung in den Jahren 1985–89 und 2006 (inkl. Geschlechter), von Ernährungsempfehlungen (DGE, UGB) und Ernährungsweisen, auf Basis von 2.000 kcal pro Person und Tag*

		1985–89 Mittelwert	2006 Mittelwert	2006 Männer	2006 Frauen	DGE (D-A-CH)	UGB	ovo-lacto-vegetarisch	vegan
CO_{2e}-Emissionen in t		2,27	**2,05**	2,13	1,97	1,81	1,79	1,41	0,97
NH_3-Emissionen in kg		7,6	**6,4**	6,8	6,0	5,0	4,5	3,2	0,7
Flächenbedarf in m^2	pro Person und Jahr	2.433	**2.090**	2.202	1.977	1.765	1.698	1.378	1.056
Wasserbedarf (blau) in m^3		24,9	**28,8**	26,1	31,4	21,0	20,8	52,5	59,8
Phosphor-bedarf in kg		7,7	**6,4**	6,8	6,1	5,6	5,4	4,0	2,4
Primärenergie-verbrauch in GJ		13,9	**13,5**	13,7	13,4	12,5	12,8	10,5	9,4

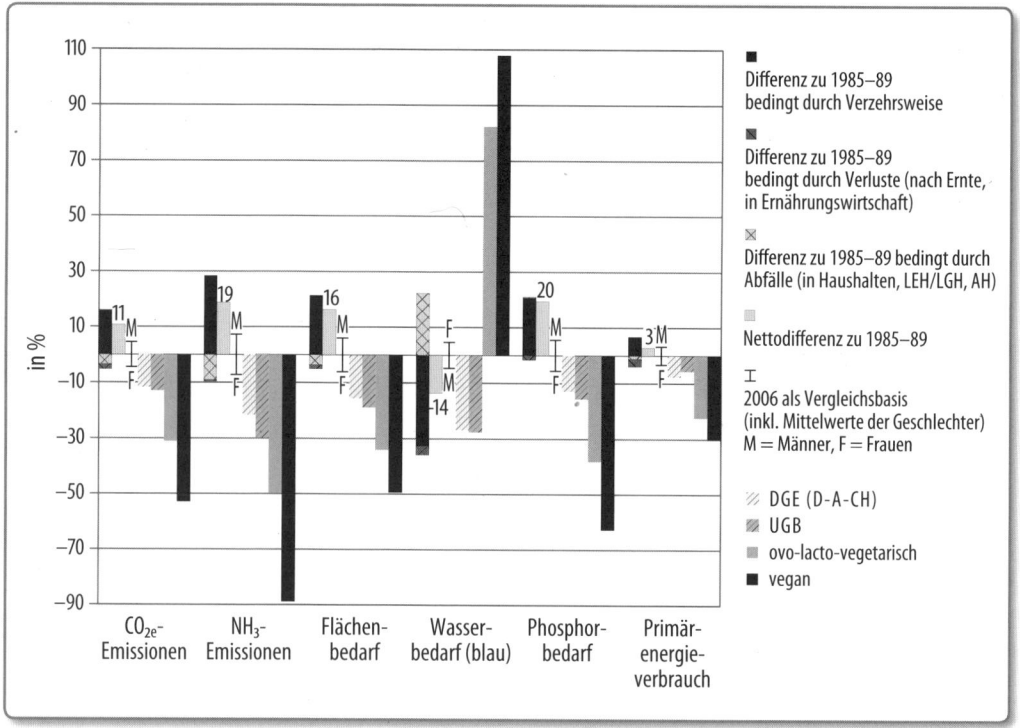

Abb. 77. *Prozentuale Veränderungen der Umwelteffekte der Ernährung in den Jahren 1985–89, von Ernährungsempfehlungen und Ernährungsweisen im Vergleich zum Jahr 2006, auf Basis von 2.000 kcal pro Person und Tag*

und der DGE rangieren diesbezüglich an dritter und vierter Position. Mit Ausnahme des Bedarfs an blauem Wasser sind dabei die Einsparpotentiale bei den Frauen geringer. Im Vergleich zum Verzehr in den Jahren 1985–89 wurden bei allen Indikatoren, mit Ausnahme des Bedarfs an blauem Wasser, deutliche Umweltentlastungen festgestellt, die sich in erster Instanz aus **veränderten Verzehrsgewohnheiten** erklären. Umweltveränderungen durch **Nahrungsmittelverluste** und **-abfälle** waren demgegenüber geringer und großteils entgegengesetzt, was auf vermehrte Verluste und Abfälle in den relevanten Produktgruppen im Jahr 2006 gegenüber 1985–89 zurückzuführen ist.

Diskussion

Werden unterschiedliche Zeit- und Ortsbezüge sowie unterschiedliche Systemgrenzen und Datenquellen berücksichtigt, sind die Resultate in dieser Arbeit mit
den Ergebnissen anderer Autoren vergleichbar. Nichtsdestotrotz müssen Einschränkungen, die sich aus den in der Bilanzierung gemachten Angaben ergeben,
bei der Interpretation der Ergebnisse berücksichtigt werden.

Schlussfolgerungen

In Abhängigkeit vom untersuchten Umweltindikator trägt der Agrar- und Ernährungssektor ganz wesentlich zu verschiedenen Umweltwirkungen in Deutschland bei. Um entsprechende Zielvorgaben im Umweltschutz (Klima-, Ressour-
cen-, Biodiversitätsschutz etc.) möglichst effektiv zu verfolgen, sollte der Sektor
aufgrund seines großen Einflusspotentials als Gesamtsystem betrachtet werden.
Wie in der Arbeit gezeigt werden konnte, existieren drei verschiedene Strategie-
ansätze, die durch produktions- und verbrauchsseitige Veränderungen zu Umweltentlastungen im Agrar- und Ernährungsbereich beitragen können: (i) Effizienzsteigerungen durch technische Innovationen in der gesamten Prozesskette sowie
durch die landwirtschaftliche Produktionsweise (konventionell, ökologisch,
konv.-/ökol.-optimiert), (ii) Vermeidung von Verlusten und Abfällen, (iii) Umstellung von Ernährungsmustern. Wie die Ergebnisse zeigen, sind die höchsten
Umweltentlastungen dabei durch verringerte Nahrungsmittelabfälle und veränderte Ernährungsmuster v. a. bei Männern im jüngeren und mittleren Alter zu
erreichen.

Anhang 1

Abkürzungsverzeichnis

a	Jahr
AH	Außerhaus
AS	Agrarstatistik
BLE	Bundesanstalt für Landwirtschaft und Ernährung
BMELF	Bundesministerium für Ernährung, Landwirtschaft und Forsten (bis 2000)
BMELV	Bundesministerium für Ernährung, Landwirtschaft und Verbraucherschutz
BMU	Bundesministerium für Umwelt, Naturschutz und Reaktorsicherheit
CAPI	Computer assisted personal interview
CAPRI	Common Agricultural Policy Regionalised Impact Modelling System
CATI	Computer assisted telephone interview
CFC-11	Chlorofluorocarbon 11 (CCl_3F), Referenz-FCKW
CH_4	Methan
CO_2	Kohlendioxid
CO_{2e}/ CO_2 Äq.	Kohlendioxid-Äquivalente
CRF	Common Reporting Format
CSB	Chemischer Sauerstoffbedarf
d	Tag
Dauerk.	Dauerkultur
Destatis	Statistisches Bundesamt Deutschland
DGE	Deutsche Gesellschaft für Ernährung
DIN	Deutsches Institut für Normung
dLUC	Direct Land Use Change (direkter Landnutzungswandel)
EEIOT/ E3IOT	Environmental-Extended Input-Output-Analysis
EMAS	Eco-Management and Audit Scheme
EVS	Einkommens- und Verbrauchsstichprobe
EXIOBASE	Environmental accounting framework using externality data and input-output tools data base
FAO	Food and Agriculture Organization of the UN
FBDG	Food based dietary guidelines
GEMIS	Globales Emissions-Modell integrierter Systeme
GfK	Gesellschaft für Konsumforschung

GGELS	Greenhouse Gas Emissions from the European Livestock Sector
GWP	Global Warming Potential
G8	Group of Eight
IEA	International Energy Agency
IH	Innerhaus
iLUC	Indirect Land Use Change
IMAGE	Integrated Model to Assess the Global Environment
IPCC	Intergovernmental Panel on Climate Change
IPPC	Integrated Pollution Prevention and Control
ISO	International Standard Organization
KEA	Kumulierter (Primär-)Energieaufwand
KEV	Kumulierter (Primär-)Energieverbrauch
kt	Kilotonne (=1000 t)
KUL/USL	Kriterien umweltverträglicher Landbewirtschaftung / Umweltsicherungssystem Landwirtschaft
LCA	Life Cycle Assessment (= Ökobilanz)
LEH	Lebensmitteleinzelhandel
LGH	Lebensmittelgroßhandel
LU	Land Use (Landnutzung)
LULUCF	Land Use, Land Use Change and Forestry
MagPIE	Model of Agricultural Production and its Impact on the Environment
Mio.	Million
Mrd.	Milliarde
MRI	Max Rubner-Institut
N	Stickstoff
NBDG	Nutrient based dietary guidelines
NH_3	Ammoniak
NIR	National Inventory Report
NM	Nahrungsmittel
NMVOC	Non-Methane Volatile Organic Compounds
N_2O	Lachgas
NVS	Nationale Verzehrsstudie
ODP	Ozone Depletion Potential
PET	**P**oly**e**thylen**t**erephthalat
PEV	Primärenergieverbrauch
pflanzl.	pflanzlich
PROBAS	Prozessorientierte Basisdaten für Umweltmanagement-Instrumente
PSM	Pflanzenschutzmittel
rd.	rund
SALCA	Swiss Agricultural Life Cycle Assessment
SEEA	System of Integrated Environmental and Economic Accounting (=UGR)
SIA	Sustainability Impact Assessment
sog.	sogenannt / so genannt

SRU   Sachverständigenrat für Umweltfragen
t   Tonne
THG   Treibhausgase
TNS   Taylor-Nelson-Sofres (Marktforschungsinstitut)
UBA   Umweltbundesamt
UGB   Verband für Unabhängige Gesundheitsberatung e.V.
UGR   Umweltökonomische Gesamtrechnungen
UNFCCC   United Nations Framework Convention on Climate Change
UNstats   United Nations Statistics Division
VERA   Verbundstudie Ernährungserhebung und Risikofaktoren-Analytik
VGR   Volkswirtschaftliche Gesamtrechnungen
VMÄ   Vollmilch-Äquivalent
vTI   Von Thünen-Institut (seit 2013 TI = Thünen-Institut)
WCED   World Commission on Environment and Development
WCRF   World Cancer Research Fund
yr   year

Tabellenverzeichnis   *Seite*

Abbildungsverzeichnis   *Seite*

Quellen / Literatur

Adolf, T. (1994): Public use file – CD + Daten-Dokumentation zur Nationalen Verzehrsstudie (NVS) und Verbundstudie Ernährungserhebung und Risikofaktorenanalytik (VERA); Justus-Liebig-Universität Gießen, zur Verfügung gestellt von Klaus-Jürgen Moch (ehemaliger Mitarbeiter am Institut für Ernährungswissenschaft, Gießen)

AG Energiebilanzen (2010): Energiebilanz der Bundesrepublik Deutschland 2006. AG Energiebilanzen e.V., Berlin (http://www.ag-energiebilanzen.de).

Allan, J.A. (1993): Fortunately there are substitutes for water otherwise our hydro-political futures would be impossible. In: Priorities for water resources allocation and management (1993), London: ODA. S. 13–26.

Allan, J.A. (1994): Overall perspectives on countries and regions. In: Rogers, P.; Lydon, P. (eds.): Water in the Arab world: Perspectives and prognoses, p. 65–100. Cambridge, MA: Harvard University Press.

Altner, G., H. Leitschuh, G. Michelsen (2007): Jahrbuch Ökologie 2008. Verlag C.H. Beck, München.

Amann, M., I. Bertok, J. Borken-Kleefeld, J. Cofala (2011): An Updated Set of Scenarios of Cost-effective Emission Reductions for the Revision of the Gothenburg Protocol. Centre for Integrated Assessment Modelling (CIAM), International Institute for Applied Systems Analysis (IIASA), Laxenburg, Austria.

Asimov, I. (1974): Asimov On Chemistry. Anchor Books, New York.

Aspar, H.M. (2001): Malaysian Palm Kernel Cake as Animal Feed. In: Palm Oil Developments (34): S. 4–6 (http://palmoilis.mpob.gov.my/publications/pod34-hisham.pdf, zuletzt geprüft am 20.06.12).

Ayres, R.U., L.W. Ayres (1996): Industrial ecology. Towards closing the materials cycle. Edward Elgar, Cheltenham.

Bach, M., H.-G. Frede, G. Lang (1997): Entwicklung der Stickstoff-, Phosphor- und Kalium-Bilanz der Landwirtschaft in der Bundesrepublik Deutschland. Studie i. A. des Bundesarbeitskreises Düngung (BAD), Gesellschaft für Boden- und Gewässerschutz e.V., Frankfurt a. M.

BBSR (2011): Auf dem Weg, aber noch nicht am Ziel. Trends der Siedlungsflächenentwicklung. Bundesamt für Bauwesen und Raumordnung, Bonn. S. 3 ff.

Beirat UGR (2002): Umweltökonomische Gesamtrechnungen, Vierte und abschließende Stellungnahme zu den Umsetzungskonzepten des Statistischen Bundesamtes. Beirat »Umweltökonomische Gesamtrechnungen« beim Bundesministerium für Umwelt, Naturschutz und Reaktorsicherheit, Wiesbaden: S. 20.

Bellarby, J., B. Foereid, A. Hastings, P. Smith (2008) Cool Farming: Climate impacts of agriculture and mitigation potential, report produced by the University of Aberdeen for Greenpeace, Greenpeace. S. 5 (http://www.greenpeace.org/international/Global/international/planet-2/report/2008/1/cool-farming-full-report.pdf, zuletzt geprüft am 20.06.12)

Berger, M., M. Finkbeiner (2012): Methodological Challenges in Volumetric and Impact-Oriented Water Footprints. In: Journal of Industrial Ecology (in press).

BfB (2007): Alkoholerzeugung nach Brennereien und Rohstoffarten. Bundesmonopolverwaltung für Branntwein, Offenbach. In: BMELV StatJB 2009

Birgersson, S., B.-S. Karlsson, L. Söderlund (2009): Soy Milk – an attributional Life Cycle Assessment examining the potential environmental impact of soy milk. KTH Royal Institute of Technology, Sweden.

BLE (2007): Energie- und Wasserverbrauch des Ernährungsgewerbes 2006. Meldungen aus der Ernährungswirtschaftmeldeverordnung (EWMV), unveröffentlicht. Bundesanstalt für Landwirtschaft und Ernährung, Bonn.

BLE (2009): Anlandungen, Einfuhr und Konsum von Fisch nach Fischarten 2006. Bundesanstalt für Landwirtschaft und Ernährung, Bonn.

BLE (2010): Marktordnungswaren-Meldeverordnung der Milchwirtschaft. Bundesanstalt für Landwirtschaft und Ernährung, Bonn.

BMELF (1956): Statistisches Handbuch über Landwirtschaft und Ernährung der Bundesrepublik Deutschland. BUNDESMINISTERIUM FÜR ERNÄHRUNG, LANDWIRTSCHAFT UND FORSTEN, Verlag Paul Parey. Hamburg und Berlin.

BMELV StatJB (verschiedene Jahrgänge): Statistisches Jahrbuch über Ernährung, Landwirtschaft und Forsten. Bundesministerium für Ernährung, Landwirtschaft und Verbraucherschutz. Wirtschaftsverlag NW, Bremerhaven.

BMELV (2008): Verordnung über die Preismeldung bei Schlachtkörpern und deren Kennzeichnung (1. Fleischgesetz-Durchführungsverordnung – 1. FlGDV), Bundesministerium für Ernährung, Landwirtschaft und Verbraucherschutz, Berlin.

BMELV (2008a): Bericht des BMELV für einen aktiven Klimaschutz der Agrar-, Forst- und Ernährungswirtschaft und zur Anpassung der Agrar- und Forstwirtschaft an den

Klimawandel. Bundesministerium für Ernährung, Landwirtschaft und Verbraucherschutz, Berlin.

BMELV StatJB (2009): Statistisches Jahrbuch über Ernährung, Landwirtschaft und Forsten 2008. Bundesministerium für Ernährung, Landwirtschaft und Verbraucherschutz. Wirtschaftsverlag NW, Bremerhaven.

BMELV (2009a): Verordnung über Anforderungen an eine nachhaltige Herstellung von Biokraftstoffen (Biokraftstoff-Nachhaltigkeitsverordnung – Biokraft-NachV). Bundesministerium für Ernährung, Landwirtschaft und Verbraucherschutz, Berlin.

BMELV (2010): Deutscher Agrar-Außenhandel 2009. Daten und Fakten. Bundesministerium für Ernährung, Landwirtschaft und Verbraucherschutz, Berlin. S. 36.

BMELV StatJB (2011): Statistisches Jahrbuch über Ernährung, Landwirtschaft und Forsten 2010. Bundesministerium für Ernährung, Landwirtschaft und Verbraucherschutz. Wirtschaftsverlag NW, Bremerhaven.

BMJ (1981): Aromenverordnung. AromV, vom 22.12.1981 (BGBl. I S. 1677), in der jeweils geltenden Fassung, Bundesministerium der Justiz, Berlin.

BMJ (1994): Weingesetz. WeinG 1994 + Zusatzverordnungen, in der jeweils geltenden Fassung, Bundesministerium der Justiz, Berlin.

BMJ (2002): Leitsätze für Erfrischungsgetränke, vom 27.11.2002 (Banz. Nr. 62 vom 29.03.2003, GMBl. Nr. 18 S. 383 vom 15.04.2003), Bundesministerium der Justiz, Berlin.

BMJ (2004): Fruchtsaftverordnung. FrSaftV, vom 24.05.2004 (BGBl. I S. 1016), Bundesministerium der Justiz, Berlin.

BML StatJB (1991): Statistisches Jahrbuch über Ernährung, Landwirtschaft und Forsten der Bundesrepublik Deutschland 1991. Landwirtschaftsverlag Münster-Hiltrup. Bundesministerium für Landwirtschaft, Ernährung und Forsten, Bonn.

BMU (2007): Das Integrierte Energie- und Klimaprogramm der Bundesregierung. Bundesministerium für Umwelt, Naturschutz und Reaktorsicherheit, Berlin. S. 1 (http://www.bmu.de/files/pdfs/allgemein/application/pdf/hintergrund_meseberg.pdf, zuletzt geprüft am 29.06.12)

BMU (2010): Water Resource Management in Germany. Part I - Fundamentals. Bundesministerium für Umwelt, Naturschutz und Reaktorsicherheit (BMU), Berlin. S. 7–13.

BMU (2011): Erneuerbare Energien in Zahlen. Internet-Update ausgewählter Daten. Bundesministerium für Umwelt, Naturschutz und Reaktorsicherheit (BMU), Berlin (http://www.erneuerbare-energien.de/files/pdfs/allgemein/application/pdf/ee_zahlen_internet-update.pdf, zuletzt geprüft am 24.01.12).

Bockstaller, C., G. Gaillard, D. Baumgartner, R. Freiermuth Knuchel, M. Reinsch, R. Brauner, E. Unterseher (2006): Betriebliches Umweltmanagement in der Landwirtschaft: Vergleich der Methoden INDIGO, KUL/USL, REPRO und SALCA. ITADA Arbeitsprogramm III, Abschlussbericht. Colmar.

Bodirsky, B., R. Crassous-Doerfler, H. van Essen, J.-C. Hourcade, B. Kampman, H. Lotze-Campen, A. Markowska, S. Monjon, K. Neuhoff, S. Noleppa, A. Popp, P. del Río González, S. Spielmans, J. Strohschein, H. Waisman (2009): How can each sector contribute to 2C? RECIPE Background paper. S. 88–89 (http://www.pik-potsdam.de/members/luderer/recipe-1/wp-sectors, zuletzt geprüft am 05.07.10)

Boulay, A.-M., C. Bouchard, C. Bulle, L. Deschênes, M. Margni (2011): Categorizing water for LCA inventory. In: *Int J Life Cycle Assess* 16 (7): S. 639–651.

Brauerbund (2009): Anteil der Gebinde an der Produktion. Deutscher Brauerbund e.V., Berlin. (http://www.brauer-bund.de/download/Archiv/PDF/statistiken/Anteil%20der%20Gebinde%20an%20der%20Produktion%20=%20Abf%C3%BCllmenge.pdf, zuletzt geprüft am 17.11.11).

Breitschuh, G., H. Eckert, H. Kuhaupt, U. Gernand, D. Sauerbeck, S. Roth (2001): Erarbeitung von Beurteilungskriterien und Messparametern für nutzungsbezogene Bodenqualitätsziele. Anpassung und Anwendung von Kriterien zur Bewertung nutzungsbedingter Bodengefährdungen. UBA-Text 50/00. S. 129.

Brentrup, F., C. Pallière (2008): GHG emissions and energy efficiency in European nitrogen fertiliser production and use. International Fertiliser Society, York.

Brown, A., M.D. Matlock (2011): A Review of Water Scarcity Indices and Methodologies. FOOD, BEVERAGE & AGRICULTURE. The Sustainability Consortium, University of Arkansas, Arkansas.

Bundesregierung (2002): Perspektiven für Deutschland – Unsere Strategie für eine nachhaltige Entwicklung (Langfassung). Bundesregierung, Berlin, Bonn. S. 68.

Bundesregierung (2009): Wachstum, Bildung, Zusammenhalt – Der Koalitionsvertrag zwischen CDU, CSU und FDP, 17. Legislaturperiode, Berlin. S. 26 (http://www.cdu.de/doc/pdfc/091026-koalitionsvertrag-cducsu-fdp.pdf, zuletzt geprüft am 20.06.12)

Bundesregierung (2009a): Fortschrittsbericht 2008 zur nationalen Nachhaltigkeitsstrategie. Für ein nachhaltiges Deutschland. Die Bundesregierung, Berlin. S. 89.

Carlsson-Kanyama, A. (1998): Climate change and dietary choices — how can emissions of greenhouse gases from food consumption be reduced? In: *Food Policy* 23 (3-4): S. 277–293.

Carlsson-Kanyama, A., A.D. Gonzalez (2009): Potential contributions of food consumption patterns to climate change. In: *American Journal of Clinical Nutrition* 89 (5): S. 1704S–1709S.

Cederberg, C., M. Stadig (2003): System Expansion and Allocation in Life Cycle Assessment of Milk and Beef Production. In: *Int J LCA* 8 (6): S. 350–356.

Christen, O., L. Hövelmann, K.-J. Hülsbergen, M. Packeiser, J. Rimpau, B. Wagner (Hg.) (2009): Nachhaltige landwirtschaftliche Produktion in der Wertschöpfungskette Lebensmittel, Berlin. Erich Schmidt.

CML (2010): Impact Assessment – Characterisation Factors. Database. University Leiden, Institute of Environmental Sciences (http://cml.leiden.edu/software/data-cmlia.html#downloads, zuletzt geprüft am 29.06.11).

Coltro, L., A. Mourad, P. Oliveira, J. Baddini, R. Kletecke (2006): Environmental Profile of Brazilian Green Coffee (6 pp) In: *Int J Life Cycle Assessment* 11 (1): S. 16–21.

Cordell, D., J.-O. Drangert, S. White (2009): The story of phosphorus: Global food security and food for thought. In: *Global Environmental Change* 19 (2): S. 292–305.

Cortes, J.M. (2006): Life Cycle Assessment (LCA) as a Decision Support Tool (DST) for the ecoproduction of olive oil. TASK 3.3 Implementation of Life Cycle Inventory in Ribera Baja (Navarra, Spain). Fundación LEIA, Environment and Energy Unit, Cordoba, Spain.

Cremer, H.-D., U. Oltersdorf (1979): Energieaufwand und Nahrungsproduktion, Energieaufwand für Nahrungsproduktion und -verarbeitung/pflanzliche und tierische Nahrungsmittel/Agrarsysteme. Ernährungsumschau 26, Heft 7, Gießen. S. 221–223. (http://www.

ernaehrungsdenkwerkstatt.de/fileadmin/user_upload/EDWText/TextElemente/Publika-
tionen/030_Olt_Cremer_Energieaufwand_und_Nahrungsproduktion_EU_26_221_1979.
pdf, zuletzt geprüft am 28.06.12)

Dachler, M., H. Pelzmann (1999): Arznei- und Gewürzpflanzen. Anbau, Ernte, Aufbereitung.
Österr. Agrarverlag, Klosterneuburg.

Dalgaard, R. (2007): The environmental impact of pork production from a life cycle
perspective. Dissertation. University of Aarhus, Dänemark.

Dalgaard, R., J. Schmidt, N. Halberg, P. Christensen, M. Thrane, W.A. Pengue (2008): LCA of
soybean meal. In: *Int J Life Cycle Assess* 13 (3): S. 240–254.

DBV (2010): Strategiepapier: Klimaschutz durch und mit der Land- und Forstwirtschaft.
Deutscher Bauernverband (DBV), Berlin.

Destatis (verschiedene Jahrgänge): Einkommens- und Verbrauchsstichproben. Nahrungsmittel, Genussmittel, Getränke. Wiesbaden.

Destatis (2007): Umweltnutzung und Wirtschaft. Tabellen zu den Umweltökonomischen
Gesamtrechnungen 2007. Statistisches Bundesamt, Wiesbaden.

Destatis (2007a): Bevölkerung und Erwerbstätigkeit, Bevölkerungsfortschreibung 2006.
Fachserie 1, Reihe 1.3, Statistisches Bundesamt, Wiesbaden. S. 15–16.

Destatis (2010): Statistisches Jahrbuch 2009, Für die Bundesrepublik Deutschland mit
»Internationalen Übersichten«. Statistical Yearbook 2009 For the Federal Republic of
Germany including »International tables«. Statistisches Bundesamt, Wiesbaden.

Destatis (2011): Umweltnutzung und Wirtschaft. Bericht zu den Umweltökonomischen
Gesamtrechnungen. Statistisches Bundesamt, Wiesbaden. S. 10 ff.

Destatis (2011a): Beförderte Güter (Eisenbahngüterverkehr): Deutschland, Jahre (bis 2010),
Güterabteilungen und -hauptgruppen, Güterverkehrsstatistik der Eisenbahn, Statistisches
Bundesamt, Wiesbaden. (https://www-genesis.destatis.de)

Destatis (2011b): UGR, Material und Energieflussrechnungen, Verwendung von Energie:
Deutschland, Jahre, Produktionsbereiche, Energieträger. Statistisches Bundesamt,
Wiesbaden. (https://www-genesis.destatis.de)

Destatis (2012): Indikatoren zur nachhaltigen Entwicklung in Deutschland – Anstieg der
Siedlungs- und Verkehrsfläche pro Tag, Statistisches Bundesamt, Wiesbaden.
(https://www-genesis.destatis.de)

Destatis (2012a): Luftemissionen: Deutschland, Jahre, Luftemissionsart, Produktionsbereiche.
Statistisches Bundesamt, Wiesbaden. (https://www-genesis.destatis.de)

Destatis (2012b): Fortschreibung des Bevölkerungsstandes 1988, GENESIS-Online Datenbank,
Statistisches Bundesamt, Wiesbaden. (https://www-genesis.destatis.de)

Destatis (2012c): Umweltökonomische Gesamtrechnungen, Material- und Energieflussrechnungen, Einzelne Materialien, Verwendung von Energie. Statistisches Bundesamt,
Wiesbaden. (https://www-genesis.destatis.de).

Destatis (2012d): Indikatoren zur nachhaltigen Entwicklung Deutschlands: Stickstoffüberschuss. Genesis-Online Datenbank des Statistischen Bundesamtes Wiesbaden. (https://
www-genesis.destatis.de)

DGE (2008): Vollwertig essen und trinken nach den 10 Regeln der DGE. Deutsche Gesellschaft für Ernährung e.V., aid Infodienst, Bonn. S. 7–25.

DGE (2008a): Referenzwerte für die Nährstoffzufuhr. DGE, ÖGE, SGE, SVE. 1. Aufl., 3., vollst. durchges. und korr. Nachdr. Frankfurt am Main: Neuer Umschau Buchverlag. S. 26.

DIW (2008): Verkehr in Zahlen. Deutsches Institut für Wirtschaftsforschung. 37. Jg. Dt. Verkehrs-Verlag, Hamburg: S. 247.

Druckman, A., M. Chitnis, S. Sorrell, T. Jackson (2011): Missing carbon reductions? Exploring rebound and backfire effects in UK households. In: Energy Policy (39): S. 3572–3581.

Earles, J.M., A. Halog (2011): Consequential life cycle assessment: a review. In: *Int J Life Cycle Assess* 16 (5): S. 445–453.

Eckert, H., G. Breitschuh, D. Sauerbeck (1999): Kriterien einer umweltverträglichen Landbewirtschaftung (KUL) - ein Verfahren zur ökologischen Bewertung von Landwirtschaftsbetrieben (Criteria of Environmentally friendly land use (KUL)—a method for the environmental evaluation of farms). Agribiol. Res. 52: S. 57–76.

Ekvall, T., B.P. Weidema (2004): System Boundaries and Input Data in Consequential Life Cycle Inventory Analysis. In: *Int J Life Cycle Assess* 9 (3): S. 161–171.

Enquete-Kommission (1995): Mehr Zukunft für die Erde, Nachhaltige Energiepolitik für dauerhaften Klimaschutz. Schlussbericht der Enquete-Kommission «Schutz der Erdatmosphäre» des 12. Deutschen Bundestages. Economica-Verlag, Bonn. S. 1317 ff.

EP (2011): VERORDNUNG (EU) Nr. 691/2011 DES EUROPÄISCHEN PARLAMENTS UND DES RATES vom 6. Juli 2011 über europäische umweltökonomische Gesamtrechnungen. Amtsblatt der Europäischen Union vom 22. 07. 2011, L 192/1. Brüssel.

EPD (2010): Product category rules – Processed liquid milk (CPC Class 2211, PCR 2010:12). The international EPD System, Sweden. (http://www.environdec.com/en/Product-Category-Rules/PCR-Search/?page=1&query=&category=, zuletzt geprüft am 05.06.12)

EU-Kom (2011): Fahrplan für ein ressourcenschonendes Europa. Mitteilung der Kommission an das Europäische Parlament, den Rat, den Europäischen Wirtschafts- und Sozialausschuss und den Ausschuss der Regionen. Europäische Kommission. Brüssel: S. 21 ff.

EUP (2011): No more mix-ups over mixed fruit juices. Plenary sessions, Press release. Press Service, Directorate for the Media, European Parliament, Brüssel.

EUP & EUR (2000): RICHTLINIE 2000/60/EG DES EUROPÄISCHEN PARLAMENTS UND DES RATES vom 23. Oktober 2000 zur Schaffung eines Ordnungsrahmens für Maßnahmen der Gemeinschaft im Bereich der Wasserpolitik. Amtsblatt der Europäischen Union, Brüssel.

EUP & EUR (2001): Richtlinie 2001/81/EG des Europäischen Parlaments und des Rates vom 23. Oktober 2001 über nationale Emissionshöchstmengen für bestimmte Luftschadstoffe. Amtsblatt der Europäischen Union, Brüssel. (http://eur-lex.europa.eu/LexUriServ/LexUriServ.do?uri=OJ:L:2001:309:0022:0030:DE:PDF, zuletzt geprüft am 25.06.12)

EUP & EUR (2001a): Council Directive 2001/112/EC relating to fruit juices and certain similar products intended for human consumption, of 20 December 2001. Official Journal of the European Communities L 10/58, Brüssel.

EUP & EUR (2008): RICHTLINIE 2008/1/EG des Europäischen Parlaments und des Rates über die integrierte Vermeidung und Verminderung der Umweltverschmutzung. Integrated pollution prevention and control (IPPC). Amtsblatt der Europäischen Gemeinschaften, Brüssel.

Faist, M. (2000): Ressourceneffizienz in der Aktivität Ernährung – Akteursbezogene Stofffluss-analyse. Dissertation. ETH Zürich, Zürich.

FAO (2001): Food balance sheets. A handbook. Reprint 2008. Food and Agriculture Organisation of the UN, Rom.

FAO (2010): Food Safety and Nutrition – Impacts of Climate Change and on Climate Change. Berlin, Global Forum for Food and Agriculture, Food and Agriculture Organisation of the UN, Rom, S.1.

FAO Stat (2011): Food balance sheet for Germany 2006. Food and Agriculture Organization of the UN, Rom. (http://faostat.fao.org)

FAO Stat (2011a): Production, trade and food supply Germany, Several years. Food and Agriculture Organization of the UN, Rom. (http://faostat.fao.org)

FAO Stat (2011b): Production, crops and yields. Food and Agriculture Organization of the UN, Rom. (http://faostat.fao.org)

FAO Aquastat (2012): Aquatstat database. Food and Agriculture Organisation of the UN, Rom. http://www.fao.org/nr/water/aquastat/data/query/index.html?lang=en, zuletzt geprüft am 19.01.12)

FAO Stat (2013): Food supply, production and trade database for Germany 1961–2009. Food and Agriculture Organization of the UN, Rom. (http://faostat.fao.org)

Fargione, J., J. Hill, D. Tilman, S. Polasky, P. Hawthorne (2008): Land Clearing and the Biofuel Carbon Debt. In: Science 319 (5867): S.1235–1238.

FDG (1992): Die Nationale Verzehrsstudie – Ergebnisse der Basisauswertung. Materialien zur Gesundheitsforschung. Band 18, Herausgegeben vom Projektträger Forschung im Dienste der Gesundheit (FDG), Bonn.

Frei, A. G., T. Groß., T. Meier (2010): Es geht um die Wurst – und den Käse. Vergangenheit, Gegenwart und Zukunft tierischer Kost. Beitrag im Tagungsband »Der Essalltag als Herausforderung der Zukunft«, Dr. Rainer Wild-Stiftung, Heidelberg.

Fritsche, U. R., K.J. Hennenberg, A. Hermann, K. Hünecke, R. Herrera, H. Fehrenbach et al. (2010): Development of strategies and sustainability standards for the certification of biomass for international trade. BIO-Global Project. Hg. v. UBA. Öko-Institute Darmstadt; Institut für Energie- und Umweltforschung Heidelberg (IFEU), Dessau-Roßlau.

Fuhrmann, F., R. Kabbert (2003): Agrarstrukturelle Entwicklungsplanung. Verarbeitung von Obst und Gemüse für das Stadtgebiet der Stadt Werder (Havel) mit ihren Ortsteilen und das Amt Groß Kreutz. Institut für Agrar- und Stadtökologische Projekte, Berlin: S.81.

Gedrich, K. (1997): Ökonometrische Bestimmung der Lebensmittel- und Nährstoffzufuhr von Personen anhand des Lebensmittelverbrauchs in Haushalten. Dissertation, Peter Lang, Frankfurt am Main (In: Hoffmann 2002)

Gerbens-Leenes, W. (2006): Natural resource use for food: land, water and energy in production and consumption systems. Dissertation, University of Groningen.

Graedel, T. (1994): Industrial Ecology. Definition and Implementation, (In: Socolow et al. [Eds] 1994, 23–42.)

Grießhammer, R., M. Buchert, C.-O. Gensch, C. Hochfeld, I. Rüdenauer (2007): Produkt-Nachhaltigkeits-Analyse (PROSA/PLA) – Methodenentwicklung und Diffusion. Öko-Institut, Darmstadt, Berlin.

Guinee, J.B. (2002): Handbook on life cycle assessment. Operational guide to the ISO standards. Dordrecht, Boston: Kluwer Academic Publishers.

GVM (2007): Anteile der Packmittel an den Verbrauchsmengen 2006 – Spirituosen, Wein, Schaumwein. Gesellschaft für Verpackungsmarktforschung mbH, Mainz.

G8 (2009): Responsible leadership for a sustainable future. G8 Summit, L'Aquila. S.19. (http://www.g8italia2009.it/static/G8_Allegato/G8_Declaration_08_07_09_final,0.pdf, zuletzt geprüft am 20.06.12)

Haas, G., U. Köpke (1995): Klimarelevanz des organischen Landbaus – Ziel erreicht? Tagungsband 3. Wiss. Fachtagung zum Ökologischen Landbau, Wissenschaftlicher Fachverlag Gießen. S. 37–40.

Håkansson, S., P. Gavrilita, X. Bengoa (2005): Comparative Life Cycle Assessment, Pork vs. Tofu. Life Cycle Assessment, 1N1800. KTH Royal Institute of Technology, Stockholm.

Heijungs, R., S. Suh, R. Kleijn (2005): Numerical Approaches to Life Cycle Interpretation – The case of the Ecoinvent'96 database. In: *Int J Life Cycle Assessment* 10 (2): S.103–112.

Heiss, R. (2003): Lebensmitteltechnologie. Biotechnologische, chemische, mechanische und thermische Verfahren der Lebensmittelverarbeitung. Springer, Berlin, New York.

Hertwich, E.H. (2005): Consumption and the Rebound Effect. An Industrial Ecology Perspective. In: *Journal of Industrial Ecology* 9 (1-2): S. 85–98.

Heyes, C., Z. Klimont, F. Wagner, M. Amann (2011): Extension of the GAINS model to include short-lived climate forcers. Mitigation of Air Pollution and Greenhouse Gases (MAG) Program. International Institute for Applied Systems Analysis (IIASA), Laxenburg, Austria

Hirst, E. (1974): Food-Related Energy Requirements, Science, Vol.184, Nr. 4133. S.134–138. (In: Cremer et al. 1979)

Hoekstra, A.Y., A.K. Chapagain (2006): Water footprints of nations: Water use by people as a function of their consumption pattern. In: *Water Resour Manage* 21 (1): S. 35–48.

Hoekstra, A.Y., A.K. Chapagain, M.M. Aldaya, M.M. Mekonnen (2011): The water footprint assessment manual. Setting the global standard. Earthscan, London, Washington, DC.

Hoffmann, I., I. Lauber (2001): Gütertransporte im Zusammenhang mit dem Lebensmittelkonsum in Deutschland. Teil II: Umweltwirkungen anhand ausgewählter Indikatoren. Goods Transports in Connection with Food. In: *ERNO* 2 (3): S.187–193.

Hoffmann I. (2002): Ernährungsempfehlungen und Ernährungsweisen – Auswirkungen auf Gesundheit, Umwelt und Gesellschaft. Habilitationsschrift, Universität Gießen.

Huber, J. (2000): Towards Industrial Ecology: Sustainable Development as a Concept of Ecological Modernization. In: *J. Environ. Policy Plann.* (2): S. 269–285.

Hülsbergen, K.-J. (2003): Entwicklung und Anwendung eines Bilanzierungsmodells zur Bewertung der Nachhaltigkeit landwirtschaftlicher Systeme. Shaker, Aachen.

Humbert, S.,Y. Loerincik, V. Rossi, M. Margni, O. Jolliet (2009): Life cycle assessment of spray dried soluble coffee and comparison with alternatives (drip filter and capsule espresso). In: *Journal of Cleaner Production* 17 (15): S. 1351–1358.

IFEU (2010): Fortschreibung und Erweiterung ›Daten- und Rechenmodell: Energieverbrauch und Schadstoffemissionen des motorisierten Verkehrs in Deutschland 1960–2030‹ (TREMOD, Version 5). Endbericht. Institut für Energie- und Umweltforschung (IFEU), Heidelberg.

IFEU (2011): Ökobilanz von Getränkeverpackungen in Österreich Sachstand 2010. Institut für Energie und Umweltforschung (IFEU), Heidelberg.

IISD (2011): Summary of the Durban climate change conference: 28 November – 11 December 2011. International Institute for Sustainability Development. Earth Negotiations Bulletin, Vol. 12, No. 534.

IPCC (2006): 2006 IPCC Guidelines for National Greenhouse Gas Inventories. Volume 4, Japan.

IPCC (2007): Climate Change 2007 – Mitigation. In: Metz, B., Davidson, O.R., Bosch, P.R., Dave, R., Meyer, L.A. (Eds.), Contribution of Working Group III to the Fourth Assessment Report of the IPCC. Cambridge University Press, Cambridge, United Kingdom and New York, NY, USA. S. 503 (http://www.ipcc.ch/pdf/assessment-report/ar4/wg3/ar4-wg3-chapter8.pdf, zuletzt geprüft am 20.06.12)

ISO 14001 (2004): Environmental management systems – Requirements with guidance for use. International Organization for Standardization, Genf.

ISO 14025 (2006): Environmental labels and declarations - Type III environmental declarations – Principles and procedures. International Organisation for Standardization, Genf.

ISO 14040/14044 (2006): Environmental Management – Life Cycle Assessment – Principles and framework. International Organization for Standardization, Genf.

ISO 14046 (2011): Life Cycle Assessment – Water footprint – Requirements and Guidelines. International Organization for Standardization, Genf.

ISO 14067 (2011): Carbon footprint of products. International Organization for Standardization, Genf.

Jolliet, O., M. Margni, R. Charles, S. Humbert, J. Payet, G. Rebitzer, R. Rosenbaum (2003): IMPACT 2002+: A New Life Cycle Impact Assessment Methodology. In: *Int J LCA* 8 (6): S. 324–330.

Jungbluth, N. (2000): Umweltfolgen des Nahrungsmittelkonsums: Beurteilung von Produktmerkmalen auf Grundlage einer modularen Ökobilanz, Dissertation Nr. 13499 ETH, Zürich, (http://www.esu-services.ch/cms/fileadmin/download/jungbluth-2000-umweltfolgen.pdf, zuletzt geprüft am 08.06.12)

Jungbluth, N., C. Nathani , M. Stucki, M. Leuenberger (2011): Environmental Impacts of Swiss Consumption and Production. A combination of input-output analysis with life cycle assessment. Federal Office for the Environment, Bern. Environmental studies no. 1111. S. 171ff.

Kauwenbergh, S. J. Van (2010): World phosphate rock. Reserves and resources. International Fertilizer Development Center (IFDC), Muscle Shoals, Alabama.

Keller, M. (2010): Flugimporte von Lebensmitteln und Blumen nach Deutschland. Eine Untersuchung im Auftrag der Verbraucherzentralen. Verbraucherzentrale Bundesverband e.V. (vzbv), Berlin.

Kicherer, A. (2005): SEEbalance – The Socio-Eco-Efficiency Analysis of BASF, Congress PROSA – Product Sustainability Assessment, Challenges, case studies, methodologies, July 2005, Lausanne.

Klapper, H. (1992): Eutrophierung und Gewässerschutz. Wassergütebewirtschaftung, Schutz und Sanierung von Binnengewässern. G. Fischer, Jena.

Klima-Allianz (2010): Mehr Klimaschutz durch nachhaltige Landwirtschaft in Deutschland. Hannover. (http://www.die-klima-allianz.de/wp-content/uploads/2010/12/Mehr-

Klimaschutz-durch-nachhaltige-Landwirtschaft-in-Deutschland.pdf, zuletzt geprüft am 11.01.12)

Klöpffer, W., B. Grahl (2009): Ökobilanz (LCA). Ein Leitfaden für Ausbildung und Beruf. 1. Aufl. Weinheim: WILEY-VCH.

Koerber K. von, J. Kretschmer (2009): Ernährung und Klima – Nachhaltiger Konsum ist ein Beitrag zum Klimaschutz. (In: Der kritische Agrarbericht 2009, Kassel, 280–285) (http://www.bfeoe.de/publikationen/vonKoerber_Kretschmer.pdf, zuletzt geprüft am 20.06.12)

Kok, R., W. Biesiot, H.C Wilting (1993): Energieintensiteiten van voedingsmiddelen, IVEM-Onderzoeksrapport No. 59, Groningen: S. 210. (In: Taylor 2000)

Koning, A. de, R. Heijungs, G. Huppes (2008): The EXIOPOL database management system - Main design. Institute of Environmental Sciences (CML) – Universiteit Leiden.

Kramer, P. H., K.F. Müller-Reißmann, J. Schaffner, H. Bossel, A. Meier-Ploeger, H. Vogtmann (1994): Landwirtschaft und Ernährung. Veränderungstendenzen im Ernährungssystem und ihre klimatische Relevanz. (In: Enquete-Kommission 1995) http://www.kramergut-achten.de/PHK/NUKE.htm (zuletzt geprüft am 04.06.12)

Kranert, M.,G. Hafner, J. Barabosz, H. Schuller, D. Leverenz, A. Kölbig et al. (2012): Ermittlung der weggeworfenen Lebensmittelmengen und Vorschläge zur Verminderung der Wegwerfrate bei Lebensmitteln in Deutschland. Universität Stuttgart, Institut für Siedlungswasserbau, Wassergüte und Abfallwirtschaft, Stuttgart.

Krems, C., A. Bauch, A. Götz, T. Heuer, A. Hild, J. Möseneder, C. Brombach (2006): Methoden der Nationalen Verzehrsstudie II. Ernährungs-Umschau 53, Heft 2. S. 44–50 (http://www.was-esse-ich.de/uploads/media/NVS_EU_Artikel_02_06.pdf, zuletzt geprüft am 20.06.12)

Krombacher (2011): Nachaltigkeitsbericht 2010. Zum Wohle für Mensch und Natur. Krombacher Brauerei, Kreuztal. (https://www.krombacher.de/engagement/nachhaltigkeit/Krombacher_Nachhaltigkeit_2011.pdf, zuletzt geprüft am 17.11.11).

KTBL (2008): Kriteriensystem nachhaltige Landwirtschaft (KSNL). Ein Verfahren zur Nachhaltigkeitsanalyse und Bewertung von Landwirtschaftsbetrieben. Kuratorium für Technik und Bauwesen in der Landwirtschaft, Darmstadt.

KTBL (2011): UN ECE-Luftreinhaltekonvention – Task Force on Reactive Nitrogen, Systematische Kosten-Nutzen-Analyse von Minderungsmaßnahmen für Ammoniakemissionen in der Landwirtschaft für nationale Kostenabschätzungen. Kuratorium für Technik und Bauwesen in der Landwirtschaft e.V., Herausgeber: Umweltbundesamt, Dessau-Roßlau.

Kübler, W., H. J. Anders, W. Heeschen (1995): Ergebnisse der Nationalen Verzehrsstudie (1985–1989) über die Lebensmittel- und Nährstoffaufnahme in der Bundesrepublik Deutschland. Band XI, VERA-Schriftenreihe, Gießen.

Lamprecht, H., D.J. Lang, C.R. Binder, R.W. Scholz (2011): The Trade-Off between Phosphorus Recycling and Health Protection during the BSE Crisis in Switzerland – A »Disposal Dilemma«. In: *GAIA* 20 (2): S. 112–121 (http://www.oekom.de/fileadmin/zeitschriften/gaia_leseproben/GAIA_2011_2_Lang.pdf, zuletzt geprüft am 19.01.12).

Leach, G. (1975): Energy and Food Production. In: Food Policy (11): S. 62–73.

Leip A., F. Weiss, T. Wassenaar, I.Perez, T. Fellmann, P. Loudjani, F. Tubiello, D. Grandgirard, S. Monni, K. Biala (2010): Evaluation of the livestock sector's contribution to the EU greenhouse gas emissions (GGELS) – final report. European Commission, Joint Research Centre. (http://afoludata.jrc.ec.europa.eu/index.php/dataset/detail/236, zuletzt geprüft am 20.06.12)

Leip A., F. Weiss, T. Wassenaar, I.Perez, T. Fellmann, P. Loudjani, F. Tubiello, D. Grandgirard, S. Monni, K. Biala (2010a): Evaluation of the livestock sector's contribution to the EU greenhouse gas emissions (GGELS) – ANNEXES to the final report. European Commission, Joint Research Centre.

Leontief, W. (1970): Environmental Repercussions and the Economic Structure: An Input-Output Approach. *The Review of Economics and Statistics.* Vol. 52, No. 3: S. 262–271.

Leontief, W. (1986): Input-output Economics, Oxford University Press US, New York.

Li, G.-L.,X. Bai, S. Yu, H. Zhang, Y.-G. Zhu (2011): Urban Phosphorus Metabolism through Food Consumption. The case of China. In: Journal of Industrial Ecology: S. 1–12.

McDonough, W., M. Braungart (2002): Cradle to cradle. Remaking the way we make things. 1st. New York: North Point Press.

McMichael, Anthony J., J. W. Powles, C. D. Butler, R. Uauy (2007): Food, livestock production, energy, climate change and health. Lancet 370 (9594): S. 1253–1263.

MCT Brasilien (2010): Second National Communication of Brazil to the United Nations Framework Convention on Climate Change – Chapter 3 – Anthropogenic Emissions by Sources and Removals by Sink of Greenhouse Gases by Sector, Ministério da Ciência e Tecnologia (MCT), Brasília.

MEA (2005): Ecosystems and human well-being. General synthesis: a report of the Millennium Ecosystem Assessment. Washington, DC: Island Press.

Meadows, D., D. Meadows, J. Randers, W. W. Behrens (1972): The Limits of Growth. A Report for The Club of Rome's Project on the Predicament of Mankind, Universe Books, New York.

Meier, T., O. Christen (2012): Gender as a factor in an environmental assessment of the consumption of animal and plant-based foods in Germany. In: Int J Life Cycle Assess 17 (5): S. 550–564.

Meier, T., O. Christen (2013): Environmental Impacts of Dietary Recommendations and Dietary Styles: Germany As an Example. In: Environ. Sci. Technol 47 (2): S. 877–888.

Meier, T., O. Christen, C. Barth (2013): Balancing virtual land imports by a shift in the diet: Using a land balance approach to assess the sustainability of food consumption. (Veröffentlichung eingereicht)

Meier, T. (2013): Umweltwirkungen der Ernährung auf Basis nationaler Ernährungserhebungen und ausgewählter Umweltindikatoren. Dissertationsschrift Martin-Luther Universität Halle-Wittenberg, Halle (Saale) (http://digital.bibliothek.uni-halle.de/urn/urn:nbn:de:gbv:3:4-9367, zuletzt geprüft am 03.06.13)

Meier, U., E. Schlich (1996): Zwischenbericht zur Gründung eines Instituts für Nachhaltiges Haushalten an der Universität Gießen. Hauswirtschaft und Wissenschaft, Nr. 4, Gießen. S. 174–177.

Meinhold, K. (2010): Assessment of the ecological Sustainability of Foods – with a Main Focus on the Ecological Footprint. Master Thesis in the Field of Sustainable Nutrition, Technische Universität München. S. 13–36 (http://www.bfeoe.de/aktiv/klimaschutz/ThesisFinal_Kathrin_Meinhold.pdf, zuletzt geprüft am 28.07.10)

Mekonnen, M.M., A.Y. Hoekstra (2010): The green, blue and grey water footprint of crops and derived crop products, Value of Water Research Report Series No. 47, UNESCO-IHE, Delft, the Netherlands.

Milà i Canals, L., J. Chenoweth, A. Chapagain, S. Orr, A. Antón, R. Clift (2009): Assessing freshwater use impacts in LCA: Part I—inventory modelling and characterisation factors for the main impact pathways. In: Int J Life Cycle Assess 14 (1): S. 28–42.

Misselhorn, K. (2003): Gärungsalkohol, Kapitel 38. (In: Heiss 2003: S. 402–412)

Mollenhorst, H., P.B.M. Berentsen, I.J.M. De Boer (2006): On-farm quantification of sustainability indicators: an application to egg production systems. British Poultry Science 47: S. 405–417.

Mongelli, I., I. Arto, V. Andreoni (2011): Sustainable consumption patterns in EU27. A quantitative assessment of the impacts of dietary changes, higher energy efficiency in building and of more efficient passenger vehicles. Report of the EXIOPOL project. Institute for Prospective Technological Studies, Sevilla, Spanien.

MRI (2008): Nationale Verzehrsstudie II – Ergebnisbericht, Teil 1 – Die bundesweite Befragung zur Ernährung von Jugendlichen und Erwachsenen, einschließlich Ergänzungsband/ Schichtindex. Max Rubner-Institut, Karlsruhe. S. 35–36.

MRI (2008a): Nationale Verzehrsstudie II – Ergebnisbericht, Teil 2 – Die bundesweite Befragung zur Ernährung von Jugendlichen und Erwachsenen. Max Rubner-Institut, Karlsruhe. S. 174–234 (http://www.was-esse-ich.de/uploads/media/NVSII_Abschlussbericht_Teil_2.pdf, zuletzt geprüft am 05.06.12)

Muñoz, I., L. Milà i Canals, A.R. Fernández-Alba (2010): Life cycle assessment of the average Spanish diet including human excretion. In: *Int J Life Cycle Assess* (15): S. 794–805.

NABU (2010): Klimaschutz in der Landwirtschaft – Ziele und Anforderungen zur Senkung von Treibhausgasemissionen. Naturschutzbund Deutschland (NABU) e.V., Berlin. (http://www.nabu.de/imperia/md/content/nabude/landwirtschaft/klimaschutz-landwirtschaft-web.pdf zuletzt geprüft am 05.06.12)

Narziß, L. (2003)K: Bier, Kapitel 36. (In: Heiss 2003: S. 369–381)

Nemecek, T.,K. Weiler, K. Plassmann, J. Schnetzer (2011): Geographical extrapolation of environmental impact of crops by the MEXALCA method. Unilever-ART project no. CH-2009-0362 »Carbon and Water Data for Bio-based Ingredients«: final report of phase 2: Application of the Method and Results. Agroscope Reckenholz-Tänikon Research Station ART, Zürich, CH.

Nielsen, P.H., A.M. Nielsen, B.P. Weidema, R. Dalgaard, N. Halberg (2003): LCA food data base. (www.lcafood.dk)

Ntiamoah, A., G. Afrane (2008): Environmental impacts of cocoa production and processing in Ghana: life cycle assessment approach. In: Journal of Cleaner Production 16 (16): . S. 1735–1740.

Öko-Institut (1987): Produktlinienanalyse – Bedürfnisse, Produkte und ihre Folgen. Projektgruppe Ökologische Wirtschaft, Köln. (In: Altner, G., H. Leitschuh, G. Michelsen 2007)

Öko-Institut (2010): GEMIS 4.6 – Globales Emissionsmodell Integrierter Systeme. Öko-Institut e.V., Freiburg.

Olivier, J.G.J., G. Janssens-Maenhout, J.A.H.W. Peters, J. Wilson (2011): Long-term trend in global CO_2 emissions. 2011 report. PBL/JRC The Hague.

Opschoor, H. (1995): Ecospace and the fall and rise of throughput intensity. Journal Ecological Economics (15): S. 137–140.

Osterburg, B., H. Nieberg, S. Rüter, F. Isermeyer, H.-D. Haenel, J. Haehne, J.-G. Krentler, H. M. Paulsen, F. Schuchardt, J. Schweinle, P. Weiland (2009): Erfassung, Bewertung und Minderung von Treibhausgasemissionen des deutschen Agrar- und Ernährungssektors. Von-Thünen Institut, Braunschweig, Hamburg, Trenthorst. S. 4–26. (http://www.vti.bund. de/de/institute/lr/publikationen/bereich/ab_03_2009_de.pdf, zuletzt geprüft am 01.07.10)

Osterburg, B., C. Rösemann, H. D. Hänel, H. Döhler, S. Wulf (2010): Bewertung von Maßnah-men im Bereich der Landwirtschaft zum Erreichen der Emissionsobergrenze für Ammo-niakemissionen gemäß EU-NEC-Richtlinie im Jahr 2010. Unveröffentlichter Bericht zur Unterstützung der Ressortgespräche zwischen BMELV/BMU vor dem Hintergrund der EU-NEC-Richtlinie. Braunschweig und Darmstadt. (In: KTBL 2011)

O'Sullivan, P.E., C.S. Reynolds (eds.) (2005): The Lakes Handbook – Lake restoration and rehabilitation, Volume 2. Blackwell Publishing, Malden. S. 354 ff.

Peters, C.J., J.L. Wilkins, G.W. Fick (2007): Testing a complete-diet model for estimating the land resource requirements of food consumption and agricultural carrying capacity: The New York State example. In: Renew Agr Food Syst 22 (02): S. 145–154.

Pfister, S., A. Koehler, S. Hellweg (2009): Assessing the Environmental Impacts of Freshwater Consumption in LCA. In: Environ. Sci. Technol 43 (11): S. 4098–4104.

Pimentel, D., L.E. Hurd, A.C. Bellotti, M.J. Forster, I.N. Oka, O.D. Sholes, R.J. Whitman (1973): Food Production and the Energy Crisis. In: Science 182 (4111): S. 443–449.

Popp, A., H. Lotze-Campen, B. Bodirsky (2010): Food consumption, diet shifts and associated non-CO2 greenhouse gases from agricultural production. In: Global Environmental Change 20 (3): S. 451–462.

Quack, D., I. Rüdenauer (2004): Stoffstromanalyse relevanter Produktgruppen. Energie- und Stoffstromanalyse der privaten Haushalte in Deutschland im Jahr 2001. Öko-Institut e.V. – Institut für angewandte Ökologie, Freiburg.

Quack, D., I. Rüdenauer (2007): Stoffstromanalyse relevanter Produktgruppen. Energie- und Stoffströme der privaten Haushalte in Deutschland im Jahr 2005. Öko-Institut, Freiburg.

Quested, T., H. Johnson (2009): Household food and drink waste in the UK. Final report. Wastes & Resources Action Programme (WRAP), Banbury.

Rapp, A. (2003): Wein, Kapitel 37. (In: Heiss 2003: S. 382–425)

Ravishankara A.R., J.S. Daniel, R.W. Portmann (2009): Nitrous Oxide (N2O): The Dominant Ozone-Depleting Substance Emitted in the 21st Century. Science Vol. 326. S. 123–125.

Reichert, T., M. Reichardt (2011): Saumagen und Regenwald. Klima- und Umweltwirkungen deutscher Agrarrohstoffimporte am Beispiel Sojaschrot: Ansatzpunkte für eine zukunfts-fähige Gestaltung. Forum Umwelt und Entwicklung, Germanwatch, Berlin.

Römer, W., M. Gründel, F. Güthoff (2010): Concentrations of U-238, U-235, Th-232 and Ra-226 in some selected raw phosphates, phosphate fertilizers, soil and plant samples from a long term P fertilization experiment. In: *Journal für Kulturpflanzen* 62 (6): S. 200–210.

Saling, P., A. Kicherer, B. Dittrich-Krämer, R. Wittlinger, W. Zombik, I. Schmidt et al. (2002): Eco-efficiency analysis by BASF: the method. In: *Int J LCA* 7 (4): S. 203–218.

Sanjuan, N., L. Ubeda, G. Clemente, A. Mulet, F. Girona (2005): LCA of integrated orange production in the Comunidad Valenciana (Spain). In: IJARGE 4 (2): S. 163.

Santarius, T. (2012): Der Rebound-Effekt – Über die unerwünschten Folgen der erwünschten Energieeffizienz. Impulse zur Wachstumswende. Wuppertal Institut für Klima, Umwelt, Energie GmbH, Wuppertal.

Scarborough, P., S. Allender, D. Clarke, K. Wickramasinghe, M. Rayner (2012): Modelling the health impact of environmentally sustainable dietary scenarios in the UK. In: *Eur J Clin Nutr* 66 (6): S. 710–715.

Schmidt, J.H. (2008): System delimitation in agricultural consequential LCA. In: *Int J Life Cycle Assess* 13 (4): S. 350–364.

Schmidt, T., B. Osterburg, R. Hoffmann-Müller, S. Seibel (2005): Aufbau des Berichtsmoduls ›Landwirtschaft und Umwelt‹ in den Umweltökonomischen Gesamtrechnungen. Abschlussbericht 2005. Bundesforschungsanstalt für Landwirtschaft (FAL), Statistisches Bundesamt, Braunschweig, Wiesbaden.

Schmidt, T., B. Osterburg (2009): Aufbau des Berichtsmoduls »Landwirtschaft und Umwelt« in den Umweltökonomischen Gesamtrechnungen. Projekt II, Endbericht, vTI, Braunschweig. S. 25–27. (https://www.destatis.de/DE/Publikationen/Thematisch/Umwelt-oekonomischeGesamtrechnungen/LandwUmweltAbschlBericht2009.pdf?__blob= publicationFile, zuletzt geprüft am 06.http://is13.snstatic.fi/img/978/1288577863790.jpg06. http://is13.snstatic.fi/img/978/1288577863790.jpg12)

Schmidt, T., B. Osterburg (2010): Aufbau des Berichtsmoduls »Landwirtschaft und Umwelt« in den Umweltökonomischen Gesamtrechnungen II. Projekt II, Tabellen zum Endbericht, vTI, Braunschweig.

Schmidt-Bleek, F., W. Bierter (1998): Das MIPS-Konzept: Weniger Naturverbrauch – mehr Lebensqualität durch Faktor 10. Droemer, München.

Seemüller, M. (2000): Der Einfluss unterschiedlicher Landbewirtschaftungssysteme auf die Ernährungssituation in Deutschland in Abhängigkeit des Konsumverhaltens der Verbraucher, Diplomarbeit, Technische Universität München, Freiburg. S. 71–73 (http://www.oeko. de/oekodoc/76/2000-010-de.pdf, zuletzt geprüft am 28.07.10)

SETAC/UNEP (2009): Guidelines for Social Life Cycle Assessment of Products. Society of Environmental Toxicology and Chemistry, United Nations Environment Programme.

Slesser, M., C. Lewis, W. Edwardson (1977): Energy systems analysis for food policy. In: Food Policy (5): S. 123–129.

Socolow, R.H., C. Andrews, F. Berkhout, V. Thomas (1994): Industrial ecology and global change. Cambridge University Press, Cambridge, New York.

Sonnenberg, A., A. Chapagain, M. Geiger, D. August (2009): Der Wasser-Fußabdruck Deutschlands. Woher stammt das Wasser, das in unseren Lebensmitteln steckt? WWF Deutschland, Frankfurt am Main.

Smil, V. (2002): Worldwide Transformation of Diets, Burdens of Meat Production and Opportunities for Novel Food Proteins. Journal Enzyme and Microbial Technology (30): S. 305–309.

SRU (1985): Umweltprobleme der Landwirtschaft. RAT VON SACHVERSTÄNDIGEN
    FÜR UMWELTFRAGEN, Sondergutachten, März 1985, Kohlhammer, Stuttgart/
    Mainz.

Steger, S. (2005): Der Flächenrucksack des europäischen Außenhandels mit Agrarprodukten.
    Wuppertal Institut für Klima, Umwelt, Energie GmbH, Wuppertal. S. 5.

Stehfest, E., L. Bouwman, D.P. Vuuren, M.G.J. Elzen, B. Eickhout, P. Kabat (2009): Climate
    benefits of changing diet. In: *Climatic Change* 95 (1-2): S. 83–102.

Suh, S. (2003): Input-output and hybrid life cycle assessment. In: Int J LCA 8 (5): S. 257.

Suh, S., S. Yee (2011): Phosphorus use-efficiency of agriculture and food system in the US.
    In: Chemosphere 84 (6): S. 806–813.

Sutton, M.A., C. Howard, J.W. Erisman, G. Billen, A. Bleeker, P. Grennfelt (eds.) (2011): The
    European nitrogen assessment. Sources, effects, and policy perspectives. Cambridge
    University Press, Cambridge, UK; New York.

Taylor C. (2000): Ökologische Bewertung von Ernährungsweisen anhand ausgewählter
    Indikatoren. Dissertation. Justus-Liebig-Universität, Gießen. (http://geb.uni-giessen.de/
    geb/volltexte/2000/273/pdf/d000074.pdf, zuletzt geprüft am 05.06.12)

Teuteberg H.-J., Wiegelmann G. (1986): Unsere tägliche Kost – Studien zur Geschichte des
    Alltags. F. Coppenrath Verlag, 2. Aufl., Münster: S. 275 f.

Thomassen, M.A., R. Dalgaard, R. Heijungs, I. Boer (2008): Attributional and consequential
    LCA of milk production. In: Int J Life Cycle Assess 13 (4): S. 339–349.

Tiefkühlinstitut (2010): Cool facts 2009. Tiefkühlkost – Zahlen, Daten, Fakten. Deutsches
    Tiefkühlinstitut e.V., Köln.

Tukker A., G. Huppes, J. Guinee, R. Heijungs, A. de Koning, L. v. Oers, S. Suh, T. Geerken,
    M. v. Holderbeke, B. Jansen, P. Nielson, P. Eder, L. Delgado (2006): Environmental Impact
    of Products (EIPRO) Analysis of the life cycle environmental impacts related to the final
    consumption of the EU-25. Joint Research Center (JRC) Technical Report Series, Insititute
    for Prospective and Technological Studies. S. 13 (ftp://ftp.jrc.es/pub/EURdoc/eur22284en.
    pdf, zuletzt geprüft am 08.06.12)

Tukker, A., R.A. Goldbohm, A. de Koning, M. Verheijden, R. Kleijn, O. Wolf et al. (2011):
    Environmental impacts of changes to healthier diets in Europe. In: Ecological Economics
    70 (10): S. 1776–1788.

UBA (2008): Nationaler Inventarbericht zum Deutschen Treibhausgasinventar 1990–2006,
    Berichterstattung unter der Klimarahmenkonvention der Vereinten Nationen 2008.
    Umweltbundesamt, Dessau-Roßlau.

UBA (2009): Nationaler Inventarbericht zum Deutschen Treibhausgasinventar 1990–2007,
    Berichterstattung unter der Klimarahmenkonvention der Vereinten Nationen 2009.
    Umweltbundesamt, Dessau-Roßlau. S. 47–48.

UBA (2009a): Hintergrundpapier zu einer multimedialen Stickstoff-Emissionsminderungs-
    strategie. Umweltbundesamt, Dessau-Roßlau. S. 9–15.

UBA (2010): Nationaler Inventarbericht zum Deutschen Treibhausgasinventar 1990–2008,
    Berichterstattung unter der Klimarahmenkonvention der Vereinten Nationen 2010.
    Umweltbundesamt, Dessau-Roßlau. S. 47–48 (http://www.umweltdaten.de/publikationen/
    fpdf-l/3957.pdf, zuletzt geprüft am 29.06.12)

UBA (2010a): 2050: 100% – Energieziel 2050: 100% Strom aus erneuerbaren Quellen., Umweltbundesamt, Dessau-Roßlau. S. 18.

UBA (2011): Daten zur Umwelt – Nährstoffeinträge in die Oberflächengewässer Deutschlands. Umweltbundesamt, Dessau-Roßlau. (http://www.umweltbundesamt-daten-zur-umwelt. de/umweltdaten/public/theme.do?nodeIdent=2873, zuletzt geprüft am 20.06.12)

UGB (2011): Empfehlungen der Vollwert-Ernährung. Persönliches Schreiben von Hans-Helmut Martin. Verband für Unabhängige Gesundheitsberatung e.V., Wettenberg/Gießen.

UN (2012): Rio+20. The future we want. United Nations Conference on Sustainable Development, Rio de Janeiro/Brasilien: S. 11 (http://daccess-dds-ny.un.org/doc/UNDOC/ GEN/N12/381/64/PDF/N1238164.pdf?OpenElement, zuletzt geprüft am 25.06.12)

UNFCCC (2008): Kyoto Protocol Reference Manual On Accounting of Emissions and Assigned Amount. United Nations Framework Convention on Climate Change, Bonn.

USDA, USDHHS (2010): Dietary Guidelines for Americans 2010. 7th Edition. U.S. Department of Agriculture, U.S. Department of Health and Human Services, Washington, DC. S. 81 ff.

USGS (1996–2010): Phosphate rock. In: Mineral commodity summaries. United States Geological Survey (USGS). (http://minerals.usgs.gov/minerals/pubs/commodity/ phosphate_rock, zuletzt geprüft am 19.06.12)

USGS (2011): Phosphate rock. In: Mineral commodity summaries. United States Geological Survey (USGS). (http://minerals.usgs.gov/minerals/pubs/commodity/phosphate_rock, zuletzt geprüft am 19.06.12)

VdF (2007): Daten & Fakten 2006. Zur deutschen Fruchtsaft-Industrie. Verband der deutschen Fruchtsaft-Industrie e.V. (VdF), Bonn.

VDM (1994): Der schnelle Überblick. Daten zum Markt der Mineralbrunnengetränke, Ausgabe 1994. Verband Deutscher Mineralbrunnen e.V., Bonn. S. 11.

VDM (2007): Der schnelle Überblick. Daten zum Markt der Mineralbrunnengetränke, Ausgabe 2007. Verband Deutscher Mineralbrunnen e.V., Bonn. S. 46 ff.

Vries, M. de, I. de Boer (2010): Comparing environmental impacts for livestock products: A review of life cycle assessments. In: Livestock Science 128 (1-3): S. 1–11.

WAFG (2009): Der AFG-Markt 2009. Wirtschaftsvereinigung Alkoholfreie Getränke e.V., Berlin.

WCED (1987): Our Common Future. World Commission on Environment and Development, Forty-second session, Brundtland Report, New York.

WCRF (2007): Food, Nutrition, Physical Activity, and the Prevention of Cancer: a Global Perspective. World Cancer Research Fund / American Institute for Cancer Research, Washington DC. S. 194–196. (http://www.dietandcancerreport.org/)

Weidema B.P., Wesnaes M., Hermansen J., Kristensen T., Halberg N. (2008): Environmental Improvement potentials of Meat and Dairy Products. Joint Research Center (JRC) Scientific and Technical Reports, Insititute for Prospective and Technological Studies, Sevilla. S. 6 (ftp://ftp.jrc.es/pub/EURdoc/JRC46650.pdf, zuletzt geprüft am 08.06.12)

Weizsäcker, E. U. von, K. Hargroves, M. H. Smith, C. Desha, P. Stasinopoulos (2010): Faktor Fünf. Die Formel für nachhaltiges Wachstum. Droemer, München.

WHO (2006): Global Burden of Disease and Risk Factors. World Health Organization. Unter Mitarbeit von Alan D. Lopez, Colin D. Mathers, Majid Ezzati, Dean T. Jamison und

Christopher J. L. Murray: World Bank Publications. S. 126 ff. (http://files.dcp2.org/pdf/ GBD/GBD.pdf, zuletzt geprüft am 20.06.12)

Wiegmann, K., U. Eberle, U.R. Fritsche, K. Hünecke (2005): Umweltauswirkungen von Ernährung – Stoffstromanalysen und Szenarien. BMBF-Forschungsprojekt »Ernährungswende«, Diskussionspapier Nr. 7. Öko-Institut e.V. – Institut für angewandte Ökologie, Darmstadt/Hamburg. S. 71 (http://www.ernaehrungswende.de/pdf/DP7_Szenarien_2005_ final.pdf, zuletzt geprüft am 10.06.12)

Williams, A.G., E. Audsley, D.L. Sandars (2006): Determining the environmental burdens and resource use in the production of agricultural and horticultural commodities. Main Report Defra Research Project ISO205, Bedford: Cranfield University and Defra.

Witzke, H. von, S. Noleppa, I. Zhirkova (2011): Fleisch frisst Land. Ernährung, Fleischkonsum, Flächenverbrauch. Hg. v. WWF Deutschland, Berlin. S. 34.

WKF (2007): Marktreport – Wärme sorgt für einen leichten Absatzrückgang in 2006. Pfefferminz ist der Prinz der Kräuter- und Früchtetees. Wirtschaftsvereinigung Kräuter- und Früchtetee e.V., Hamburg (http://www.wkf.de/article/articleview/311/1/6/, zuletzt geprüft am 03.11.11).

Woitowitz, A. (2007): Auswirkungen einer Einschränkung des Verzehrs von Nahrungsmitteln tierischer Herkunft auf ausgewählte Nachhaltigkeitsindikatoren – dargestellt am Beispiel konventioneller und ökologischer Wirtschaftsweise. Dissertation, Technische Universität München.

Yussoff, S., S. Hansen (2007): Feasibility Study of Performing an Life Cycle Assessment on Crude Palm Oil Production in Malaysia (9 pp). In: Int J Life Cycle Assessment 12 (1): S. 50–58.

Zacharias, R. (1992): Lebensmittelverarbeitung im Haushalt. Ulmer, Stuttgart. (In: Hoffmann 2002)

Anhang 2

Bilanzierung der Prozessabschnitte entlang der Wertschöpfungskette

Bei der Auswahl der in der Arbeit verwendeten Umweltdaten wurde weitestgehend auf repräsentative umweltspezifische Input-Output Daten *(top-down)* zurückgegriffen. Dabei stellt das Berichtsmodul ›Landwirtschaft und Umwelt‹ innerhalb der Umweltökonomischen Gesamtrechnungen (Schmidt & Osterburg 2010) den Kern der Umweltbilanzierung dar (Bezugsjahr 2003). Dieses wurde ausgewählt, da es, trotz der in Kapitel 2.1.8 (S. 26 f.) genannten Nachteile, die zum Zeitpunkt des Verfassens dieser Arbeit konsistentesten Umweltdaten in der Bewertung landwirtschaftlicher Produktionsverfahren zur Verfügung stellte. Daten aus dem Berichtsmodul wurden im Bereich von Emissionen aus direkten Landnutzungsänderungen und Landnutzung (dLUC, LU) und anderen umweltrelevanten Aktivitäten in der landwirtschaftlichen Vorkette mit Daten aus Leip et al. (2010) und Brentrup & Pallière (2008) ergänzt.

Die Ermittlung der Umwelteffekte von Koppelprodukten (bspw. Rindfleisch/ Milch, Rapsschrot/Rapsöl oder Zuckerrübenmelasse/Rübenzucker) erfolgte auf Basis einer Allokation nach Masse. Angaben zur Futtermittelzusammensetzung, die den untersuchten tierischen Produktkategorien zu Grunde liegen, beruhen auf CAPRI (Leip et al. 2010a). Für den Prozess der Verarbeitung von Nahrungsmitteln im Ernährungsgewerbe wurden sektorenspezifische *top-down* Daten im Jahr 2006 zu Rate gezogen (BMELV StatJB 2009). Zur Beschreibung der Umwelteffekte, die durch Handel/Transport (inkl. Importe) und die Herstellung der Verpackungsmaterialien anfielen, wurden weitestgehend klassische Ökobilanzdaten *(bottom-up)* genutzt. Auf diese Weise konnten erstmalig auf Bundesebene repräsentative Daten zum Nahrungsmittelkonsum mit weitgehend konsistenten Daten der entsprechenden Umweltnutzung in Korrelation gesetzt werden.

Emissionen aus direkten Landnutzungsänderungen und Landnutzung

Leip et al. (2010) ermittelten im Rahmen des GGELS-Projekts *(Greenhouse Gas Emissions from the European Livestock Sector)* die Treibhausgas-, Ammoniak- und NO_x-Emissionen im Tierhaltungssektor der EU-27 auf NUTS-2 Ebene[65] für das Jahr 2004. Als Bilanzierungsmodell diente dabei CAPRI *(Common Agricultural Policy Regionalised Impact Modelling System)*.

Neben klassischen landwirtschaftlichen und verarbeitungsspezifischen Emissionen wurden im GGELS-Projekt Emissionen aus direkten Landnutzungsänderungen (dLUC) und Landnutzung (LU) nach einem Tier-1 Ansatz gemäß IPCC (2006) in drei verschiedenen Szenarien auf einer zehnjährigen Basis (1996–2006) kalkuliert. Während Szenario-1 ein Minimum-Szenario darstellt – mit Umwandlungen von Flächen mit niedrigen Kohlenstoffgehalten (bspw. Grünland, Savannen), präsentiert sich Szenario-3 als ein Maximum-Szenario – mit Umwandlungen von Flächen mit sehr hohen Kohlenstoffgehalten (Rodung von tropischem Wald zur Nutzung als Weide oder Acker). Nach Leip et al. (2010) stellt das Szenario-2 einen probaten Mix beider dLUC-Szenarien dar. Dieses Szenario wurde im Rahmen dieser Arbeit als Standard-Szenario betrachtet.

Während in Leip et al. (2010) Emissionen aus LU innerhalb und außerhalb der EU vorkamen, fanden Emissionen aus dLUC ausschließlich im europäischen Ausland v. a. durch den Anbau von Soja in Südamerika statt. Unter Emissionen aus LU wurden dabei CO_2-Freisetzung/C-Sequestrierung konventioneller Böden sowie die CO_2/N_2O-Freisetzung extrem kohlenstoffreicher Böden zusammengefasst.

In die Berechnungen der Emissionen aus dLUC sind CO_2-Emissionen aus ober- und unterirdischer Biomasseveränderung sowie CH_4- und N_2O-Emissionen aus Biomasseverbrennung eingegangen.

Umweltwirkungen aus der landwirtschaftlichen Vorkette

Umweltwirkungen aus der landwirtschaftlichen Vorkette wurden bei den Treibhausgasemissionen und beim Primärenergieverbrauch separat berücksichtigt. Umwelteffekte aus der Düngemittelproduktion gehen auf Brentrup & Pallière (2008) zurück. Aufbauend auf einem Ansatz von Schmidt et al. (2005) konnten über entsprechende monetäre Vorleistungen, die im Berichtsmodul ›Landwirtschaft und Umwelt‹ (Schmidt & Osterburg 2010) produktspezifisch erfasst wer-

---

65 *Nomenclature des unités territoriales statistiques* (NUTS), Gebietseinheitensystematik der EU, NUTS-2 steht für Gebiete der Größe von Bundesländern oder Teile von Bundesländern

den, weitere Emissionen und Energieverbräuche aus der Pflanzenschutzmittel-
produktion, der Produktion und Unterhaltung von Gebäuden und Maschinen
sowie aus betriebsrelevanten Dienstleistungen abgeschätzt werden.

Umweltwirkungen aus der Verarbeitung von Nahrungsmitteln

Zur Quantifizierung der Umweltwirkungen aus der Verarbeitung von Nahrungsmitteln wurde auf die Tabelle ›Energieverbrauch des produzierenden Ernährungsgewerbes‹ im Statistischen Jahrbuch für das Jahr 2006 zurückgegriffen
(BMELV StatJB 2009, S. 291). Die zugrunde liegenden Erhebungen erstreckten
sich bis zum Berichtsjahr 2006 in der Regel auf sämtliche Betriebe von Unternehmen mit mindestens 20 tätigen Personen. Im Vorjahresvergleich werden
darin die Primärenergieverbräuche, differenziert nach sieben Energieträgern und
33 Wirtschaftszweigen, innerhalb des deutschen Ernährungsgewerbes unterschieden. Zur Ermittlung daran gekoppelter Emissionen (CO_{2e}, NH_3) wurden
die emissionsrelevanten Energieträger mit entsprechenden Emissionsfaktoren
aus GEMIS 4.6 (Jahresbezug: 2005) verrechnet (Öko-Institut 2010). Zur Bestimmung produktspezifischer Werte auf Basis der funktionellen Einheit von 1 kg
wurden diese durch die entsprechenden Produktionsmengen geteilt. Da die Anteile erneuerbarer Energien im Berichtsmodul ›Landwirtschaft und Umwelt‹ nicht
separat ausgewiesen wurden, erfolgte eine Auswertung lediglich auf Basis des
Gesamtprimärenergieverbrauchs. Daten zum Verbrauch blauen Wassers[66] in der
Verarbeitung wurden aus Erhebungen der Ernährungswirtschaftsmeldeverord-
nung (EWMV) entnommen. Aus Gründen der nationalen Ernährungssicherung
werden diese Daten in regelmäßigen Abständen von der BLE erhoben, um einen
Überblick über die Wasserversorgung des Ernährungsgewerbes aus dem öffentlichen Wassernetz bzw. eigenen Brunnen zu haben (BLE 2007). Diese Daten
(26 Wirtschaftszweige, Bezugsjahr 2006) sind vom Umfang vergleichbar mit den
Daten aus den Tabellen zum Energieverbrauch des produzierenden Ernährungsgewerbes und daher auf Basis der 24 untersuchten Produktgruppen geeignet, die
Umwelteffekte aus der Verarbeitung repräsentativ abzubilden.

---

66 vgl. Kapitel 2.8 (S. 51 ff.) zur Methodik der Wasserbilanzierung

Umweltwirkungen importierter Nahrungsmittel, Selbstversorgungsgrade und Futtermittelzusammensetzungen

Bedingt durch die Fülle agrar- und ernährungswirtschaftlicher Importe und Exporte war es unmöglich, alle Handelsströme und daran gekoppelte Umwelteffekte, die letztendlich den Nahrungsmittelverzehr in Deutschland im Jahr 2006 tangierten, in der Arbeit zu betrachten. Um den Einfluss importierter Güter und deren Umwelteffekte in der Arbeit dennoch zu berücksichtigen, wurde auf Basis der entsprechenden Selbstversorgungsgrade der im Inland produzierte Anteil je Nahrungsmittelgruppe ermittelt (Abb. 78) und bei relevanten Gütern entsprechende Importe berücksichtigt (Tab. 33).

Selbstversorgungs-grad	Er zeigt, in welchem Umfang die Erzeugung der heimischen Land-wirtschaft den Bedarf (Gesamtverbrauch) decken kann oder um welchen Prozentsatz die Produktion den inländischen Bedarf übersteigt. Der Selbstversorgungsgrad ist gleich der Inlandserzeugung in Prozent des Gesamtverbrauchs für Nahrung, Futter, industrielle Verwertung, Saatgut, Marktverluste.

Abb. 78. Definition Selbstversorgungsgrad nach BMELV StJB (2009)

Bei tierischen Produkten wurden dabei zudem die Selbstversorgungsgrade der Futtermittel berücksichtigt. Somit ergibt sich bspw. auch beim Rind-/Kalbfleisch ein Auslandsanteil. Obwohl der Selbstversorgungsgrad beim eigentlichen Rind-/Kalbfleisch im Jahr 2006 bei 126,1 % lag, wurden lediglich 98,8 % der Futtermittel dafür im Inland produziert. Die Aufteilung der einzelnen Futtermittel auf die entsprechenden tierischen Produktionsverfahren erfolgte auf Basis von Leip et al. (2010a) sowie des Futteraufkommens aus Inlandserzeugung und aus Einfuhren im Jahr 2005/2006 (BMELV StJB 2009). Durch Übertragung des Selbstversorgungsgrades der Futtermittel auf die Selbstversorgungsgrade der Nahrungsmittel wurden aggregierte Werte ermittelt, die in die Berechnung des Produktionsanteils im In- und Ausland eingeflossen sind (Tab. 33).

Länderspezifische Umweltdaten, die die Produktionsbedingungen in den entsprechenden Exportländern widerspiegeln, wurden bei den grau hinterlegten Werten in Tab. 33 berücksichtigt.

In der Tab. 34 werden die Arbeiten zusammengefasst, die zur Umweltprofilbeschreibung dieser Importgüter verwendet wurden. Dabei handelt es sich einerseits um klassische *bottom-up* Daten (bspw. Sanjuan et al. 2005, Ntiamoah &

Tab. 33. *Selbstversorgungsgrade und aggregierte Inlandsanteile der untersuchten Produktgruppen 2006 in %, eigene Berechnungen auf Basis von BMELV StatJB (2009) und Leip et al. (2010a)*

	Nahrungsmittel	Futtermittel	Aggregierter Inlandsanteil
Butter	81,3		78,1
Käse, Quark	116,8	96,7	96,7
Milcherzeugnisse	130,7		96,7
Milch, -getränke	115,8		96,7
Rind, Kalbfleisch	126,1	98,7	98,7
Schweinefleisch	96,3	82,5	78,9
Geflügelfleisch	85,9	86,5	72,4
Sonstiges Fleisch	60,8	97,0	57,8
Eiprodukte	70,6	92,9	63,4
Fische, Krustentiere	25,2		25,2
Getreideprodukte	109,5		100,0
Gemüse	36,1		36,1
Obst	10,9		10,9
Nüsse, Samen	8,7		8,7
Kartoffelprodukte	137,0		100,0
Pflanzliche Öle, Fette	30,0		30,0
Zucker, Süßwaren (inkl. Kakao)	122,6		83,7
Mineralwasser (Flasche)	89,1		89,1
Kaffee, Tee (schwarz, grün)	0,0		0,0
Kräuter-, Früchtetee	53,8		53,8
Erfrischungsgetränke, Säfte/Nektare	75,0		75,0
Bier	101,4		100,0
Wein, Sekt	44,5		44,5
Spirituosen	82,6		82,6

Afrane 2008) sowie andererseits um Arbeiten, die einem *top-down* Ansatz folgten (bspw. Mekonnen & Hoekstra 2010). Für die Importanteile der anderen Produktgruppen wurden deutsche Produktionsbedingungen unterstellt.

Tab. 34. *Verwendete Arbeiten zur Abschätzung der Umwelteffekte durch Importe*

Nahrungs- / Futtermittel	Quelle, Datenbank	Anmerkungen
Fische, Krustentiere	LCA Food Database (Nielsen et al. 2003)	◆ Ortsbezug: Dänisches Hoheitsgebiet ◆ Zeitbezug: 1999/2000 ◆ folgeorientierter *(consequential)* Ansatz ◆ **Indikatoren: Treibhausgas- & Ammoniakemissionen, Flächen-, Wasser- & Phosphorbedarf, Primärenergieverbrauch (PEV)**
Gemüse (Anteile gewichtet 2006)	Mekonnen & Hoekstra (2010)	◆ Ortsbezug: weltweit, länderspezifisch ◆ Zeitbezug: 1996–2005 ◆ **Indikator: Wasser (blau)** ◆ Importzusammensetzung 2006 (BMELV StatJB 2009): Niederlande 45 %, Spanien 35 %, Italien 14 %, andere 7 %
Obst (Anteile gewichtet 2006)	Mekonnen & Hoekstra (2010)	◆ Ortsbezug: weltweit, länderspezifisch ◆ Zeitbezug: 1996–2005 ◆ **Indikator: Wasser (blau)** ◆ Importzusammensetzung 2006 (BMELV StatJB 2009): Spanien 36 %, Italien 21 %, Ecuador 12 %, Kolumbien 10 %, Costa Rica 9 %, andere 12 %
Orangen, Zitrusfrüchte	Sanjuan et al. (2005)	◆ Ortsbezug: Spanien, Provinz Valencia ◆ Zeitbezug: 2000 ◆ integrierte Produktion ◆ **Indikatoren: Treibhausgas- & Ammoniakemissionen, Flächen- & Phosphorbedarf, PEV**
Weintrauben, Wein	Mekonnen & Hoekstra (2010)	◆ Ortsbezug: weltweit, länderspezifisch ◆ Zeitbezug: 1996–2005 ◆ **Indikator: Wasser (blau)** ◆ Importzusammensetzung 2006 (BMELV StatJB 2009): Italien 45 %, Frankreich 17 %, Spanien 16 %, andere 22 %
Nüsse, Samen (Anteile gewichtet 2006)	Mekonnen & Hoekstra (2010)	◆ Ortsbezug: weltweit, länderspezifisch ◆ Zeitbezug: 1996–2005 ◆ **Indikator: Wasser (blau)** ◆ Importzusammensetzung 2006 (FAO Stat 2011a) **Herkunft:** China 34 %, USA 31 %, Türkei 14 %, Deutschland 9 %, Iran 5 %, Vietnam 5 %, andere 2 %; **Fruchtart:** Erdnuss 29 %, Mandel 24 %, Haselnuss 16 %, Sonnenblumenkerne 9 %, Walnuss 9 %, Pistazien 6 %, Cashewnuss 5 %, andere 2 %
	FAO Stat (2011a, 2011b)	◆ Ortsbezug: weltweit, länderspezifisch ◆ Zeitbezug: 2006 ◆ **Indikator: Flächenbedarf (Ertrag)** ◆ Importzusammensetzung 2006 s. o.

Nahrungs- / Futtermittel	Quelle, Datenbank	Anmerkungen
Kakao	Ntiamoah & Afrane (2008)	◆ Ortsbezug: Ghana ◆ Zeitbezug: 2004/2005 ◆ **Indikatoren: Treibhausgas- & Ammoniakemissionen, Phosphorbedarf, PEV**
	FAO Stat (2011a, 2011b)	◆ Ortsbezug: weltweit, länderspezifisch ◆ Zeitbezug: 2006 ◆ **Indikator: Flächenbedarf (Ertrag)**
Kaffee	Coltro (2006), Humbert et al. (2009)	◆ Ortsbezug: Brasilien ◆ Zeitbezug: 2001–2003 ◆ **Indikatoren: Treibhausgas- & Ammoniakemissionen, Phosphorbedarf, PEV**
	FAO Stat (2011a, 2011b)	◆ Ortsbezug: weltweit, länderspezifisch ◆ Zeitbezug: 2006 ◆ **Indikator: Flächenbedarf (Ertrag)** ◆ Importzusammensetzung 2006: Brasilien 36 %, Vietnam 23 %, Kolumbien 11 %, Indonesien 8 %, andere 22 %
Tee (grün, schwarz)	Mekonnen & Hoekstra (2010)	◆ Ortsbezug: weltweit, länderspezifisch ◆ Zeitbezug: 1996–2005 ◆ **Indikator: Wasser (blau)** ◆ Importzusammensetzung 2006 (FAO Stat 2011a): China 22 %, Indonesien 14 %, Sri Lanka 13 %, Indien 13 %, andere 38 %
	FAO Stat (2011a, 2011b)	◆ Ortsbezug: weltweit, länderspezifisch ◆ Zeitbezug: 2006 ◆ **Indikator: Flächenbedarf (Ertrag)** ◆ Importzusammensetzung 2006 s.o.
Sojaschrot, Sojaöl	Fritsche et al. (2010), Öko-Institut (2010)	◆ Ortsbezug: Brasilien, Argentinien ◆ Zeitbezug: 2005 ◆ **Indikatoren: Treibhausgas- & Ammoniakemissionen, Flächen-, Wasser- & Phosphorbedarf, PEV**
Palmkuchen, Palmöl	Yusoff & Hansen (2007), Aspar (2001), Öko-Institut (2010)	◆ Ortsbezug: Malaysia, Indonesien ◆ Zeitbezug: 2005 ◆ **Indikatoren: Treibhausgas- & Ammoniak-emissionen, Flächen-, Wasser- & Phosphorbedarf, PEV**

Transportdistanzen und Transportmittel

Die Ermittlung umweltrelevanter Angaben hinsichtlich des Transports von Nahrungsmitteln erfolgte im Rahmen der Arbeit auf Basis folgender Parameter: Transportmittel (Übersee-/Binnenschiff, Eisenbahn, LKW), Transportdistanz (km), Transportmenge (t) und Transportleistung (tkm), wobei sich die Transportleistung aus der Multiplikation von Transportdistanz und Transportmenge ergibt. Produktspezifische Angaben auf Basis von Einzelnahrungsmitteln hinsichtlich Distanzen, Mengen und Transportleistung können aufbauend auf offizialstatistischen Daten nicht gemacht werden. Offizialstatistische Quellen (Statistische Bundesamt, Bundesamt für Verkehr, DIW 2008) erlauben innerhalb des Ernährungs- und Agrarsektors lediglich eine Differenzierung nach ›Land-/forstwirtschaftlichen Erzeugnissen‹, ›Nahrungs-/Futtermitteln‹ und ›Düngemitteln‹.

Daher wurde innerhalb Deutschlands allen untersuchten Produktgruppen die gleiche mittlere Transportdistanz von 177 km im Jahr 2006 unterstellt (DIW 2008). Diese wurde, gewichtet mit den transportierten Tonnagen, aus den mittleren Transportdistanzen des Straßengüter- und Schienenverkehrs sowie der Binnenschifffahrt ermittelt (vgl. Tab. 35). Methodisch wurde sich dabei an den Arbeiten von Taylor (2000) und Hoffmann & Lauber (2001) orientiert. Wie erwähnt, wird in der verwendeten Datenquelle DIW (2008) lediglich zwischen den Gütergruppen ›Land-/forstwirtschaftliche Erzeugnisse‹, ›Nahrungs-/Futtermittel‹ und ›Düngemittel‹ unterschieden. Bei dieser Aggregationsstufe können die nicht-ernährungsrelevanten Untergruppen ›Holz, Kork‹ (GV05) und ›Textile Rohstoffe‹ (GV04) innerhalb der ›Land-/forstwirtschaftlichen Erzeugnisse‹ nicht ausgeschlossen werden. Auf Basis offizialstatistischer Daten ist eine derartige genauere Unterscheidung lediglich im Bereich des Schienenverkehrs möglich. Um den Anteil ernährungsrelevanter Güter innerhalb ›Land-/forstwirtschaftlicher Erzeugnisse‹ dennoch abzuschätzen, wurde deshalb allen Transportmitteln das entsprechende Verhältnis aus der Güterverkehrsstatistik der Eisenbahn im Jahr 2006 zu

Tab. 35. *Maßzahlen des Transportwesens für den deutschen Ernährungssektor, Bezugsjahr 2006 nach DIW (2008), Destatis (2011a)*

			Anmerkungen
Mittlere Transportdistanz pro Produkteinheit	in km	177	Gewichtet nach Transportleistung aus Straßen-, Schienenverkehr und Binnenschifffahrt
Transportmenge	in Mio t	432	
Transportleistung	in Mrd tkm	76,5	

Tab. 36. Transportdistanzen zu europäischen und überseeischen Handelspartnern

Mittlere Transportdistanzen nach Deutschland	in km	Quelle
Spanien (Landweg)	2.200	
Italien (Landweg)	1.350	http://maps.google.de
Niederlande (Landweg)	500	
USA (Seeweg)	9.400	
Costa-Rica (Seeweg)	9.500	
Kolumbien (Seeweg)	9.100	
Ecuador (Seeweg)	10.900	
Brasilien (Seeweg)	10.500	
Argentinien (Seeweg)	12.200	http://sea-distances.com
Indien (Seeweg)	12.200	
China (Seeweg)	18.500	
Vietnam (Seeweg)	17.200	
Malaysia (Seeweg)	16.600	
Indonesien (Seeweg)	16.300	
Neuseeland (Seeweg)	21.400	

Grunde gelegt (Destatis 2011a). Darin waren 28 Prozent ernährungsrelevant und 72 Prozent nicht-ernährungsrelevant.

Zur Abschätzung der Umwelteffekte aus Importen wurden innerhalb Europas Transporte auf dem Landweg und aus Übersee Transporte auf dem Seeweg angenommen. Transporte mit dem Flugzeug wurden im Rahmen der Arbeit nicht untersucht (vgl. dazu Keller 2010 und Hoffmann & Lauber 2001). Tab. 36 gibt einen Überblick über die in der Arbeit betrachteten mittleren Transportdistanzen.

Tab. 37. Transportmittel, Bezugsjahr 2005

Transportmittel	Bezeichnung in GEMIS 4.6	Quelle
LKW	Lkw-Diesel-DE-2005	
Binnenschiff	Schiff-Binnen-Diesel-DE-2005	Öko-Institut (2010)
Eisenbahn	Zug-Güter-Elektro-DE-2005-Basis	IFEU (2010)
Überseeschiff	Überseeschiff-2005	

In Tab. 37 werden die in der Arbeit berücksichtigten Transportmittel und deren Bezeichnung in GEMIS 4.6 (Öko-Institut 2010) zusammengefasst. Dabei wurde zwischen ungekühlten, gekühlten und tiefgekühlten Transportbedingungen differenziert.

Groß- und Einzelhandel

Umwelteffekte durch Kühlung und Tiefkühlung während Lagerung und Transport im Groß- und Einzelhandel wurden über entsprechende Anteile im Tiefkühlbereich nach Angaben des deutschen Tiefkühlinstituts (2010) und BMELV StatJB (2009) ermittelt (Abb. 79).

Als durchschnittliche Tiefkühldauer bis zum Verkauf der Produkte wurden 60 Tage angenommen (Öko-Institut 2010). Für leicht verderbliche Nahrungsmittel (tierische Produkte, Obst, Gemüse, Kartoffeln) wurden gekühlte Transport- und Lagerungsbedingungen unterstellt. Entsprechende Umwelteffekte wurden mittels GEMIS 4.6 (Öko-Institut 2010) modelliert.

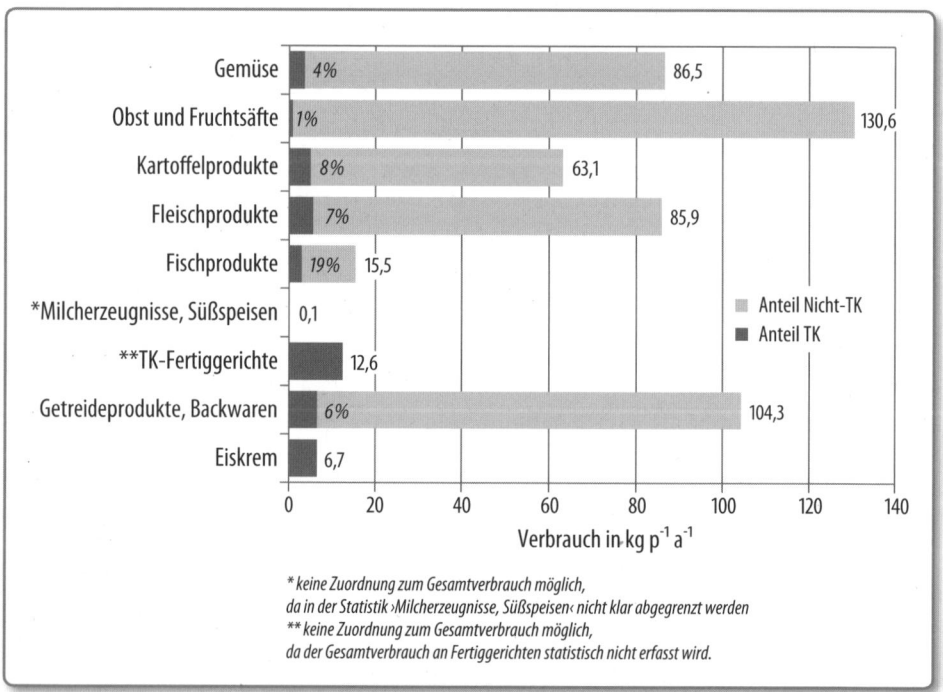

Abb. 79. *Anteil Tiefkühlkost (TK) am Verbrauch pro Kopf nach Produktgruppen (2006) nach BMELV StatJB (2009) und Tiefkühlinstitut (2010)*

Tab. 38. *Betrachtete Verpackungsmaterialien nach Öko-Institut (2010)*

Material	Bezeichnung in GEMIS 4.6	Zeitbezug
HDPE (*high density* Polyethylen)	Chem-Org\HDPE-DE-2005	2005
LDPE (*low density* Polyethylen)	Chem-Org\LDPE-DE-2005	2005
PS (Polystyrrol)	Chem-Org\PS-DE-2005/en	2005
PET (Polyethylenterephthalat)	Chem-Org\PET-DE-2000	2000
PP (Polypropylen)	Chem-Org\PP-DE-2005	2005
Glas (für Konserven, Getränke)	Steine-Erden\Glas-flach-DE-2005	2005
Aluminium (für Getränkedosen)	Metall\Aluminium-mix-DE-2005	2005
Blech (für Konserven/-getränkedosen, Kronkorken)	Metall\Stahl-Blech-DE-2005	2005
Papier, Pappe neu (aus Frischfaser)	Papier-Pappe\Kraftliner-EU	2000
Papier, Pappe recycelt (aus Altpapier)	Papier-Pappe\Testliner-DE	2000
Holz (für Paletten)	Forst\Holz-SE	2000

Verpackungen

Die Bilanzierung des Materialaufkommens aus Nahrungsmittel- und Getränke-verpackungen erfolgte auf Basis standardisierter Referenzverpackungen für jede Produktgruppe. Zur Charakterisierung der entsprechenden Umwelteffekte wurde auf einen Pool aus elf ernährungsrelevanten Verpackungsmaterialien zurückgegriffen (Tab. 38). Genutzt wurden entsprechende Umweltdaten aus GEMIS 4.6 (Öko-Institut 2010). Zeitbezug der Herstellung der Verpackungsmaterialien ist das Jahr 2005 bzw. das Jahr 2000. Neben Umverpackungen, die vor allem im Lebensmittelgroß- und -einzelhandel transportbedingt zum Einsatz kommen, wurden bei der Bilanzierung der Getränkeverpackungen entsprechende Wieder-befüllraten nach IFEU (2011) berücksichtigt (Tab. 39). Zur Ermittlung der pro-

Tab. 39. *Wiederbefüll- und Wiedernutzungsraten von Verpackungen nach IFEU (2011)*

	Wiederbefüll- bzw. Wiedernutzungsrate
Flasche, Glas Mehrweg, 0,7 L	30
Flasche, PET Mehrweg, 1,0 L	20
HDPE-Getränkekasten	45
Standardpalette (EUR-Norm)	25

zentualen Verteilung unterschiedlicher Verpackungsmaterialien im Getränke-
bereich (Glas, PET, Getränkekarton/Verbund) im Jahr 2006 wurden folgende
Quellen genutzt: Mineralwasser nach Angaben des Verbandes Deutscher Mineralbrunnen e.V. (VDM 2007), Erfrischungsgetränke/Säfte nach Angaben der Wirtschaftsvereinigung Alkoholfreie Getränke e.V. (WAFG 2009) und des Verbandes
der Deutschen Fruchtsaftindustrie e.V. (VdF 2007), Bier nach den Angaben des
Deutschen Brauerbundes (Brauerbund 2009).

Danksagung

Ich danke von Herzen für die tatkräftige und ideelle Unterstützung sowie für
das genaue Lektorieren des Manuskripts: Wolfgang Günther, Monique Baum,
Sara Töbermann, dem oekom-Verlag sowie Milan und Theo, und vor allem Anja
Klautzsch. Zudem danke ich meinen Doktorvätern Prof. Olaf Christen (MLU
Halle-Wittenberg), Prof. Christian Barth (Universität Potsdam) und Prof. Michael
Ristow (Universität Jena, ETH Zürich), die mir während der Promotion mit
guten Ratschlägen und konstruktiv kritischen Hinweisen zur Seite standen und
somit maßgeblich zum Gelingen dieses Buches beigetragen haben.

Verweis zur Doktorarbeit

Vorliegendes Buch beruht auf der von der Deutschen Bundesstiftung Umwelt
(DBU) geförderten Promotionsarbeit »Umweltwirkungen der Ernährung auf
Basis nationaler Ernährungserhebungen und ausgewählter Umweltindikatoren«
(Meier 2013). Weitere Informationen dazu werden unter www.nutrition-impacts.
org zur Verfügung gestellt.

Stichwortverzeichnis

Nachhaltigkeit von
A-Z ➤

E wie Ernährungssouveränität

Bei Ernährung denken wir zuerst ans Essen. Dies greift jedoch vor dem Hintergrund ökologischer und sozialer Herausforderungen oft viel zu kurz. Die Autor(inn)en nehmen daher die emotionale Seite der Nahrungsaufnahme ebenso wie die sozialen Aspekte der Ernährung in den Blick. Beispielhaft zeigen sie anhand kleinbäuerlicher (Bio-)Landwirtschaft in den Tropen Lösungswege aus der globalen Ernährungskrise auf.

K. Egger, S. Pucher (Hrsg.)
Was uns nährt, was uns trägt
Humanökologische Orientierung zur Welternährung
Edition Humanökologie Band 7
312 Seiten, broschiert, 39,95 Euro, ISBN 978-3-86581-405-0

A wie Alternative

Weltweit definieren sich die Menschen zunehmend über den Konsum. So hat sich eine weit verbreitete konsumistische Kultur entwickelt, die eng mit unserem Wirtschaftssystem verwoben ist. Dies ist aber keineswegs schicksalhaft. Alternativen zum Konsumismus sind möglich – außerhalb und auch innerhalb etablierter Strukturen und Lebenswelten.

F. Hochstrasser
Konsumismus
Kritik und Perspektiven
364 Seiten, broschiert, 19,95 Euro, ISBN 978-3-86581-326-8

Slow Food®

Magazin

Wissen Sie, wo Ihre Milch herkommt? Kennen Sie Ihren Metzger persönlich?
Können Sie eine Räucherfischpfanne zubereiten? Haben Sie schon einmal
echte Alblinsen, Ahle Wurscht aus Nordhessen oder ein Ramelsloher
Blaubein probiert?
Das *Slow Food Magazin* bringt Ihnen die Welt der Lebensmittel näher –
getreu dem Motto „gut, sauber und fair". Lassen Sie sich kulinarisch inspirie-
ren, lassen Sie sich mitnehmen auf *Genussreise* und ins *Geschmackslabor* –
und erfahren Sie außerdem, warum Essen politisch ist!

Bestellen Sie das *Slow Food Magazin* im günstigen
Abonnement: **sechs Ausgaben für nur 29,– Euro**
(inkl. Versandkosten in Deutschland).

NEU
Ab 2014 auch
im Zeitschriften-
handel

Erhältlich bei: www.oekom.de/slowfood,
slowfood@oekom.de

oekom
verlag